saur

INTERNATIONAL COUNCIL
ON ARCHIVES

Guides to the Sources
for the History of the Nations

3rd Series:
North Africa, Asia and Oceania

Volume 8:
Sources of the History
of Africa, Asia and Oceania
in the Austrian State Archives

INTERNATIONALER
ARCHIVRAT

Quellenführer
zur Geschichte der Nationen

3. Reihe:
Nordafrika, Asien und Ozeanien

Band 8:
Quellen zur Geschichte
Afrikas, Asiens und Ozeaniens
im Österreichischen Staatsarchiv

Quellen zur Geschichte Afrikas, Asiens und Ozeaniens im Österreichischen Staatsarchiv bis 1918

Herausgegeben von der Generaldirektion des Österreichischen Staatsarchivs

K·G·Saur
München · London · New York · Oxford · Paris 1986

Gesamtredaktion: Leopold Auer
Bearbeitung: Anna Hedwig Benna; Lorenz Mikoletzky; Gottfried Mraz;
Peter Broucek, Erich Hillbrand, Walter Wagner, Edith Wohlgemuth

CIP-Kurztitelaufnahme der Deutschen Bibliothek

Österreichisches Staatsarchiv Wien :
Quellen zur Geschichte Afrikas, Asiens und Ozeaniens im österreichischen Staatsarchiv bis 1918 / hrsg. von d. Generaldir. d. Österr. Staatsarchivs. [Bearb.: Anna Hedwig Benna . . .]. – London ; New York ; Oxford ; München ; Paris : Saur, 1986.
(Quellenführer zur Geschichte der Nationen : Reihe 3, Nordafrika, Asien und Ozeanien ; Bd. 8)
ISBN 3-598-21484-7

NE: Benna, Anna Hedwig [Bearb.]; HST; Guides to the sources for the history of the nations / 03

Satz: Fotosatz Herbert Buck, 8300 Kumhausen
Druck: Weihert-Druck, Darmstadt
Binden: Thomas Buchbinderei, Augsburg
ISBN 3-598-21484-7

Inhaltsübersicht

GELEITWORT

Obwohl Österreich heute ein kleines Land ist, beziehen sich die Bestände des Österreichischen Staatsarchivs auf den ganzen Erdball. Dies hängt vor allem mit der Geschichte der Dynastie der Habsburger seit der Zeit Karls V. zusammen, die in ihren engen wechselseitigen Beziehungen zwischen der österreichischen und der spanischen Linie eine Erklärung für das weit über den eigenen Herrschaftsbereich hinausreichende Interesse der österreichischen Herrscher liefert. Zusätzlich hat seit dem 16. Jahrhundert speziell die Linie in Wien in ihren Auseinandersetzungen mit den Osmanen Schriftgut angehäuft, das die Geschichte des Vorderen Orients betrifft. Obwohl Österreich nie eine Kolonialmacht gewesen ist, existiert im Österreichischen Staatsarchiv somit ein umfangreiches Material, welches besonders im Jahr 1983 anläßlich der 300. Wiederkehr der Belagerung Wiens durch die Osmanen ins allgemeine Bewußtsein gerückt ist.

Dazu kam noch, daß die Habsburger Kaiser als Protektoren katholischer Missionsversuche sowie als Förderer wissenschaftlicher Unternehmungen zur Erforschung fremder Länder in Erscheinung traten, lang bevor mit der Internationalisierung von Handel und Politik in der zweiten Hälfte des 19. Jahrhunderts ein enges Netz diplomatischer und konsularischer Vertretungen über alle Staaten der Erde gespannt wurde. Die Archivalien des Österreichischen Staatsarchivs, in denen alle diese Aktivitäten ihren schriftlichen Niederschlag gefunden haben, enthalten daher eine Fülle von Informationen zur außereuropäischen Geschichte, namentlich des Vorderen Orients, aber auch Ostasiens, Schwarzafrikas und Ozeaniens, die hier zum ersten Mal im Zusammenhang präsentiert werden.

Österreichs Mitarbeit am »Guide des sources de l'histoire des nations« reicht bis in die Sechziger Jahre zurück und hat unter anderem auch in der Organisierung einer Tagung des »Comité technique international du Guide« in Wien im Frühjahr 1970 ihren Ausdruck gefunden. Erste Resultate waren bereits 1969 vorgelegt worden, doch haben verschiedene Schwierigkeiten den Abschluß immer wieder über die ursprünglich vorgesehenen Termine (zuerst 1974, dann 1980) hinaus verzögert. 1973/74 führten Budgetkürzungen der UNESCO zu einer Streichung der für die Arbeiten am Guide vorgesehenen Subventionen, die Übernahme der Publikation durch den Verlag Dokumentation (heute KG Saur) war mit einer Neufassung der Richtlinien bei der Erfassung des Materials verbunden, und nicht zuletzt mußten für eine Reihe von Beständen erst umfangreiche Erschließungsarbeiten vorgenommen werden.

Leider war es aus personellen und technischen Gründen nicht möglich, im österreichischen Beitrag auch das Material von Institutionen außerhalb des Österreichischen Staatsarchivs zu berücksichtigen. Für die Landesarchive ist ein solches Material allerdings bestenfalls in bescheidenen Ausmaßen vorhanden. Schwerer wiegt die Nichtberücksichtigung der Archive der Akademie der Wissenschaften, der Universitäten und einschlägigen Museen, vor allem aber der reichen Bestände der Österreichischen Nationalbibliothek und der Klosterbibliothek der Wiener Mechitaristen. Trotzdem wird das Gebotene auch in dieser eingeschränkten Form von Nutzen sein und es bleibt zu wünschen, daß der künftigen Forschung dadurch neue Möglichkeiten und Anregungen gewonnen werden.

Ich möchte die Gelegenheit benützen allen Mitarbeitern zu danken, die trotz der dienstlichen Überlastungen die Beiträge fertiggestellt haben. Ganz besonders danke ich noch Herrn Oberrat Dr. Leopold AUER, der die langwierige und entsagungsvolle Arbeit der Koordinierung und Gesamtredaktion der Beiträge auf sich genommen hat.

Rudolf NECK
Generaldirektor
des Österreichischen Staatsarchivs

REDAKTIONELLE VORBEMERKUNG

Der vorliegende Quellenführer kann keineswegs als erschöpfende Auswertung des gesamten in den Abteilungen des Österreichischen Staatsarchivs für die Geschichte Afrikas, Asiens und Ozeaniens in Frage kommenden Materials angesehen werden. Er spiegelt vielmehr den unterschiedlichen Erschließungszustand der einzelnen Archivbestände wider, der zwischen allgemeinen Orientierungsübersichten und Stückverzeichnissen variiert. Zusätzlich ist zu berücksichtigen, daß die Information aus Beständen, die nach einer Zahlenregistratur aufgebaut sind, über die zeitgenössischen, meist in Jahresbänden vorhandenen Kanzleibücher ermittelt werden muß, was eine ins Detail gehende Erfassung im Rahmen dieses Quellenführers praktisch unmöglich gemacht hat. In einigen Fällen, wo Aktengruppen bereits durch gedruckte Verzeichnisse erschlossen sind, wurde auch einfach auf diese Veröffentlichungen verwiesen.

Als Grenzjahr für die Aufnahme von Materialien wurde im allgemeinen das Jahr 1918 festgelegt. Einerseits weil die Archivbestände des Österreichischen Staatsarchivs ab 1926 für die Angehörigen einer Reihe von Staaten, gegenüber denen keine materielle Reziprozität besteht, nicht frei zugänglich sind, andererseits weil sich der Gesichtskreis der österreichischen Außenpolitik der Jahre 1919–1938 gegenüber der vorangehenden Zeit wesentlich verengt, so daß das Material für die außereuropäische Geschichte an Umfang und Aussagekraft stark zurückgeht. Bei der räumlichen Abgrenzung gab es hauptsächlich im Fall des Osmanischen Reiches Schwierigkeiten. Aufgenommen wurden lediglich solche Dokumente, die sich auch auf die asiatischen oder afrikanischen Reichsteile beziehen, obwohl dabei Inkonsequenzen, vor allem bei der Berücksichtigung türkischer und österreichischer diplomatischer Missionen sowie bei Ereignissen in Konstantinopel selbst, nicht völlig vermeidbar waren. Desgleichen wurden den Khanat der Tataren betreffende Nachrichten auch dann berücksichtigt, wenn sie sich auf Ereignisse im heutigen europäischen Teil der Sowjetunion beziehen.

Ein besonderes Problem aller Hilfsmittel zur außereuropäischen Geschichte stellt die Schreibung der Eigennamen dar. Da im vorliegenden Fall Namen und Begriffe aus annähernd zehn orientalischen Sprachen (Arabisch, Armenisch, Chinesisch, Georgisch, Hindi, Japanisch, Persisch, Siamesisch, Türkisch) wiederzugeben waren, hätte die Verwendung der von den einzelnen Spezialdisziplinen entwickelten Transkriptions- und Transliterationsregeln nicht nur den Druckvorgang durch die dafür notwendigen diakritischen Zeichen sehr erschwert, sondern auch eine über Gebühr zeitraubende Mehrarbeit bedeutet, die überdies nur durch die Heranziehung entsprechender Fachleute hätte bewältigt werden können. Es wurde daher bei allen Namen und Begriffen, wo solche Formen vorhanden sind, die im Deutschen üblicherweise (z.B. auch für die alphabetische Reihung der Schlagworte in Meyers enzyklopädischem Lexikon) verwendete Schreibung beibehalten (z.B. Hadschi, Janitscharen, Mohammed, Peking, Schanghai). Alle übrigen, meist nur dem Spezialisten geläufigen Eigennamen werden in der Originalschreibung der jeweiligen Quelle wiedergegeben, sofern es sich nicht um Texte in orientalischen Sprachen handelt. Bei Ortsnamen findet sich im Fall von Umbenennungen ein entsprechender Hinweis im Namensindex. Vereinzelte Fehler können bei der Vielfältigkeit des Materials sicher nicht ausgeschlossen werden, doch hofft die Redaktion, daß sie sich in vertretbaren Grenzen halten. Diesbezügliche Hinweise, die bei einer eventuellen künftigen Neuauflage berücksichtigt werden können, mögen an die Generaldirektion des Österreichischen Staatsarchivs (Minoritenplatz 1, A-1010 Wien) gerichtet werden.

Quellen zur Geschichte Afrikas, Asiens und Ozeaniens im Österreichischen Staatsarchiv

HAUS-, HOF- UND STAATSARCHIV

Von Anna Hedwig Benna

Adresse: Minoritenplatz 1, A – 1010 Wien; Tel. 0222-6615/2516 – Öffnungszeiten: Mo-Fr 9-17 Uhr (zwischen 15. Juni und 15. September 9-16 Uhr)

VORBEMERKUNG

Das Haus-, Hof- und Staatsarchiv entstand im Zuge der Behörden- und Verwaltungsreform Kaiserin Maria Theresias 1749 als geheimes Hausarchiv zur Verteidigung ihrer Rechtsansprüche als Alleinerbin der Habsburgermonarchie. Durch kaiserliche Entschließung wurde es 1811 zu einem Zentralinstitut aller für die Geschichte und das Interesse des Staates wichtigen Dokumente bestimmt, 1840 zur wissenschaftlichen Anstalt erklärt und 1868 der internationalen Forschung zugänglich gemacht. Anfangs der Staatskanzlei und deren Nachfolgeorganisationen (Ministerium des kaiserlichen Hauses und des Äußern, Bundeskanzleramt Abt. Auswärtige Angelegenheiten) unterstellt wurde das Haus-, Hof- und Staatsarchiv 1940 dem neugegründeten Reichsarchiv Wien eingegliedert und bildet seit 1945 die erste Abteilung des Österreichischen Staatsarchivs.

Die Archivbestände reichen zeitlich vom 9. bis 20. Jahrhundert (älteste Originalurkunde von 816) und umfassen mengenmäßig ca. 73 000 Urkunden, 25 000 Laufmeter Akten, 3 600 abendländische und 500 orientalische (arabische, persische, türkische) Handschriften, 3 000 Kartenwerke, 5 000 Pläne und Zeichnungen, 30 000 Partezettel, 36 000 Siegel, Siegelabgüsse und Siegelstempel. Diese Bestände sind durch Archivbehelfe verschiedenster Qualität (zeitgenössische Kanzleibücher, Stückverzeichnisse, Bestandsübersichten) erschlossen und bis zum 31. Dezember 1925 frei zugänglich.

Material zur Geschichte Afrikas, Asiens und Ozeaniens enthalten vor allem die aus der diplomatischen Berichterstattung erwachsenen Archive der Staatskanzlei und des Ministeriums des Äußern sowie die sogenannten Staatenabteilungen, aber auch verschiedene andere Fonds wie die Handschriftensammlung, das Familienarchiv, die Hofarchive u.v.a. Nicht zuletzt ist die Urkundenreihe von Bedeutung, in der alle Verträge der Habsburgermonarchie mit auswärtigen Mächten hinterlegt sind.

Lit.: Bittner L., *Gesamtinventar des Wiener Haus-, Hof- und Staatsarchivs*, 5 Bde., Wien 1936 – 1940 (Inventare österreichischer staatlicher Archive V/4 – 8) – Auer L., Das österreichische Archivwesen, *Archives et Bibliothèques de Belgique (=ABB)* 42, 1971, S. 305 – 330 – Neck R., The Haus-, Hof- und Staatsarchiv. Its history, holdings and use, *Austrian History Yearbook* 6/7, 1970/71, S. 3 – 16 – *Minerva-Handbücher, Archive. Archive im deutschsprachigen Raum*, 2 Bde., Berlin-New York ²1974, S. 1060 – 1074 – Auer L., Inventare und Inventarisierung österreichischer Archive, *ABB* 47, 1976, S. 165f.

ALLGEMEINE URKUNDENREIHE

Diese chronologisch geordnete, 816 beginnende Reihe mittelalterlicher und neuzeitlicher Urkunden verschiedenster Provenienz enthält auch die Verträge, die die Habsburger als österreichische Landesfürsten, als römisch-deutsche Kaiser und als Kaiser von Österreich sowie als Könige von Böhmen und Ungarn mit fremden Mächten abgeschlossen haben. Allerdings werden die Verträge mit dem Osmanischen Reich, mit Algier, Marokko, Persien, Tunis und Tripolis bis 1860 bei den Türkischen Urkunden (siehe dort), die politischen Geheimverträge Österreich-Ungarns aus der Zeit von 1879 – 1914 bei den Geheimakten des Politischen Archivs des Ministeriums des Äußern verwahrt.
Lit.: Bittner L., *Chronologisches Verzeichnis der österreichischen Staatsverträge.* 4 Bde, Wien 1903 – 1917 (Veröffentlichungen der Kommission für neuere Geschichte Österreichs 1,8,13 und 15) – Ders., *Gesamtinventar des Wiener Haus-, Hof- und Staatsarchivs.* Bd. 3, Wien 1938, S. 97f. und S. 127 (Inventare österreichischer staatlicher Archive V/6).

Bittschrift mehrerer gefangener Österreicher an den Dogen Francesco Foscari um Fürsprache beim Sultan für ihre Freilassung, 1434 September 11, Kairo (Abschr.).
Lit.: *Quellen zur Geschichte der Stadt Wien* I/7, Wien 1923, S. 438f. n. 86.

Schreiben des Dogen Francesco Foscari von Venedig an Herzog Albrecht V. von Österreich wegen Befreiung einiger als Pilger im Heiligen Land in sarazenische Gefangenschaft geratener österreichischer Adeliger, 1434 Dezember 6, Venedig (Original).
Lit.: *Quellen zur Geschichte der Stadt Wien* ebd. S. 440 n. 87.

Rektor und Bürgerschaft von Ragusa übermitteln König Wladislaw von Polen und Ungarn Nachrichten über innere Unruhen im Osmanischen Reich (Beilage zum Brief Kardinal Julians an Kg. Friedrich III., 1443 Juni 28, Ofen), 1443 Mai 11, Ragusa (Abschrift).
Druck: Grill H., Die ältesten Turcica des Haus-, Hof- und Staatsarchivs, *Mitteilungen des Österr. Staatsarchivs (MÖStA)* 3,1950, S 137f.

Erklärung der Vertreter Österreichs, Preußens, Rußlands, Großbritanniens, Frankreichs, Schweden-Norwegens, Portugals und Spaniens auf dem Wiener Kongreß über die Abschaffung des Negerhandels (Schlußakte des Wiener Kongresses Beilage 15), 1815 Februar 8, Wien (Original).
Lit.: Bittner, *Chronologisches Verzeichnis* Bd. 2, S. 101 n. 1632.

Vertrag zwischen Kaiser Ferdinand I. von Österreich, König Friedrich Wilhelm IV. von Preußen, Kaiser Nikolaus I. von Rußland, Königin Viktoria von Großbritannien und König Ludwig Philipp von Frankreich zur Unterdrückung des Sklavenhandels (inseriert in die Ratifikationen Friedrich Wilhelms IV., 1842 Jänner 12, Berlin, Nikolaus I., 1842 Jänner 3/15, St. Petersburg, und Viktorias, 1842 Februar 15, Brighton), 1841 Dezember 20, London (Original).
Lit.: Bittner a.a.O. Bd. 2, S. 290 n. 2584.

Postvertrag zwischen Kaiser Franz Joseph I. von Österreich und König Wilhelm III. der Niederlande über die Beförderung von Postsendungen zwischen den Niederlanden und Niederländisch-Indien über Triest, 1851 Dezember 19, Den Haag (Original).
Lit.: Bittner Bd. 3, S. 32 n. 2885.

Vertrag zwischen Kaiser Franz Joseph I. von Österreich und König Wilhelm III. der Niederlande über die Einrichtung österreichischer Konsularämter in den niederländischen Kolonien, 1855 Dezember 29, Den Haag (Original).
Lit.: Bittner Bd. 3, S. 70 n. 3066.

Vertrag zwischen Kaiser Franz Joseph I., Kaiser Napoleon III. der Franzosen, Königin Viktoria von Großbritannien, Kaiser Alexander II. von Rußland, König Friedrich Wilhelm IV. von Preußen, König Viktor Emanuel II. von Sardinien und Sultan Abd ul-Medschid der Ottomanen über den Frieden zwischen Frankreich, Großbritannien, Sardinien und dem Osmanischen Reich einer- und Rußland andererseits sowie die Ordnung der orientalischen Angelegenheiten, 1856 März 30, Paris (Original).
Lit.: Bittner Bd. 3, S. 72 n. 3076.

Vertrag zwischen Kaiser Franz Joseph I. von Österreich, Kaiser Napoleon III. der Franzosen und Königin Viktoria von Großbritannien über die Garantie der Integrität des Osmanischen Reiches und die Bestimmungen des Pariser Vertrages (1856 März 30), 1856 April 15, Paris (Original).
Lit.: Bittner Bd. 3, S. 74 n. 3080.

Vertrag zwischen Kaiser Franz Joseph I. von Österreich, Kaiser Napoleon III. der Franzosen, Königin Viktoria von Großbritannien, Kaiser Alexander II. aller Reußen, König Wilhelm I. von Preußen und Sultan Abd ul-Medschid über die Verlängerung der Okkupation Syriens, 1861 März 19, Paris (Original).
Lit.: Bittner Bd. 3, S. 124 n. 3323.

Mauttarif für den österreichischen Handel im Osmanischen Reich, vereinbart zwischen der österreichischen und der osmanischen Regierung, 1862 März 13, Konstantinopel (offizieller Druck).
Lit.: Bittner Bd. 3, S. 132 n. 3358.

Handels- und Schiffahrtsvertrag zwischen Kaiser Franz Joseph I. und Sultan Abd ul-Aziz, 1862 Mai 10/22, Konstantinopel (Original).
Lit.: Bittner Bd. 3, S. 134 n. 3370.

Internationaler Telegraphenvertrag zwischen Kaiser Franz Joseph I. von Österreich . . . und Sultan Abd ul-Aziz der Ottomanen samt zwei Tabellen und Dienstreglement, 1865 Mai 17, Paris (Original).
Lit.: Bittner Bd. 3, S. 169 n. 3526.

Vertrag zwischen Kaiser Franz Joseph I. von Österreich, König Leopold I. der Belgier, Königin Isabella II. von Spanien, Kaiser Napoleon III. der Franzosen, Königin Viktoria von Großbritannien, König Viktor Emanuel II. von Italien, König Ludwig von Portugal, König Karl XV. von Schweden, dem Präsidenten der Vereinigten Staaten von Amerika einerseits und Sultan Sidi Mohammed von Marokko andererseits über die Verwaltung und Erhaltung des Leuchtturms am Kap Spartel, 1865 Mai 31, Tanger (Original).
Lit.: Bittner Bd. 3, S. 172 n. 3534.

Freundschafts-, Handels- und Schiffahrtsvertrag zwischen Kaiser Franz Joseph I. von Österreich, auch in Vertretung Liechtensteins, mit dem Präsidenten der Republik Liberia samt einem Separatartikel, 1866 September 1, Wien (Original).
Lit.: Bittner Bd. 3, S. 190 n. 3629.

Zusatzartikel zum internationalen Telegraphenvertrag (1865 Mai 17) über die Anwendung dieses Vertrages auf die telegraphische Korrespondenz mit Algier und Tunis, 1867 April 8, Paris (Original).
Lit.: Bittner Bd. 3, S. 199 n. 3671.

Handels-, Schiffahrts- und Freundschaftsvertrag zwischen Kaiser Franz Joseph I. von Österreich und den Königen Chulalongkorn und Mongol von Siam samt Vorschriften für den Handel der Österreichisch-Ungarischen Monarchie in Siam, 1869 Mai 17, Bangkok (Original).
Lit.: Bittner Bd. 3, S. 229 n. 3802 – Benna A.H., Quellen zur Geschichte der Beziehungen Österreich-Ungarns zu Siam im Haus-, Hof- u. Staatsarchiv Wien, *MÖStA* 28, 1975, S. 137.

Freundschafts-, Handels- und Schiffahrtsvertrag zwischen Kaiser Franz Joseph I. von Österreich und Kaiser Tung-Chin von China samt Zolltarif für Ein- und Ausfuhr sowie Handelsbestimmungen, 1869 September 2, Peking (Original).
Lit.: Bittner Bd. 3, S. 231 n. 3812.

Freundschafts-, Handels- und Schiffahrtsvertrag zwischen Kaiser Franz Joseph I. und Kaiser Mutsuhito von Japan samt Bestimmungen über den Handel der Österreichisch-Ungarischen Monarchie in Japan und einem Zolltarif, 1869 Oktober 18, Tokio (Original).
Lit.: Bittner Bd. 3, S. 232 n. 3816.

Vertrag über die Gründung eines allgemeinen Postvereins zwischen Österreich-Ungarn, Belgien, Dänemark samt Island und Faröer, dem Deutschen Reich, Ägypten, Spanien mit den Balearen, den Kanarischen Inseln, den spanischen Besitzungen in Nordafrika und den Poststationen an der Westküste von Marokko, ... Großbritannien, ... den Niederlanden, Portugal samt Madeira und den Azoren ... und dem Osmanischen Reich samt Schlußprotokoll und Reglement, 1874 Oktober 9, Bern (Original).
Lit.: Bittner Bd. 3, S. 269 n. 3993.

Beitrittserklärung Frankreichs zum Weltpostverein für Algier und deren Annahme durch die Signatarmächte, 1875 Mai 3, Bern (Original).
Lit.: Bittner Bd. 3, S. 274 n. 4014.

Freundschafts-, Handels- und Schiffahrtsvertrag zwischen Kaiser Franz Joseph I. von Österreich und König Kalakaua von Hawai, 1875 Juni 18, London (Original).
Lit.: Bittner Bd. 3, S. 277 n. 4022.

Weltpostvertrag zwischen Österreich-Ungarn, ... Dänemark mit seinen Kolonien, Ägypten, Spanien mit seinen Kolonien und allen Postanstalten an der Westküste von Marokko ..., Frankreich mit seinen Kolonien und den Postanstalten in Tunis, Algier, Tanger, Schanghai, Kambodscha und Tongking, Großbritannien und seinen Ko-

lonien ... Britisch-Indien, Hongkong, Mauritius, Seychellen, Straits Settlements (Malakka, Penang und Singapore), Ceylon sowie den großbritannischen Postanstalten in Kiung-tschou, Kanton, Swatou, Amoy, Futschou, Ningpo, Schanghai, Haiphong, Hanoi, Aden, Maskat, am Persischen Golf, Gwadar und Mandalay, ... Italien mit den Postanstalten in Tripolis und Tunis, Japan samt den Postanstalten in Schanghai, Tsifu, Tsin-kiang-hsien, Hankou, Ningpo, Futschou, Niu-tschwang, Kiu-kiang, Tientsin und Fusan, ... den Niederlanden und den gesamten niederländischen Kolonien, Portugal und den gesamten portugiesischen Kolonien, ... und der Türkei, 1878 Juni 1, London (Original).
Lit.: Bittner Bd. 3, S. 303f n. 4149.

Vertrag zwischen Österreich-Ungarn, ... Dänemark samt allen Kolonien mit Ausnahme der westindischen, Ägypten, Frankreich mit allen seinen Kolonien ... Niederlande, Portugal samt allen Kolonien ... über den Austausch von Briefen mit Wertangabe samt Reglement, 1878 Juni 1, Paris (Original).
Lit.: Bittner Bd. 3, S. 305f n. 4150.

Vertrag zwischen Österreich-Ungarn, ... Ägypten, Frankreich samt allen Kolonien ... über den Austausch von Postanweisungen samt Reglement, 1878 Juni 4, Paris (Original).
Lit.: Bittner Bd. 3, S. 306 n. 4152.

Vertrag zwischen Kaiser Franz Joseph I. von Österreich, dem deutschen Kaiser Wilhelm I., dem Präsidenten der Französischen Republik, Königin Viktoria von Großbritannien, König Umberto von Italien, Kaiser Alexander II. aller Reußen und Sultan Abd ul- Hamid über die Neuordnung der orientalischen Verhältnisse (inseriert in die Ratifikation Kaiser Wilhelms 1878 Juli 29, Berlin), 1878 Juli 13, Berlin (Original).
Lit.: Bittner Bd. 3, S. 308 n. 4159.

Vertrag zwischen Kaiser Franz Joseph I. von Österreich, dem deutschen Kaiser Wilhelm I., König Leopold II. der Belgier, König Alphons XII. von Spanien, dem Präsidenten der Französischen Republik, dem Präsidenten der Vereinigten Staaten von Amerika, Königin Viktoria von Großbritannien, König Umberto von Italien, König Wilhelm III. der Niederlande, König Ludwig von Portugal, König Oskar II. von Schweden und Norwegen einerseits und Sultan Muley Hasan von Marokko andererseits über die Ausübung des Schutzrechtes in Marokko, 1880 Juli 3, Madrid (Original).
Lit.: Bittner Bd. 3, S. 329f. n. 4254.

Vertrag zwischen Kaiser Franz Joseph I. von Österreich und König Chulalongkorn von Siam über den Handel mit geistigen Getränken, 1885 Jänner 17, Berlin (Original).
Lit.: Bittner Bd. 3, S. 366 n. 4406 – Benna, Beziehungen Österreich-Ungarns zu Siam (wie oben S. 6.) S. 137.

Zusatzabkommen zum Weltpostverein (1878 Juni 18, London) zwischen Österreich-Ungarn, Ägypten, Dänemark samt Kolonien, Frankreich samt Kolonien, Portugal samt Kolonien, Liberia und Japan über den Austausch von Briefen mit Wertangabe samt Reglement, 1885 März 21, Lissabon (Original).
Lit.: Bittner Bd. 3, S. 371 – 374 n. 4417 – 4420.

Handels- und Schiffahrtsvertrag zwischen Kaiser Franz Joseph I. von Österreich und Sultan Seyd Bargasch ben Said von Sansibar, 1887 August 11, Sansibar (Original).
Lit.: Bittner Bd. 3, S. 393 n. 4523.

Weltpostvertrag zwischen Österreich-Ungarn, dem Deutschen Reich und seinen Schutzgebieten, ... dem Kongostaat, Dänemark und seinen Kolonien, Ägypten, Spanien und seinen Kolonien, ... Britisch-Indien, Britisch-Nordborneo, ... Ceylon, Cypern ... Gambia, Goldküste, Hongkong ... Lagos ... Mauritius ... Sierra Leone, Straits Settlements, ... Hawai ... Japan, ... Liberia, ... den Niederlanden samt Kolonien, ... Siam, Tunis ... und der Türkei, 1891 Juli 4, Wien (beglaubigte Abschrift).
Lit.: Bittner Bd. 3, S. 424ff. n. 4663.

Vertrag zwischen Österreich-Ungarn, ... Dänemark samt Kolonien, ... Frankreich samt Kolonien, ... Liberia, ... Portugal samt Kolonien ... Tunis und der Türkei über den Austausch von Briefen und Schachteln samt Reglement, 1891 Juli 4, Wien (Original).
Lit.: Bittner Bd. 3, S. 426f. n. 4664.

Vertrag zwischen Österreich-Ungarn, Ägypten, Dänemark samt Kolonien, Japan, Liberia, den Niederlanden samt Kolonien, Portugal samt Kolonien, Siam, Tunis und der Türkei über den Austausch von Postanweisungen samt Reglement, 1891 Juli 4, Wien (Original).
Lit.: Bittner Bd. 3, S. 427 n. 4665.

Vertrag zwischen Österreich-Ungarn, ... Dänemark samt seinen Kolonien, Ägypten, ... Frankreich samt seinen Kolonien, ... Liberia, ... den Niederlanden samt ihren Kolonien, ... Siam, Tunis und der Türkei ... über den Austausch von Postpaketen samt Schlußprotokoll und Reglement, 1894 Juli 4, Wien (Original).
Lit.: Bittner Bd. 3, S. 427f. n. 4666.

Vertrag zwischen Österreich-Ungarn, ... Liberia, ... den Niederlanden samt Niederländisch-Indien, Portugal samt den Kolonien, Tunis ... und der Türkei über den Postauftragsdienst, 1891 Juli 4, Wien (Original).
Lit.: Bittner Bd. 3, S. 428f. n. 4667.

Internationaler Sanitätsvertrag zwischen Kaiser Franz Joseph I. von Österreich ... und Sultan Abd ul-Hamid der Ottomanen, 1892 Jänner 30, Venedig (beglaubigte Abschrift).
Lit.: Bittner Bd. 3, S. 435f. n. 4693.

Freundschafts-, Handels- und Schiffahrtsvertrag zwischen Kaiser Franz Joseph I. und König Li Hui von Korea samt Vorschriften für den Handel Österreich-Ungarns in-Korea, einem Ein- und Ausfuhrtarif, 1892 Juni 23, Tokio (Original).
Lit.: Bittner Bd. 3, S. 440f. n. 4715.

Vertrag zwischen Kaiser Franz Joseph I., Königin Viktoria von Großbritannien auch für die großbritannischen Kolonien mit Ausnahme Britisch-Indiens ... der Kapkolonie, Natals ... Südwestafrikas ... zum Schutz der Urheber von Werken der Litera-

tur und Kunst und der Rechtsnachfolger der Urheber, 1893 April 24, Wien (Original).
Lit.: Bittner Bd 3, S. 447f. n. 4745.

Vertrag zwischen Österreich-Ungarn, Belgien, Dänemark, dem Deutschen Reich, Frankreich, Großbritannien, Griechenland, den Niederlanden, Persien, Portugal und Rußland über sanitäre Maßnahmen bei den Pilgerfahrten nach Mekka und im Persischen Golf, 1894 April 3, Paris (Original).
Lit.: Bittner Bd. 3, S. 453f. n. 4771.

Handels- und Schiffahrtsvertrag zwischen Kaiser Franz Joseph I. von Österreich, auch in Vertretung des Fürsten von Liechtenstein, und Kaiser Mutsuhito von Japan samt Schlußprotokoll, Zusatzkonvention und einer gemeinsamen Erklärung, 1897 Dezember 5, Wien (Original).
Lit.: Bittner Bd. 3, S 485 n. 4898.

Freundschafts- und Handelsvertrag zwischen Kaiser Franz Joseph I. von Österreich und Negus Menelik II. von Äthiopien, 1905 März 21, Addis Abeba (Original).
Lit.: Bittner Bd. 3, S. 541 n. 5125.

Zusatzübereinkommen zwischen China und den Signatarmächten des Protocole de Pekin (1901 September 7) Österreich-Ungarn, dem Deutschen Reich, Belgien, Spanien, den Vereinigten Staaten von Amerika, Frankreich, Großbritannien, Italien, Japan, den Niederlanden und Rußland betreffend die Durchführung der im Art. XI(b) und Annex 17 des genannten Protokolls vorgesehenen Regulierung des Whangpu-Flusses, 1905 September 27, Peking (Original).
Lit.: Bittner Bd. 3, S. 546 n. 5140.

Beschreibung des k.u.k.Konsulatsgebäudes in Tientsin und dessen Nebenbauten mit darauf bezüglichem Situationsplan, Taxendokument und Eigentumsurkunde, 1908, Tientsin (Original).

Handels- und Schiffahrtsvertrag zwischen Österreich-Ungarn und Japan, 1912 Oktober 12, Wien (Original).

Geheimvertrag zwischen Österreich-Ungarn und dem Osmanischen Reich über die Gewährung eines Vorschusses an das Osmanische Reich, 1915 Mai 1, Wien (Original).

Vertrag zwischen Österreich-Ungarn und dem Osmanischen Reich über den Beitritt Österreich-Ungarns zu den deutsch-türkischen Verträgen (1915 Jänner 11 und 1916 September 28), 1917 März 22, Konstantinopel (Original).

Vertrag zwischen Österreich-Ungarn und dem Osmanischen Reich über die Auslieferung von Kriegsgefangenen und Deserteuren, 1918 März 12, Wien (Original).

Vertrag zwischen Österreich-Ungarn und dem Osmanischen Reich über die Auslieferung von Verbrechern und Rechtshilfe in Strafsachen, 1918 März 12, Wien (Original).

Vertrag zwischen Österreich-Ungarn und dem Osmanischen Reich über Niederlassung, Armenunterstützung, Staatsbürgerschaft und Repatriierung, 1918 März 12, Wien (Original).

Vertrag zwischen Österreich-Ungarn und dem Osmanischen Reich über Rechtsschutz und Rechtshilfe, 1918 März 12, Wien (Original).

Konsularvertrag zwischen Österreich-Ungarn und dem Osmanischen Reich, 1918 März 12, Wien (Original).

Note des k.u.k.Ministeriums des Äußern an den türkischen Botschafter betreffend die Überweisung aller Straf-, Konkurs- und Zivilprozeßangelegenheiten, die zur Zeit der früheren Regierung bei einem k.u.k.Konsulat im Osmanischen Reich anhängig waren, an die kompetenten österreichisch-ungarischen Gerichte, 1918 März 12, Wien (Abschrift).

TÜRKISCHE URKUNDEN

Der seit der Mitte des 19. Jahrhunderts existierende Bestand umfaßt nicht nur Urkunden, sondern auch Aktenbeilagen von Verträgen, die in engem Zusammenhang mit dem Vertragsabschluß stehen, ferner Notifikationen, Kredential- und Zeremonialschreiben aus dem diplomatischen Verkehr mit dem Osmanischen Reich, mit Algier, Marokko, Persien, Tripolis, Tunis, ferner Fermane und Berate zu Gunsten christlicher Geistlicher, Händler, Reisender und Untertanen in den islamischen Ländern. Verträge mit dem Osmanischen Reich aus der Zeit vor 1555 erliegen außerdem in der Staatenabteilung Türkei, aus der Zeit von 1861 – 1918 in der Allgemeinen Urkundenreihe (siehe dort).

Lit.: Gévay A.v., *Urkunden und Actenstücke zur Geschichte der Verhältnisse zwischen Österreich, Ungarn und der Pforte* etc. 3 Bde, Wien 1838 – 1842 – *Die Kapitulationen und Handelsverträge mit der Türkei* (Separatausgabe des Österreichischen Wirtschaftspolitischen Archivs). Wien 1909 – Bittner L., *Chronologisches Verzeichnis* (wie oben S. 4) – Ders., *Gesamtinventar* (wie oben S. 3), Bd. 3, Wien 1938, S. 106 – 119.

Bericht Sultan Süleymans II. an König Ferdinand I. über seinen Sieg gegen Persien, 1534 Dezember 17, Bagdad (Original).
Druck: Gévay, *Urkunden und Actenstücke*, Bd. 2/3, Wien 1841, S. 9.

Schreiben des Großwesirs Ayas Pascha an König Ferdinand I. mit der Nachricht, daß Sultan Süleyman jetzt mehrere Jahre in Persien beschäftigt sei, 1536 ca. Anfang Juli, Konstantinopel (Original).
Druck: Gévay ebd. S. 115f. – Fekete, L., *Einführung in die osmanisch-türkische Diplomatik* etc. Budapest 1926, Anhang S. 3ff.

Nachrichten des Hieronymus Łaski über Vorgänge um Chaireddin Barbarossa sowie über Kriegsereignisse in Afrika und Mesopotamien, 1541 Februar 5, Konstantinopel (Original).
Druck: Gévay ebd. Bd. 3/3, Wien 1842, S. 109 – 111.

Ferman zu Gunsten des venezianischen Handels in Syrien, 1598 März

Schreiben Schah Abbas' des Großen von Persien an Kaiser Rudolf II., in dem er den Engländer Robert Sherley als seinen Gesandten beglaubigt, 1602 sine die, sine loco (Original).
Lit.: Evans R.J.W., *Rudolf II and his world*, Oxford 1973, S. 77f.

Friedens- und Handelsvertrag zwischen Kaiser Matthias und Sultan Ahmed I. unter Verlängerung des Friedens von Zsitva-torok (1606 November 11) mit Bestimmungen über den Handel kaiserlicher Untertanen im gesamten Osmanischen Reich, 1615 Juli 14, Wien (Kopie).
Lit.: Bittner, *Chronologisches Verzeichnis* Bd. 1, S. 37 n. 189.

Erneuerung der Verträge von Zsitva-torok (1606 November 11) und Wien (1615 Juli 14) zwischen Kaiser Matthias und Sultan Ahmed I., 1616 Mai 1, Wien (Kopie).
Lit.: Bittner Bd. 1, S. 37 n. 190.

Ferman Sultan Ahmeds I. über die Handelsprivilegien der österreichischen Kaufleute, 1617 Juni 15, Konstantinopel (Original).
Lit.: Bittner Bd. 1, S. 38 n. 195.

Hattischerif zu Gunsten der katholischen Geistlichkeit in Jerusalem, 1637 Oktober 1 – 10, Konstantinopel (Abschrift).

Freundschaftsvertrag zwischen Kaiser Ferdinand III. und dem Tatarenkhan Mehmed Giray, 1642 Oktoer 25 – November 22, Bachcisaraj (Original).
Lit.: Bittner Bd. 1, S. 54 n. 291.

Berat Sultan Mehmeds IV. zu Gunsten der Jesuiten und anderer katholischer Geistlicher, 1665 November 29 – Dezember 8, Konstantinopel (Original).

Mandat Sultan Mehmeds IV. über den freien Handel der toskanischen Kaufleute auf dem Territorium des Osmanischen Reiches, 1668 April 23 – Mai 2, Adrianopel (Abschrift).

Diplom Sultan Mehmeds IV. über die Freiheit des Handels der kaiserlichen Untertanen, 1669 Jänner 24 – Februar 1, Larissa (Kopie).

Friedensvertrag zwischen Kaiser Leopold I. und Sultan Mustafa II., 1699 Jänner 26, Karlowitz (Original).
Enthält in Art. 13 und 14 Bestimmungen über die freie Ausübung der christlichen Religion im Osmanischen Reich, besonders in Jerusalem, sowie über die Freiheit des Handels der kaiserlichen Untertanen.
Lit.: Bittner Bd. 1, S. 115 n. 601.

Ferman für einige Herren aus dem Gefolge des kaiserlichen Großbotschafters Wolfgang Graf von Öttingen über die Erlaubnis zur Reise nach Jerusalem, 1700 April 11 – 19, Konstantinopel (Kopie).

Erlaß zur Regelung des Handels mit dem Heiligen Römischen Reich sowie zum Schutz der kaiserlichen Kaufleute auf dem Territorium des Osmanischen Reiches, 1700 Oktober 5 – 13, Konstantinopel (Kopie).

Befehl an den Kadi und den Sandschak-Beg von Jerusalem den Schutz der römisch-katholischen Religion betreffend, 1700 Oktober 5 – 13, Konstantinopel (Kopie).

Vertragsurkunde über den Frieden zwischen Sultan Mustafa II. und der Republik Venedig, 1701 April 9 – 18, Heerlager bei Konstantinopel (Original).
Enthält auch Bestimmungen über den venezianischen Handel in der Levante und in Vorderasien.

Ferman Sultan Ahmeds III. über die Bestätigung der Rechte der römisch-katholischen Kirche im Osmanischen Reich, 1706 November 18 – 27, Konstantinopel (Original).

Bittschrift des kaiserlichen Residenten Franz Fleischmann an den Sultan, der osmanische Kapudan Pascha möge kaiserliche Untertanen auf dem Mittelmeer nicht belästigen, sondern schützen, 1714 Juni, Konstantinopel (Übersetzung).

Manifest an die Behörden in Kleinasien und Syrien über die Frage, ob Venedig den Frieden gebrochen habe, 1714 Dezember 8 – 17, sine loco (Übersetzung).

Schreiben Sultan Ahmeds III. an den Kommandanten von Asow wegen russischer Klagen über Grenzverletzungen, 1715 Mai 15 – 24, bei Adrianopel (Abschrift).

Befehl an den Kaymakam über ein Exportverbot für Waren nach Venedig, 1715 November 18 – 27, Konstantinopel (Übersetzung).

Handelsvertrag zwischen Kaiser Karl VI. und Sultan Ahmed III., 1718 Juli 27, Passarowitz (Original).
Lit.: Bittner Bd. 1, S. 134 n. 708.

Ferman Sultan Ahmeds III. an alle osmanischen Behörden wegen des Schutzes christlicher Schiffe und Kaufleute, 1719 September 15 – 24, Konstantinopel (Übersetzung).

Ferman Sultan Ahmeds III. an den Kadi von Nikosia und den Defterdar von Cypern wegen der Freilassung eines kaiserlichen Schiffskapitäns, 1719 September 15 – 24, Konstantinopel (Übersetzung).

Ferman Sultan Ahmeds III. zum Schutz der christlichen Religion im Osmanischen Reich, 1719 September 25 – Oktober 4, Konstantinopel (Übersetzung).

Schreiben des Großwesirs Damad Ibrahim Pascha an den persischen Geschäftsträger wegen der Durchführung des Passarowitzer Handelsvertrages und des Transithandels nach Persien, o.D. (1719?), o.O. (Kopie).
Lit.: Hammer J.v., *Geschichte des Osmanischen Reiches* Bd. 9, Pest 1833, S. 619 n. 3251.

Ferman Sultan Ahmeds III. zum Schutz des venezianischen Handels, 1719 Dezember 24 – 1720 Jänner 2, Konstantinopel (Original).

Ferman Sultan Ahmeds III. an die Richter der Provinz Syrien zum Schutz des österreichischen Handels, 1720 Jänner 3 – 11, Konstantinopel (Übersetzung).

Ferman Sultan Ahmeds III. zum Schutz christlicher Kaufleute sowie der katholischen Religionsausübung in der Grabeskirche und auf dem Berg Zion in Jerusalem, 1720 Jänner 20 – 21, Konstantinopel (Übersetzung).

Unter Vermittlung Frankreichs abgeschlossener Vertrag zwischen Rußland und dem Osmanischen Reich über eine Teilung Persiens, 1724 Juni 24, Konstantinopel (Kopie).

Handels- und Schiffahrtsvertrag zwischen Kaiser Karl VI. und der Regierung von Tunis (inseriert in der Ratifikation Karls VI., 1725 Dezember 18, Wien), 1725 September 23, Tunis (Konzept).
Lit.: Bittner, *Chronologisches Verzeichnis* Bd. 1, S. 143 n. 758.

Schreiben des Großwesirs Ibrahim Pascha an Prinz Eugen, daß gemäß dem Verlangen des kaiserlichen Hofes an Tunis und Tripolis Befehle zum Friedensschluß ergangen seien, s. d. (ca. 1725/26), Konstantinopel (Original).

Friede zwischen Kaiser Karl VI. und der Regierung von Tripolis samt Ratifikation des Senats von Tripolis, 1726 April 16, Konstantinopel (Kopie).
Lit.: Bittner a.a.O. Bd. 1, S. 144, n. 761.

Schreiben Mohammed Efendis und des Paschas von Tripolis an den kaiserlichen Residenten Dierling über die Durchführung des mit dem Kaiser abgeschlossenen Friedens, 1726 Juli 11, Tripolis (3 Originale).

Schreiben des Paschas von Tripolis an Kaiser Karl VI. aus Anlaß des Friedensschlusses, 1726 August 29 – September 27, Tripolis (Original).

Schreiben Ahmed Paschas von Tripolis an Prinz Eugen von Savoyen über die Flucht einiger Begs aus Ägypten nach Tripolis, 1726 August 29 – September 27, Tripolis (Original).

Schiffahrts- und Handelsvertrag mit Algier zwischen Kaiser Karl VI. und dem Kapudan Pascha, 1727 März 8, Konstantinopel (Original).
Lit.: Bittner a.a.O. Bd. 1, S. 146 n. 774.

Ferman Sultan Ahmeds III. an den Dey und Begler-Beg von Algier mit der Weisung, die aus Indien nach Ostende zurückkehrenden kaiserlichen Schiffe nicht zu behelligen, 1727 August 9 – 18, Konstantinopel (Abschrift).

Antwortschreiben Ahmed Paschas von Tripolis an Prinz Eugen auf dessen durch den Gesandten Mohammed Efendi überschicktes Schreiben, 1727 August 19 – September 17, Tripolis (Original).

Empfehlungsschreiben Ahmed Paschas von Tripolis an Kaiser Karl VI. und Prinz Eugen für den aus Ägypten über Tripolis nach Triest geflüchteten Begler-Beg Tscherkes Mehmed, 1727 August 19 – September 17, Tripolis (2 Originale).

Schreiben des Begler-Begs Tscherkes Mehmed an Prinz Eugen, 1727 Oktober 12, sine loco (5 Originale).

Schreiben Ahmed Paschas von Tripolis an Kaiser Karl VI. und Prinz Eugen über die vertragswidrige Kaperung neapolitanischer Schiffe, 1728 Oktober 13, Tripolis (2 Originale).

Arabische und türkische Liste der durch den kaiserlichen Residenten Dierling von den Juden in Jerusalem eingetriebenen Forderungen, 1728 (Original).

Schreiben Ahmed Paschas von Tripolis an Kaiser Karl VI. über die Wegnahme neapolitanischer Schiffe, 1729 März 25, Tripolis (Original).

Schreiben Ahmed Paschas von Tripolis an Prinz Eugen über die Exzesse sizilianischer Korsaren, 1729 August 23, Tripolis (Original).

Schreiben des Begler-Begs von Tripolis, Ahmed Pascha, an Kaiser Karl VI. über Streitigkeiten zwischen dem kaiserlichen und dem französischen Konsul, 1729 Juni, Tripolis (Original).

Ferman Sultan Ahmeds III. an die Regierung von Tunis zu Gunsten der kaiserlichen Schiffahrt, 1730 Februar 3, Konstantinopel (Kopie).

Schreiben Mehmed Efendis an Prinz Eugen über die Zurückgabe gekaperter Schiffe, 1730 Juni 17 – Juli 16, Tripolis (2 Originale).

Schreiben des Großwesirs Damad Ibrahim Pascha, an den russischen ersten Minister über die Stimmung der Pforte gegen Nadir Schah von Persien, (ca. 1730), s.d., s.l. (Kopie).

Schreiben des Kyayas des Großwesirs, Mohammed, an Prinz Eugen über die Eroberung von Täbris und den persischen Feldzug, (1732/33), s.d., s.l. (2 Originale).

Schreiben des Großwesirs Ali Pascha an den russischen ersten Minister über Konflikte an der persischen Grenze, (1733), s.d., s.l. (Kopie).

Schreiben des Großwesirs Silihdar Seid Mohammed Pascha an den russischen ersten Minister über russische Angriffe auf Asow, 1736 Juni 4, s.l. (Kopie).

Ferman Sultan Mahmuds I. an den Ser-asker von Kars, Ahmed Pascha, und den Kapudan Pascha über Kriegsvorbereitungen gegen Persien, 1744 Mai 24 – Juni 3, s.l. (Kopie).

Ferman Sultan Mahmuds I. an den Statthalter von Erzurum Ahmed Pascha über Kriegsoperationen in Persien, 1743 November 18 – 27, s.l. (Kopie).

Ferman Sultan Mahmuds I. an den Ser-asker von Kars, Ahmed Pascha, über Kriegsvorbereitungen gegen Persien, 1744 Februar 15 – 24, s.l. (Kopie).

Ferman Sultan Mahmuds I. an den Statthalter von Tripolis, Mustafa Pascha, mit Befehl zum Krieg gegen Persien, 1744 Juli 22 – 31, s.l. (Abschrift).

Ferman Sultan Mahmuds I. an alle Befehlshaber der Küste, die Neutralität der osmanischen Meere aufrecht zu erhalten, 1744 August 10 – 19 (Abschrift).

Ferman Sultan Mahmuds I. an den Ser-asker von Kars, Ahmed Pascha, an den Statthalter von Erzurum, Weli Pascha, sowie an den Statthalter von Trapezunt, Selim Pascha, als Belohnung für erfochtene Siege, 1744 Oktober 18 – 27, s.l. (Kopie).

Ferman Sultan Mahmuds I. an den Ser-asker von Kars, Ahmed Pascha, zur Belobigung für den Sieg gegen die Perser, 1744 November 17 – 26, Konstantinopel (Kopie).

Begleitschreiben des Großwesirs Hasan Pascha an den Hofkriegsratspräsidenten in Wien für den in Gefangenschaft tripolitanischer Korsaren geratenen Grafen von Strassoldo, der Kaiserin Maria Theresia als Geschenk des Sultans übersandt wird, s.d. (1746), Konstantinopel (Original).

Ferman Sultan Mahmuds I. an den Sandschakbeg von Ankara mit Verhaltensmaßregeln gegen Persien in Krieg und Frieden, 1746 Februar 3 – 12, s.l. (Abschrift).

Friedensschluß zwischen Persien und dem Osmanischen Reich, gefertigt von dem osmanischen Gesandten Nasif Mustafa Efendi, 1746 September 4, Cherden (Abschrift).
Lit.: Noradounghian G., *Recueil d'Actes Internationaux de l'Empire Ottoman* Bd. 1, Paris 1897, S. 71f., 306 – 308.

Friedens- und Schiffahrtsvertrag zwischen Kaiser Franz I. Stephan als Großherzog von Toskana sowie Kaiserin Maria Theresia einerseits und der Regierung von Algier andererseits, 1748 Oktober 8, Algier (Original).
Lit.: Bittner, *Chronologisches Verzeichnis* (wie oben S. 4) Bd. 1, S. 179 n. 957.

Friedens- und Schiffahrtsvertrag zwischen Kaiser Franz I. Stephan als Großherzog von Toskana sowie Kaiserin Maria Theresia einerseits und der Regierung von Tunis andererseits, 1748 Dezember 23, s.l. (Abschrift).
Lit.: Bittner Bd. 1, S. 181 n. 967.

Handels- und Schiffahrtsvertrag zwischen Kaiser Franz I. Stephan als Großherzog von Toskana sowie Kaiserin Maria Theresia einerseits und der Regierung von Tripo-

lis andererseits, 1749 Jänner 27, Tripolis (Abschrift).
Lit.: Bittner Bd. 1, S. 183 n. 976.

Schreiben des Großwesirs Es-Seid-Abdullah Pascha an die Regierungen von Algier, Tripolis und Tunis über die Einbeziehung der Häfen von Ostende und Nieuport in die kaiserlichen Schiffahrtsverträge, 1749, s.d., s.l. (Abschrift).

Zusatzartikel zum Handels- und Schiffahrtsvertrag mit Tripolis (1749 Jänner 27, Tripolis) wegen der Einbeziehung der Häfen von Ostende und Nieuport in diesen Vertrag, 1750 September 15, Tripolis (Abschrift).
Lit.: Bittner Bd. 1, S. 184 n. 982.

Schreiben des Beys von Tripolis Mehmed Pascha an den Hofkriegsratspräsidenten in Wien wegen der Einbeziehung der Häfen von Ostende und Nieuport in den Handels- und Schiffahrtsvertrag mit Tripolis, 1750 September 29, Tripolis (Original).

Memoire der Pforte an den kaiserlichen Internuntius von Penckler mit Beschwerde über den Bau einer russischen Festung auf der Insel Tscharkask, s.d. (1754 Juni 20), s.l. (Original).

Friedens- und Schiffahrtsvertrag zwischen Kaiser Franz I. Stephan als Großherzog von Toskana und der Regierung von Algier, 1757 Juni 28, Algier (Original).
Lit.: Bittner Bd. 1, S. 199 n. 1078.

Beitritt Maria Theresias zu dem zwischen Kaiser Franz I. Stephan als Großherzog von Toskana mit der Regierung von Algier abgeschlossenen Handels- und Schiffahrtsvertrag für die Häfen Triest, Fiume, Zengg, Ostende, Nieuport und Antwerpen, 1759 Jänner 7, Wien (Original).
Lit.: Bittner Bd. 1, S. 203 n. 1100.

Schreiben des Statthalters von Tunis an Kaiserin Maria Theresia nach Erneuerung des Friedens, s.d. (1761), Tunis (Original).

Ferman Sultan Mustafas III. gegen die Proselytenmacherei der Katholiken, 1765 November 25 – Dezember 4, s.l. (Kopie).

Memoire der Pforte an den kaiserlichen Internuntius über das Begehren, alle Kaufleute mit Warenerklärungen zu versehen, s.d., (1766 – 67), s.l. (Original).

Memoire des russischen Residenten in Konstantinopel als Antwort auf die Beschwerden der Pforte über das Einrücken russischer Truppen in Georgien, 1767 Juli, s.l. (türkische Übersetzung).

Friedens- und Freundschaftsvertrag zwischen Sidi Mohammed von Marokko und Kaiser Joseph II., 1783 April 17, Wien (Original).
Lit.: Bittner Bd. 2, S. 30 n. 1266.

Sened des türkischen Großwesirs zum Schutz der österreichischen Untertanen in den Barbareskenstaaten, 1783 August 8, Konstantinopel (Original).
Lit.: Bittner, Bd. 2, S. 30 n. 1269.

Sened der Pforte zu Gunsten des österreichischen Handels im Osmanischen Reich, 1784 Februar 24, Konstantinopel (Original).
Lit.: Bittner Bd. 2, S. 31 n. 1275.

Vertrag zwischen Kaiser Franz I. von Österreich und Sultan Mulay Sulayman von Marokko über die Erneuerung des Vertrages zwischen Österreich und Marokko von 1783 April 17, 1805 Februar 5, s.l. (Abschrift).
Lit.: Bittner Bd. 2, S. 67 n. 1463.

Präliminarvertrag zwischen Kaiser Franz I. von Österreich und Sultan Mulay Abd-er-rahman von Marokko über die Erneuerung des Vertrages zwischen Österreich und Marokko von 1805 Frebruar 5, die Rückgabe der geraubten Brigg »Veloce« an Österreich betreffend, sowie über die Einstellung der Feindseligkeiten und den Empfang der österreichischen Gesandten durch den Sultan, 1830 Februar 2, Gibraltar (Original).
Lit.: Bittner Bd. 2, S. 241 n. 2307.

Friedens- und Handelsvertrag zwischen Kaiser Franz I. von Österreich und Sultan Mulay Abd-er-rahman von Marokko über die Erneuerung des Vertrages von 1805 Februar 5, 1830 März 19, Gibraltar (offizieller Druck und Abschrift).
Lit.: Bittner Bd. 2, S. 241 n. 2308.

Vertrag zwischen Kaiser Ferdinand I. von Österreich, Kaiser Nikolaus I. aller Reußen, Königin Viktoria von Großbritannien, König Friedrich Wilhelm IV. von Preußen einer- und Sultan Abd ul-Medschid andererseits über die Niederwerfung des Aufstandes Mehmed Alis und die Erhaltung der territorialen Integrität des Osmanischen Reiches sowie ein Protokoll über die Durchfahrt durch die Dardanellen und den Bosporus, 1840 Juli 15, London (Original).
Lit.: Bittner Bd. 2, S. 283 n. 2545.

Vertrag zwischen Kaiser Ferdinand I. von Österreich, Kaiser Nikolaus I. aller Reußen, Königin Viktoria von Großbritannien, König Ludwig Philipp der Franzosen einerseits und Sultan Abd ul-Medschid andererseits über die Durchfahrt durch die Dardanellen und den Bosporus, 1841 Juli 13, London (Original).
Lit.: Bittner Bd. 2, S. 288 n. 2575.

Handels- und Schiffahrtsvertrag zwischen der österreichischen Regierung und Bey Muscir Muhammed von Tunis, 1856 Jänner 17, Bardo bei Tunis (Original).
Lit.: Bittner Bd. 3, S. 71 n. 3070.

Telegraphenvertrag zwischen Kaiser Franz Joseph I. im Namen der übrigen Staaten des deutsch-österreichischen Telegraphenvereins einerseits und Sultan Abd ul-Medschid andererseits, 1857 Jänner 21, Konstantinopel (Original).
Lit.: Bittner Bd. 3, S. 91 n. 3171.

Freundschafts-, Handels- und Schiffahrtsvertrag zwischen Kaiser Franz Joseph I. von Österreich, auch für die Staaten des Deutschen Bundes, und Schah Nasr ed-din von Persien, 1857 Mai 17, Paris (Original).
Lit.: Bittner Bd. 3, S. 96 n. 3191.

Konferenzprotokoll zwischen den Vertretern Österreichs, Frankreichs, Großbritanniens, Preußens und Rußlands einerseits und den Vertretern des Osmanischen Reiches andererseits über die Herstellung der Ruhe in Syrien, 1860 August 3, Paris (Original).
Lit.: Bittner Bd. 3, S. 120 n. 3304.

Vertrag zwischen Kaiser Franz Joseph I. von Österreich, Kaiser Napoleon III. der Franzosen, Kaiser Alexander II. aller Reußen, Königin Viktoria von Großbritannien sowie König Wilhelm I. von Preußen einerseits und Sultan Abd ul-Medschid andererseits über die Herstellung der Ruhe in Syrien, 1860 September 5, Paris (Original).
Lit.: Bittner Bd. 3, S. 121 n. 3308.

HANDSCHRIFTEN

Seit dem 18. Jahrhundert entstand im Zuge der Scheidung der Archivalien in Urkunden, Akten und Bücher eine kleine Handschriftensammlung, deren Grundstock aus Beständen der Hofbibliothek, des Schatzgewölbes, der Reichskanzlei, der Staatskanzlei, des kaiserlichen Kabinetts und des Hofkriegsrats erwachsen war; dazu kamen später Handschriften aus aufgehobenen geistlichen Institutionen und aus Nachlässen. Die Bearbeitung der Sammlung, die zahlreiche Kopial- und Registerbücher, gebundene Akten aus den neueren Jahrhunderten, Denkschriften und Memoranden bis zur Gegenwart enthält, erfolgte seit den Dreißigerjahren des 19. Jahrhunderts. Über den gedruckten Katalog hinausgehende Zuwächse werden in maschinschriftlichen Supplementen verzeichnet.
Lit.: Böhm C. v., *Die Handschriften des k. u. k. Haus-, Hof- und Staats-Archivs.* 2 Bde, Wien 1873; Supplement, Wien 1874 – Bittner L., *Gesamtinventar* (wie oben S. 3), Bd. 3, Wien 1938, S. 135-291 – Fiedler R., Österreichische Nationalbibliothek (Hofbibliothek) und Österreichisches Staatsarchiv, *MÖStA* 25, 1972, S. 32-37.

José Pujol, Glossa de la carta del rey Almanzor [+ 1002] despues de haver renunciado el imperio de Africa, 1666 (Abschrift), 16 Fol. (Hs. Rot 91, fol. 75r-90v).
Lit.: Böhm, *Handschriften* S. 220 f. n. 683 – Bittner, *Gesamtinventar* Bd. 3, S. 189 und 201.

Relation du voyage fait par terre de Constantinople à Aleppo par Jacques Testa, dragoman de Hollande, 1754 Dezember 20, 37 Fol. (Hs. Rot 112, fol. 3r-39v).
Lit.: Böhm S. 264 n. 920 – Bittner a. a. O. S. 189.

Beschreibung des Landweges von Konstantinopel nach Smyrna, 18. Jht., 9 Fol. (ebd. fol. 43r-51v).

Esposizione dello stato della religione cattolica fra gli armeni, 18. Jht., 36 Fol. (ebd. fol. 51r-86v).

Georg Tectander von Gabel, Kurtze doch ausführliche und warhafftige beschreibung der Persianischen reis 1602, Altenburg 1610 (Abschrift), 1 Bd. (Hs. Rot 113).
Druck: *Iter Persicum ou description du voyage en Perse entrepris en 1602 par Etienne Kakasch de Zalonkemeny.* Traduction publiée et annotée par Ch. Schefer, Paris 1877 – Tectander, G., *Reise nach Persien*, hg. von R. Wolkan, Reichenberg 1889.
Lit.: Böhm S. 264 n. 921 – Bittner Bd. 3, S. 193 – Tardy L., *Beyond the Ottoman Empire* (Studia uralo-altaica 13, Szeged 1978), S. 226-236.

Relazione veridica e molto curiosa della gran sollevazione in Turchia, 1687, 1 Bd. (Hs. Rot 115).
Lit.: Böhm S. 272 n. 966 – Bittner Bd. 3, S. 193.

Agentenberichte aus Konstantinopel an den Hofkriegsrat in Wien, 1688-1698, 11 Bde (Hs. Rot 132).
Lit.: Böhm, S. 280 f. n. 1020 – Bittner Bd. 3, S. 193.

Berichte des Kapuzinerpaters Felice Maria da Sellano über eine Gesandtschaft nach Persien 1699-1702 samt Schreiben der Päpste Innozenz XII. (1699 Jänner 26), Cle-

mens XI. (1719 Jänner 3), Benedikts XIV. (1742 Juni 30) und des Dogen Pietro Grimani (1742 März 3) an persische Herrscher, 18. Jht. (Abschrift), 1 Bd. (Hs. Rot 134).
Lit.: Böhm S. 283 n. 1031 – Bittner Bd. 3, S. 193.

Collectanea Turcica 1715-1728 (enthält Briefe und Aktenstücke über persisch-türkische Auseinandersetzungen und den Streit mit den Barabareskenstaaten), 18. Jht. (Abschrift), 1 Bd. (Hs. Blau 223).
Lit.: Böhm S. 239 n. 765 – Bittner Bd. 3, S. 193.

Traduction d'un nouveau projet pour augmenter le commerce aux Iles Philippines, 18. Jht. (Abschrift), 1 Bd. (Hs. Blau 237).
Lit.: Böhm S. 246 n. 794 – Bittner Bd. 3, S. 191.

Liber historiarum partium Orientis, quem Nicolaus Falconi scripsit, primo in Gallico idiomate secundum quod vir religiosus frater Haytonus ordinis beati Augustini, dominus Curchi, consanguineus regis Armenie, ore suo absque nota sive aliquo exemplari de verbo ad verbum dictavit, et de Gallico transtulit in Latinum, a. D. MCCCVII mensis Augusti in civitate Pictaviensi, 14. Jht. (Abschrift), 51 Fol. (Hs. Blau 238, fol. 1r-51r).
Lit.: Böhm S. 246 n. 797 – Bittner Bd. 3, S. 229 – Potthast A., *Bibliotheca historica medii aevi*. Bd. 1, Berlin ^{2}1896, S. 572.

Libro della guerra con Turchi, 16. Jht., 313 Fol. (Hs. Blau 308). Enthält Material über die Kriege der Türken gegen die Republik Venedig in der Levante 1570-1573.
Lit.: Böhm S. 267 n. 940. – Bittner Bd. 3, S. 189.

Discorso delle ragioni che tiene la serenissima repubblica di Venezia sopra il regno di Cipro (aus den Papieren des Marschalls von Schulenburg), 18. Jht. (Abschrift), 59 Fol. (Hs. Blau 337/2, fol. 1r-59v).
Lit.: Böhm S. 287 n. 1047/2. – Bittner Bd. 3, S. 204.

Scipio Fermusca und Lodovico Baitelli, Breviarium libri editi a serenissimo duce Sabaudie, protectore regni Ciprii, 1633 (Abschrift), 7 Fol. (ebd. fol. 62r-68v).
Lit.: Ebd.

Scipio Fermusca und Lodovico Baitelli, Breviario della cronica greca 1456, 1633 (Abschrift), 8 Fol. (ebd. fol. 70r-77v).
Lit.: Ebd.

Scipio Fermusca und Lodovico Baitelli, Breviarium rerum ad regnum Cipri spectantium, 1633 (Abschrift), 49 Fol. (ebd. fol. 81r-129r).
Lit.: Ebd.

Cronica di Cipro 1456, 17. Jht. (Abschrift), 58 Fol. (ebd. fol. 133r-190v).
Lit.: Ebd.

König Jakob von Armenien, Jerusalem und Cypern zeigt Herzog Albrecht III. von Österreich den Tod König Leos an, 1394 Juni 28 (Abschrift), 1 S. (Hs. Blau 523, fol. 48r).
Lit.: Böhm-Supplement S. 103f. n. 409 – Bittner Bd. 3, S. 178.

Kaiser Friedrich III. schreibt König Georg Alexander von Persien, daß er durch den persischen Gesandten Nicola de Thyfflissis über sein Unternehmen gegen die Türken gehört habe, 1460 Oktober 14 (Konzept), 1 S. (Hs. Blau 524, fol. 60v).
Lit.: Böhm-Supplement S. 104 n. 410 – Bittner Bd. 3, S. 178. – Babinger F., *Mehmed der Eroberer*, München ²1959, S. 197f.

Sebastian Gassler, Über die Rechte der Herrschaft von Venedig auf das Königreich Cypern, 19. Jht., 18 Fol. (Hs. Weiß 278, fol. 1r-18v).
Lit.: Böhm S. 179 n. 571 – Bittner Bd. 3, S. 194.

Sebastian Gassler, Verhältnisse des Königreichs Cypern im Hinblick auf die Sultane von Ägypten und die Herzöge von Savoyen, 19. Jht., 32 Fol. (ebd. fol. 37r-68v).
Lit.: Ebd.

Aktenstücke über eine geplante kaiserliche Gesandtschaft nach Persien 1566, 16. Jht. (Abschrift), 15 Fol. (Hs. Weiß 290/1, fol. 265r-279v).
Lit.: Böhm S. 188 n. 595 – Bittner Bd. 3, S. 267 und 270 – Palombini B. v., *Bündniswerben abendländischer Mächte um Persien*, Wiesbaden 1968, S. 88 und Anm. 5, S. 91 und Anm. 1 – Žontar J., Michael Černović, Geheimagent Ferdinands I. und Maximilians II. und seine Berichterstattung, *MÖStA* 24, 1971, S. 219.

Presente del ré di Persia fatto dal suo ambasciatore al gran turco 1582, 16. Jht., 1 Fol. (Hs. Weiß 290/5, fol. 490r/v).
Lit.: Wie oben.

Berichte des kaiserlichen Agenten in Rom Lodovico Ridolfi über das Eintreffen einer japanischen Gesandtschaft, 1615 Oktober 24 und 31 (Hs. Weiß 290/13, fol. 182r und 221r)

Michael Tallmann, Nachrichten über das türkische Reich (vor 1699), 18. Jht. (Abschrift), 1 Bd. (Hs. Weiß 391).
Lit.: Böhm S. 238 n. 760 – Bittner Bd. 3, S. 192.

Aufzeichnungen über das türkische Ämterwesen, 18. Jht., 1 Bd. (Hs. Weiß 392).
Lit.: Böhm S. 238 n. 761 – Bittner Bd. 3, S. 193.

Relazione succincta del viaggio delle due barche imperiali, spedite da Costantinopoli verso la Barberia, annessa al protocollo esatto della commissione che concerne la pace da trattarsi . . .con tutti e tre cantoni di Algeri, Tunisi e Tripoli, 1748 Juli-1749 März, 1 Bd. (Hs. Weiß 397).
Lit.: Böhm S. 239 n. 767 – Bittner Bd. 3, S. 193 – Hartmann F., *Österreichs Beziehungen zu den Barbaresken und Marokko 1725-1830*, phil. Diss. Wien 1970, S. 28 und Anm. 3.

Memorie statistiche ed amministrative del regno di Marocco raccolte dall' imperialeregio capitano di fregata Francesco Bandiera 1830, 19. Jht., 1 Bd. (Hs. Weiß 440).
Lit.: Böhm S. 259f. n. 890 – Bittner Bd. 3, S. 189.

Tagebuch der Reise der k. k. Gesandtschaft an das Hoflager des Sultans von Marokko nach Mequinez im Jahre 1830, von Wilhelm Freiherrn von Pflügl, k. k. Legationsrat, 19. Jht., 1 Bd. (Hs. Weiß 496).
Lit.: Böhm S. 275 n. 981 – Bittner Bd. 3, S. 189 – Hartmann, *Österreichs Beziehungen zu den Barbaresken* S. 140.

Bemerkungen über den neueren Zustand des Türkischen Reiches, nach 1771, 1 Bd. (Hs. Weiß 506).
Lit.: Böhm S. 277 n. 997 – Bittner Bd. 3, S. 189.

Aufzeichnungen über die zwischen 1704 und 1733 am Wiener Hof eingetroffenen türkischen und afrikanischen Gesandtschaften, 18. Jht., 1 Bd. (Hs. Weiß 507).
Lit.: Böhm S. 277 n. 998 – Bittner Bd. 3, S. 193.

Bruchstück eines lateinischen Aufsatzes über die Verbreitung des Christentums in China durch die Gesellschaft Jesu, 17. Jht., 2 Fol. (Hs. Weiß 538, fol. 302r-303v).
Lit.: Böhm S. 299 n. 1090.

Aktenstücke die Niederländische Ostindische Kompagnie betreffend 1602-1647, 18. Jht., (Abschrift), 63 Fol. (Hs. Weiß 706/5, fol. 50r-112v).
Lit.: Böhm-Supplement S. 82 n. 383/5 – Bittner Bd. 3, S. 245ff.

Traité sur l'empire Ottoman, 17. Jht., (korr. Konzept), 1 Bd. (Hs. Weiß 706/18). Erstreckt sich auf sämtliche Gebiete, welche damals zum Staatsverband des Osmanischen Reiches gehörten.
Lit.: Böhm-Supplement S. 87 n. 383/18 – Bittner Bd. 3, S. 245ff.

Selecta quaedam ex compendio vitae Ferdinandi Amadei comitis ab Harrach: Mémoires des voyages faits dans l'Empire Turc et le royaume de Perse 1699/1700, 18. Jht. (Abschrift), 19 Fol. (Hs. Weiß 706/30, fol. 25r-43r).
Lit.: Böhm-Supplement S. 92 n. 383/30 – Bittner wie oben.

Déduction ou défense des droits de la compagnie impériale des Indes, 1725, 59 Fol. (Hs. Weiß 706/30, fol. 136r-194v).
Lit.: Böhm-Supplement wie oben – Bittner wie oben.

Die katholische Mission des Heiligen Landes im Jahre 1845, 19. Jht., 40 Fol. (Hs. Weiß 921, fol. 420r-439r).
Lit.: Böhm-Supplement n. 959 – Bittner Bd. 3, S. 174 und 186-189.

Über Quarantäne in der Türkei im 19. Jht., 19. Jht., 9 Fol. (Hs. Weiß 921, fol. 532r-540r).
Lit.: Böhm-Supplement wie oben – Bittner wie oben.

Prospetto del commercio d'importazione e d'esportazione dell'Austria con il Levante, 18. Jht., 16 Fol. (Hs. Weiß 923, fol. 124r-139v).
Lit.: Böhm-Supplement n. 961 – Bittner Bd. 3, S. 289.

Graf Ludwig von Zinzendorf über die französische Marine und die Ostindische Kompagnie, 1751 Dezember 24, Paris (Original), 22 Fol. (Hs. Weiß 923, fol. 200r-221r).
Lit.: Böhm-Supplement wie oben – Bittner wie oben.

Fragmente von Relationen des Freiherrn Bartholomäus von Khevenhüller über Moskau, Persien und China, 16. Jht. (Konzepte), 6 Fol. (Hs. Weiß 935, fol. 1r-6v).
Lit.: Böhm-Supplement n. 980 – Bittner Bd. 3, S. 260.

Aufzeichnungen über den persisch-türkischen Krieg 1585, 16. Jht., 5 Fol. (Hs. Weiß 935, fol. 47r-51r).
Lit.: Wie oben.

ORIENTALISCHE HANDSCHRIFTEN

Zusammen mit dem Archiv der Konsularakademie gelangte auch ein Teil der Bibliothek und vor allem der Handschriften in den Fünfzigerjahren dieses Jhts. in den Besitz des Haus-, Hof- und Staatsarchivs. Die Orientalischen Handschriften umfassen 607 Nummern in arabischer, persischer und türkischer Sprache aus den Sachgebieten der Sprachlehre und Poetik, Stilkunde, der Geschichte, der Naturwissenschaften (Geographie, Astronomie, Mathematik, Physiologie), Waffenkunde, Musik, Logik, Jurisprudenz und Theologie (Christentum und Islam).

Lit.: Weiss Edler von Starkenfeld, V., *Die k. k. Orientalische Akademie in Wien, ihre Gründung, Fortbildung und gegenwärtige Einrichtung,* Wien 1839 – Kraft A., *Die arabischen, persischen und türkischen Handschriften der k. k. Orientalischen Akademie zu Wien,* Wien 1842, mit handschriftlichen Zusätzen (nr. 510-60).

STAATENABTEILUNGEN AUSSERDEUTSCHE STAATEN

Der Bestand, der zeitlich vom 16. Jahrhundert bis ca. 1870 reicht, wurde aus den diplomatischen Akten der Behörden, die jeweils für die Außenpolitik in dieser Epoche zuständig waren (Reichskanzlei, Österreichische Hofkanzlei, Staatskanzlei, Italien-Spanischer Rat, Hofkriegsrat), gebildet. Er umfaßt die Korrespondenzen dieser Zentralstellen mit den diplomatischen und konsularischen Vertretungen in Ägypten, Algier, den Barbareskenstaaten, Dänemark, Frankreich, Graubünden, Großbritannien, Holland, Italien (Genua, Lucca, Malta, Modena, Neapel, Parma, Piacenza, Rom, Sardinien, Toskana, Venedig sowie kleinere oberitalienische Fürstentümer), Marokko, Moldau-Walachei, Montenegro, Persien, Polen, Portugal, Ragusa, Rußland, Schweden, Schweiz, Serbien, Spanien, Tripolis, Tunis, Türkei, aber auch Akten dieser Behörden, die Bosnien-Herzegowina und die beiden österreichischen Handelskompagnien in Ostende, Triest und Antwerpen betreffen. Ähnliche Korrespondenzen der genannten Zentralbehörden mit Territorien auf dem Boden des Heiligen Römischen Reiches erliegen in den sogenannten Nationalia der Staatenabteilungen sowie, soweit sie überwiegend aus dem 19. Jahrhundert stammen, in der Diplomatischen Korrespondenz der Staatskanzlei.
Lit.: Bittner L., *Gesamtinventar* Bd. 1, S. 528-584.

Ägypten 1750 – 1844 (1 Kart.)

Die wenigen Akten dieser Abteilung stammen aus der alten Registratur der Staatskanzlei und aus dem Archiv der Congregatio de propaganda fide.
Lit.: Bittner, *Gesamtinventar* a. a. O. S. 528 – Benigni R. *Österreichische Botschaftsberichte über arabische Länder*, Wien 1974, S. 129 (Biblos-Schriften 77).

Sultansschreiben an den Gouverneur von Ägypten zu Gunsten der Untertanen des römischen Kaisers und Großherzogs von Toskana, 1750 März (Original, ital. Übers.), 1 Konv. (Kart. 1)
Katholische Missionsangelegenheiten in Ägypten, 1803-1809, 1 Konv. (ebd.)

Konsulatsangelegenheiten in Alexandrien und Kairo, Ernennung eines Generalkonsuls in Alexandrien, 1814-1819, 1 Konv. (ebd.)
Montanistische Expedition des Joseph von Russegger nach Ägypten, 1835-1838, 1 Konv. (ebd.)

Politische und administrative Berichte, Weisungen und Varia, 1838-1844, 3 Konv. (ebd.)

Algier 1724 – 1800 (2 Kart.)

Dieser Bestand wurde aus Akten des Spanischen Rates, der Reichskanzlei und der Staatskanzlei gebildet.
Lit.: Bittner, *Gesamtinventar* a.a.O. S. 528- Benigni, *Österreichische Botschaftsberichte* S. 129.

Gutachten, Vorträge 1724, 1727, 1733; Friedensverhandlungen, Handelsverträge 1748 und 1749; Entsendung des Konsuls Carl Stendardi 1749-50, 1 Konv. (Kart. 1/1)

Vorträge an den Kaiser über den Abschluß von Verträgen mit afrikanischen Staaten und Berichte an den Kaiser 1751-1754; Friedensvertrag zwischen dem Großherzog von Toskana und Algier, Verträge mit Algier 1757; Liste kaiserlicher Untertanen, die als Sklaven in Algier leben, 1757, 1 Konv. (Kart. 1/2)

Aktenstücke über die algerische Gesandtschaft des Hadschi Demetrio Marcachi nach Wien 1758, 1 Konv. 1 (Kart. 1/3)

Aktenstücke über die Gesandtschaft des Hadschi Demetrio Marcachi nach Wien und Florenz 1759, 1 Konv. (Kart. 2/1)

Korrespondenz der Reichskanzlei über den Friedensbruch Algiers 1764, 1 Konv. (Kart. 2/2)

Abbruch der Beziehungen zu Algier 1765; Berichte österreichischer Konsuln aus Livorno, Marseille und Algier 1782-1798; Register der kaiserlichen Agentie in Algier 1795-1800 (2 Bde.), 1 Konv. (Kart. 2/3)

Barbareskenstaaten 1723 – 1849 (3 Kart.)

Diese Abteilung enthält gleichfalls Akten des Spanischen Rates, der Reichskanzlei und der Staatskanzlei.
Lit.: Bittner, *Gesamtinventar* a.a.O. S. 529- Benigni, *Österreichische Botschaftsberichte* S. 129.

Korrespondenz des Spanischen Rates mit anderen Zentralbehörden wegen der Verträge mit Algier, Tripolis und Tunis 1723-1727 (Abschriften), 1 Konv. (Kart. 1/1)

Handelspolitische Akten der Reichskanzlei, u.a. Relazione del viaggio delle due barche imperiali spedite da Constantinopoli verso la Barbaria, annessa al protocollo della commissione che concerne la pace da trattarsi dai due commissarii Cesarei SS. Mommartz et Carlo Ippolito con tutti e tre cantoni d'Algeri, Tunesi e Tripoli 1748-1749, 1 Konv. (Kart. 1/2)

Handelspolitische Akten der Reichskanzlei 1750-51; Berichte und Vorträge 1755 und 1765; Noten und Vorträge des Kommerzienrates, Noten der Staatskanzlei und anderer Zentralstellen 1768-82; Noten der Vereinigten Hofkanzlei und des Hofkriegsrates an die Staatskanzlei 1783-85; Konsulatsberichte 1783, 1786-91; Vorträge der Staatskanzlei 1783; Geschenke für die Barbareskenfürsten 1786-87, (Kart. 2)

Geschenke für die Barbareskenfürsten 1787-92; Korrespondenz der Staatskanzlei mit Konsulaten 1787; Amtsinstruktion für die Generalagentie Tunis 1815; Reklamationen und Gesuche von Schiffsreedern und von Handelsleuten, die Kaperei der Barbareskenstaaten betreffend 1818; Vergleich mit der Türkei wegen der Sicherheit der kaiserlichen Flagge gegenüber den Barbareskenkantonen s. d.; freie Schiffahrt auf dem Schwarzen Meer und sonstige Begünstigungen des erbländischen Handels nach und durch die Türkei s. d.; Errichtung eines k. k. Generalkonsulats auf der Krim s. d.; Memorandum des Grafen Karl von Harrach an den Wiener Kongreß über Quarantäneanstalten s. d.; Konsularberichte aus Algier, Tanger, Trapezunt, Tripolis und Tunis 1831-37; Administrative Akten 1830-49 (Kart. 3)

China

Das einzige Stück dieses Bestandes ist ein Geschenk aus der Sammlung Crenneville.
Lit.: Bittner, *Gesamtinventar* a.a.O. S. 529.

Autograph des chinesischen Vizekönigs Li Hung Chang s.d.

Dänemark 1521 – 1860 (113 Kart.)

Diese Abteilung enthält die diplomatische Korrespondenz mit Dänemark aus der Zeit von 1521 – 1848, die von der Reichskanzlei, der Österreichischen Hofkanzlei und der Staatskanzlei geführt wurde.
Lit.: Bittner, *Gesamtinventar* a.a.O. S. 529-530.

Expedition d'Alger 1769 – 1772, 1 Stk. (Kart. 54, Varia 1772)

Abbildung des dermaligen Zustandes der Dänischen Regierungsform und der merckwürdigen Begebenheit, woraus solcher entsprossen ist, 1779 (enthält S. 262ff, Angaben über die Auseinandersetzung mit Algier, S. 466 über Handel mit Ostasien und China), 1 Bd. (Kart. 61)

Bruchstücke über Dänemark: Handel, Revenuen, Militär 1773, 1775, 1778 – 79 (mit Angaben über den Handel nach Ostindien und die Compagnie asiatique), 1 Konv. (ebd.)

Geschichtliche, diplomatische und politische Notizen über Dänemark (u.a. Ostindische Angelegenheiten, Ostindische Kompagnie) 1781 – 87; Bericht des k. k. Gesandten Grafen von Kageneck an Staatskanzler Kaunitz über die gegenwärtige Lage und Verfassung Dänemarks (fol. 10v-14v: Ostindischer Handel), 1782 September 7, Kopenhagen (Kart. 64)

Colonies Danoises. Notices statistiques sur les colonies Danoises, s.d. (Kart. 113, Varia 1849 – 60)

Frankreich 1416 – 1871 (519 Kart.)

Der Bestand, gegliedert in Hofkorrespondenz 1480 – 1832, Berichte und Weisungen 1500 – 1871, Varia 1416 – 1865, Notenwechsel 1526 – 1871 und Druckschriften 1500 – 1844, enthält diplomatische, Frankreich betreffende Aktenstücke aus den Kanzleien Karls V. und der Statthalterinnen der spanischen Niederlande, aus der Reichskanzlei, der Staatskanzlei, der Administrativen Registratur des Ministeriums des Äußern sowie aus Nachlässen von Diplomaten.
Lit.: Bittner, *Gesamtinventar* Bd. 1, S. 530-532- Brown L. M., France in the Haus-, Hof- und Staatsarchiv, *French Historical Studies* 3, 1963, S. 276.

Varia (116 Kart.)

Nouvelles de Barberousse qui se disent en la court(!) de France, 1534 Februar 6 (Kart. 2, alt Fz. 3)

Aktenstücke über die Wegnahme eines spanischen Schiffes, das mit Perlen beladen aus Indien gekommen war, durch französische Schiffe, 1542 (Kart. 3, alt Fz. 5).
Sommaire de ce que le roi de France entend répondre aux lettres des états de l'empire par lesquelles le dit roi est requis de donner sécours contre le Turcq et de rien mouvoir en christianité(!) durant l'expedition contre le Turcq, 1542 (ebd.)

Jean de la Roche, gentilhomme Irlandois, an Pujadies über künftige Entdeckungen an der Südwestküste Afrikas und über die Gründung einer Handelsgesellschaft in Triest, 1732 August 3; Pujadies an De la Roche, 1733 Mai 12, 16 (Abschriften) (Kart. 12, alt Fz. 17).

Korrespondenz der kaiserlichen Gesandtschaft in Paris mit Graf Seilern 1766: Legationssekretär Barré über ein Gespräch Choiseuls mit Lord Hertford über Niederlassungen auf den Malaiischen Inseln, 1766 November 23, Paris (Kart. 33, alt Fz. 44).

Mémoire relatif à la Compagnie Impériale des Indes (Maistre de la Tour an Mercy), 1776 Juli, 1 Konv. (Kart. 37, alt Fz. 49).

Ordonnance du roi concernant les consuls et les autres officiers de sa majesté dans les échelles du Levant et de Barbarie, 1776 Dezember 9 (ebd.).

Der Sekretär der kaiserlichen Botschaft in Madrid bittet Botschafter Mercy d'Argenteau um Reklamierung eines vom Gouverneur von Tanger an Staatskanzler Kaunitz gesendeten Paketes mit Werken für die Orientalische Akademie in Wien, 1785 Februar 15 – November 11 (Kart. 40, alt Fz. 52).

Précis pour le sieur Olie Brie, conseiller de justice de sa majesté le roi de Danenmarch, chef de l' établissement Danois Frédériksnagor au Bengal et propriétaire d' une partie de la cargaison du navire »le Grand Duc de Toscane« contre le procureur du roi au conseil royal des finances pour les prises, en présence du sieur Guillaume Bolts, un des directeurs de la Compagnie Impériale des Indes, 1785 (Kart. 40, alt Fz. 52).

Observations essentielles pour le sieur Ross négociant Hollandois, propriétaire d'une portion de la cargaison du navire »Le Grand Duc de Toscane« contre le procureur général du roi etc. (wie oben) (ebd.).

Bericht des kaiserlichen Konsuls Kick in Marseille die Asiatische Handelskompagnie in Triest betreffend; Bericht des kaiserlichen Konsuls Formalques in Bayonne über die neue Compagnie des Philippines; Statistiken, 1786 (Kart. 41, alt Fz. 53)

Napoleon Bonaparte an Joseph Bonaparte über den Feldzug in Ägypten, 1798 Juli 6; französische Interzepte Ägypten betreffend (Übersetzungen) (Kart. 54, alt Fz. 69).
Nachrichten aus Paris über Frankreichs Absichten auf Ägypten, 1799 August 30 (Kart. 56, alt Fz. 71).

Aktenstücke, die den Ersten Pariser Frieden, 1814 Mai 30, zum Gegenstand haben: 13. Rundschreiben Castlereaghs an die Minister der Verbündeten, das Übereinkommen mit Frankreich über den Sklavenhandel betreffend, s.d. (Kart. 66, alt Fz. 79).
Traduction d'une dépêche du vice-admiral Freemantle à Sir Thomas Crock, die Verhandlungen der französich-englischen Kommissäre mit Algier betreffend, 1819 September 11, Algier; Castlereagh an Sir Charles Stuart, englischen Gesandten in Paris, die Barbaresken betreffend, 1819 September 8 (Kart. 78, alt Fz. 92).

Depesche des Grafen Portalis an Laval-Montmorency mit dem Plan einer österreichischen Vermittlung in den russisch-türkischen Streitigkeiten (Abschrift), 1829 April 17 (Kart. 84, alt Fz. 99).
Generalkonsul Schwebel an Metternich über den Zweck seiner Mission; Beschreibung von Tripolis, 1831 Juli 7, (Kart. 98, alt Fz. 125).

Aktenstücke über die Orientalische Frage und Mehmed Ali; Zeitungen 1840 (Kart. 101, alt Fz. 130).

Großbritannien 1292 – 1867 (313 Kart.)

Der Bestand, gegliedert in Hofkorrespondenz 1518 – 1845, Berichte und Weisungen 1516 – 1861, Varia 1292 – 1861, Noten 1524 – 1867 und Drucksachen 1514 – 1848, besteht aus Archivalien der Kanzlei Karls V. und der Statthalterinnen der spanischen Niederlande, der Reichskanzlei, der Staatskanzlei und der Administrativen Registratur des Ministeriums des Äußern, aus Stücken der Kabinettskanzlei und Teilen des Gesandtschaftsarchivs London, sowie aus Nachlässen österreichischer Diplomaten. Material über Afrika und Asien enthält v.a. die Serie der Varia.
Lit.: Bittner, *Gesamtinventar* Bd. 1, S. 534-535.

Varia (29 Kart.)

Conditions accordées à la compagnie des marchands Anglais traffiquans aux Indes Orientales, s.d. (Kart. 5, alt Fz. 6).

Beschwerden englischer Kaufleute auf Teneriffa über die Verhaftung des dortigen englischen Konsuls Smith, 1700 (Kart. 5, alt Fz. 7).

Der holländische Konsul in Tripolis A. Zuchet an Graf von Starhemberg, 1809 September 9, 10 (Kart. 14, alt Fz. 14).

Observations sur la traite des nègres, remises par l'ambassadeur de Portugal, 1815 (Kart. 13, alt Fz. 15).

Sydney Smith, der vorstellen will, daß 5.000 Christen sich in Algier in der Sklaverei befinden, sucht eine Unterredung mit Metternich, 1815 März (Kart. 14, alt Fz. 15).

Marquis de Montchenu an Metternich über ein »manuscrit venu de St. Helène d' une manière inconvenue«, 1817 – 1821 (Kart. 14, alt Fz. 16).

Weisungen an den österreichischen Kommissär in St. Helena Barholomäus Freiherrn von Stürmer, 1815 – 17; Berichte Stürmers aus St. Helena, 1815 – 1816; Notizen über St. Helena, 1818 (Kart. 14, 15, alt Fz. 16).
Lit.: Schlitter H., Die Berichte des k. k. Comissärs Bartholomäus Freiherr von Stürmer aus St. Helena zur Zeit der dortigen Internierung Napoleon Bonapartes 1816 bis 1818, *Archiv für österreichische Geschichte* 67/2, Wien 1886.

Sidney Smith an Metternich über Mittel, der Sklaverei in den Barbareskenstaaten abzuhelfen, 1817 Oktober 15 (Kart. 15, alt Fz. 17).

Note du cabinet autrichien sur les Barbaresques, 1818 (Kart. 15, alt Fz. 17).

Memorandum Friedrich von Gentz': Précis de la marche des négociations pendant les années 1816 et 1817 sur les mésures à prendre contre les pirateries des Barbaresques, 1818 (Kart. 15, alt Fz. 17).

Memorandum Friedrich von Gentz': Observations sur le projet de traité remis à la conference de Londres par le ministre de Russie relativement aux mésures à prendre contre les Barbaresques, 1818 (Kart. 15, alt Fz. 17).

Metternich an den Gesandten Persiens in London Mirza Abul Hasan Chan über Geschenke für den Schah, 1819 Oktober 31 (Kart. 15, alt Fz. 17).

Correspondance de la mission britannique en Perse sur les affaires de la Perse et l'assassinat de Mr. de Grebayedof et de la mission russe en Perse, 1829 (Kart. 21, alt Fz. 23).

Colonel Mac Donald au comité secret du gouvernement des Indes Orientales, 1830 März 30 (Kart. 25, alt Fz. 28).

Extrait de la correspondance de Lord Stuart avec Lord Aberdeen relativement aux projets du vice-roi d'Egypte, 1830 (Kart. 25, alt Fz. 28).

Memorandum sur la position de l'Angleterre et de la Russie dans les affaires de l'Orient, 1834 (Kart. 26, alt Fz. 29).
Instructions au commandant des forces anglaises dans le Levant, 1834 Juni 25 (Kart. 26, alt Fz. 29)

Korrespondenz zwischen Metternich und dem persischen Gesandten in London Hasan Chan, 1839 Juli 4, 13 (ebd.).
Englische Mitteilungen die türkisch-ägyptische Frage betreffend, 1839 Juli; Ordre chronologique de l'affaire Turco-Egyptienne, 1839; Communications de Lord Beauvale renfermant les idées de Lord Palmerston sur le mode de l'arrangement final de l'affaire Turco-Egyptienne, 1840; Convention conclue entre les cours de la Grande Bretagne, d'Autriche, de Perse et de Russie d' une part et la sublime Porte Ottomane de l'autre pour la pacification du Levant, signée à Londres le 15 Juillet 1840, 1840 Juli 15 (Kart. 28, alt Fz. 30).
Palmerston à Lord Beauvale renfermant le jugement du cabinet britannique sur la lettre de Mehmed Ali adressée au Grand Vezier en réponse au firman sultanique, par lequel a été annoncé au vice-roi sa réintégration dans le Pachalik d'Egypte, 1841 April 2 (ebd.).

Communication du cabinet britannique du 12 au 28 mars 1840: Argumens allégués par Mr. Guizot en faveur des prétentions du Pacha d'Egypte; Réfutation de ces argumens par Lord Palmerston; Bruit répandu sur la part restreinte que prendrait l'Autriche aux mésures qui pourraient dévenir nécessaires, 1 Konv. (ebd.).

Protokolle der Londoner Konferenz die orientalische und griechische Frage betreffend, 1840 Juli 12 – 1843 November 17 (ebd.).

Administrative Akten F 30: Angelegenheiten der Beförderung der englischen ostindischen Post betreffend, 1842 – 43 (ebd.).

Berichte des Obersten Ritter von Lebzeltern über die Reise Erzherzog Friedrichs nach Algier, Portugal und England, 1842 Juli 15 – 1843 Juni 22; Korrespondenzen Erzherzogs Friedrichs, 1843 (ebd.).

Canning an Gordon, den Übertritt dreier russischer Juden zum Christentum in Jerusalem betreffend, 1842 (ebd.).

Holland 1566 – 1808 (98 Kart.)

Die Abteilung, die die Hofkorrespondenz 1706 – 1806, Berichte und Weisungen 1586 – 1807, Notenwechsel 1710 – 1806 und Varia 1709 – 1808 enthält, wurde aus den Archivalien der Reichskanzlei, der Österreichischen Hofkanzlei, der Staatskanzlei und des Spanischen Rates gebildet. Anläßlich der Rekonstruktion der Geheimen Österreichischen Staatsregistratur wurden erhebliche Teile der diplomatischen Korrespondenz aus der 2. Hälfte des 17. Jahrhunderts der Abteilung entnommen und in die Staatsregistratur rückübertragen.
Lit.: Bittner, *Gesamtinventar* Bd. 1, S. 535-536.

Die Direktoren der Niederländischen Ostindischen Kompagnie erlauben vier Karmelitermissionaren die Einreise nach Malabar, 1675 Oktober 10 (notariell beglaubigte Abschrift, 1675 Oktober 14, als Beilage zu Bericht aus Den Haag, 1771 März 15) (Berichte Kart. 65).

Lit.: Lacko M., Malabar Christianity and Austria in the 18th century, *Orient. Christ. Analecta* 186, 1970, S. 115 Nr. 7.

Weisung an den kaiserlichen Residenten in Den Haag Siegman um Intervention bei den Generalstaaten zugunsten des Karmeliters P. Innocentius a sancto Leopoldo (Graf von Kollonitsch), Missionar in Malabar, 1723 März 17 (Weisungen Kart. 84).

Antwort der Direktoren der Niederländischen Ostindischen Handelskompagnie auf eine Intervention des kaiserlichen Gesandten in Den Haag zugunsten des Karmelitermissionars P. Innocentius a sancto Leopoldo, 1723 Juli 13 (Übersetzung als Beilage zu Bericht aus Den Haag, 1771 März 15) (Berichte Kart. 65).
Lit.: Lacko a. a., O. S. 115-116 Nr. 8.

Copia relationis ad sacram Caesaream maiestatem in causa missionariorum in Indiis, 1723 August 7 (Abschrift; Beilage zu Bericht aus Den Haag, 1771 März 15) (Berichte Kart. 65).
Lit.: Lacko a.a.O. S. 117 Nr. 9.

Supplik des Karmeliterfraters Ildephonsus a praesentatione beatae Mariae virginis, Missionars in Malabar, an Kaiserin Maria Theresia mit der Bitte um eine Abschrift eines zwischen Kaiser Karl VI. und den Generalstaaten geschlossenen Vertrages, der die Karmelitermissionare in Malabar unter den Schutz der Niederländischen Ostindischen Handelskompagnie stellte, ca. 1770 (Beilage zu Weisung nach Den Haag, 1771 Jänner 26) (Weisungen Kart. 92).
Lit.: Lacko a.a.O.S. 108-109 Nr. 2.

Weisung an den kaiserlichen Gesandten in Den Haag um Gutachten über die Supplik des Fr. Ildephonsus, 1771 Jänner 26 (ebd.).
Lit.: Lacko a.a.O. S. 109f, Nr. 3.

Reflexion über die Supplik des Fr. Ildephonsus, s.d. (Beilage zu Weisung nach Den Haag 1771 Jänner 26) (ebd.).
Lit.: Lacko a.a.O. S. 108.

Bericht des kaiserlichen Gesandten in Den Haag über den Empfang der Weisung betreffend die Karmelitermissionare in Malabar, 1771 Februar 28 (Berichte Kart. 65).
Lit.: Lacko a.a.O. S. 110 Nr. 4.

Bericht des kaiserlichen Gesandten in Den Haag über die Stellung der Karmelitermissionare in Malabar seit der 2. Hälfte des 17. Jahrhunderts, 1771 März 15 (ebd.).
Lit.: Lacko a.a.O. S. 111-116 Nr. 6.

Italien, Kleine Staaten 15.-18. Jahrhundert (14 Kart.)

Der Bestand enthält die diplomatische Korrespondenz der Reichskanzlei, des Spanischen Rates und der Staatskanzlei mit einigen kleineren italienischen Staaten aus dem späten 15. bis in das 18. Jahrhundert, ferner geschriebene Zeitungen aus dem Bereich Italiens aus der Zeit vom 16.-18. Jahrhundert.
Lit.: Bittner, *Gesamtinventar* Bd. 1, S. 536-540.

Bericht des Vizekönigs von Neapel an König Ferdinand I. mit Neuigkeiten aus der Levante, 1533 August 19 (Kart. 7)

Berichte des Vizekönigs von Neapel an König Ferdinand I. über die in Konstantinopel ausgerüstete türkische Flotte unter der Führung Chaireddin Barbarossas, sowie über den Sieg des venezianischen Kapitäns Canaleto über Barbarossa, 1533 November 30 und Dezember 8, (ebd.)

Schreiben Mendozas an König Ferdinand mit Nachrichten über die Einnahme von Tunis, 1533 August (ebd.)

Berichte des Vizekönigs von Neapel an König Ferdinand mit Nachrichten über die Levante sowie über Bewegungen Barbarossas, 1537 Oktober 10, 17, 23, 30 (ebd.)

Don Juan de Manrique an König Ferdinand I. über den Abzug der türkischen Flotte in die Levante, Neapel, 1558 August 6 (ebd.)
Nuevas de Levante, 1534-1601, s.d. 1Konv. (Kart. 12)

Avvisi di Roma, 1557-1599, 1610-1683; römischer Nachrichtendienst aus verschiedenen Orten, 1560-1576 (enthält gleichfalls verschiedentlich Nachrichten aus der Levante) (Kart. 14/15)

Italien, Diplomatische Korrespondenz

Diese Abteilung umfaßt die diplomatische Korrespondenz, die von der Reichskanzlei, dem Spanischen Rat und der Staatskanzlei mit den Staaten Genua, Lucca, Malta (Malteserorden), Modena, Neapel, Parma und Piacenza samt Guastalla, Rom (Vatikan), Sardinien, Toskana und Venedig geführt wurde. Sie reicht zeitlich vom 16. Jahrhundert bis 1848; insofern noch Bestände der Administrativen Registratur des Ministeriums des Äußeren in die Staatenabteilungen zurückgelegt wurden, bis 1860 und darüber hinaus.
Lit.: Bittner, *Gesamtinventar* Bd. 1, S. 541-563.

Genua 1527-1806 (34 Kart.)

Der Bestand enthält diplomatische und Konsularkorrespondenzen der Reichskanzlei, der Österreichischen Hofkanzlei, des Spanischen Rates und der Staatskanzlei mit den diplomatischen und konsularischen Vertretungen in Genua bzw. bei der Ligurischen Republik, ferner Teile der dortigen österreichischen Gesandtschafts- und Konsulatsarchive.
Lit.: Bittner, *Gesamtinventar* Bd. 1, S. 541-542.

Aktenstücke über die von Genua von der toskanischen Regierung verlangte Genugtuung wegen Aufbringung eines tunesischen Schiffes unweit von Livorno, 1750 (Kart. 17, alt Fz. 17).

Malta 1518-1805 (15 Kart.)

Die Abteilung enthält Korrespondenzen der Großmeister des Johanniter- (Malteser-) Ordens mit den Kaisern sowie diplomatische Korrespondenz der Reichskanzlei, des

Spanischen Rates und der Staatskanzlei.
Lit.: Bittner, *Gesamtinventar* Bd. 1, S. 542-543.

Schreiben des Großmeisters Frà Fabritius an Kaiser Karl V. über Bewegungen der Türken, 1518 August 30 (Kart. 1)

Kaiser Karl V. verleiht dem Johanniterorden Malta, Gozzo und die Stadt Tripolis zu Lehen, 1530 März 23 (Abschrift in Transsumpt des Großmeisters Pinto, 1753 Juli 21) (ebd.)

König Philipp II. von Spanien bestätigt die Schenkung der Inseln Malta und Gozzo sowie der Stadt Tripolis an den Johanniterorden, 1559 Juni 27 (Transsumpt durch den Großmeister Pinto, 1753 Juli 11) (ebd.)
Mémoire sur l' ouverture de la paix à faire entre la Porte Ottomanne et la religion de Malthe faite à l'ambassadeur de France, s.d. (ebd.)
Die 1779 in die Gefangenschaft und Sklaverei von Tripolis geratenen österreichischen Kapitäne betreffend, 1787 März 23 (Kart. 13, Varia n. 7).

Neapel 1709-1860 (106 Kart.)

Die Abteilung besteht aus diplomatischen Akten des Spanischen Rates und der Staatskanzlei (Hofkorrespondenz 1709-1844, Berichte, Weisungen und Varia 1750-1848) sowie aus Akten der Administrativen Registratur des Ministeriums des Äußern bis 1860.
Lit.: Bittner, *Gesamtinventar* Bd. 1, S. 544-545.

Statistische Beschreibung des Königreiches Neapel von Karl Graf von Zinzendorf (u.a. Handel und Schiffahrt nach der Türkei und nach Indien), 1766 März 20 (Kart. 30, Konv. H)

Rom (Kirchenstaat) 1396-1860

Die diplomatischen Akten dieser Abteilung (Hofkorrespondenz 1446-1848, Berichte und Weisungen 1807-1860, Varia 1396-1806, administrative Berichte, Weisungen und Varia bis 1860) stammen aus der Reichskanzlei, dem Spanischen Rat, der Staatskanzlei und dem Ministerium des Äußern.
Lit.: Bittner, *Gesamtinventar* Bd. 1, S. 546-548.

Varia (69 Kart.)

Aktenstücke über den Zug Kaiser Karls V. gegen Algier (Auszüge), 1541 November 20-24 (Kart. 1)

Nachrichten über den Korsarenfürsten Dragut (Auszug aus einem Schreiben Karls V. an Doria), 1549 August (Abschrift) (ebd.)
Antwortschreiben Papst Pauls IV. an Sultan Süleyman auf Intervention des Sultans zu Gunsten in Ancona eingekerkerter Juden, 1556 Juni (Abschrift) (Kart. 2)
Papst Pius V. an König Philipp II. von Spanien über Piraten in Afrika, 1566 (Abschrift) (Kart. 4)
Papst Pius V. widerruft die Privilegien für Kloster und Spital St. Lazarus in Jerusalem, 1567 (Druck) (Kart. 5)

Schreiben des Königs von Portugal an Papst Pius V. anläßlich des Türkenkriegs mit Erwähnung Indiens, 1569 Oktober 24 (Druck) (ebd.)
Bericht über den Feldzug der vereinigten spanisch-venezianischen Flotte gegen die Türken, 1570 (Abschrift) (ebd.)
Sultan Selim an Don Juan d'Austria (mit Liste der Geschenke des Sultans für Don Juan), 1572 Mai (italienische Übersetzung, Abschrift) (ebd.)

Johann Lang aus Görz bittet Kaiser Ferdinand II. um die Ausstellung eines Passes für eine Wallfahrt nach Jerusalem, 1629 Juni 7 (Kart. 7)

Albert Nagorsky bittet Kaiser Ferdinand II. um die Ausstellung eines Passes für eine Wallfahrt nach Jerusalem, 1629 Oktober 5 (ebd.)
Aktenstücke, die Tätigkeit der Jesuiten in der Tatarei betreffend und die Bemühungen der französischen Diplomatie in Konstantinopel, diese durch Franzosen zu ersetzen, 1632 November 11-Dezember 25 (Auszüge von Berichten) (ebd.).
Die katholische Geistlichkeit des Heiligen Landes bittet Kaiser Ferdinand II. um Unterstützung gegen die orthodoxen Griechen, 1634 Dezember 12 (ebd.)

Adiani Saghied, Kaiser von Abessinien, an Papst Clemens XI., 1702 Jänner 28 (italienische Übersetzung, Abschrift) (Kart. 16)
Andreas Waibl bittet um Intervention für die chinesische Mission beim Papst, 1709 März 16 (Kart. 21)

Papst Clemens XI. an König Philipp V. von Spanien mit Klagen und Vorstellungen darüber, daß der König seine Flotten und Truppenrüstungen nicht gegen die Türken einsetzen wolle, 1717 August 25 (Abschrift) (Kart. 27)

Toskana 1482-1860 (84 Kart.)

Die Abteilung besteht aus der diplomatischen Korrespondenz (Berichte, Weisungen und Varia 1482-1860), der Hofkorrespondenz (1700-1810) der Reichskanzlei, des Spanischen Rates und der Staatskanzlei sowie administrativer Akten des Ministeriums des Äußern bis 1860.
Lit.: Bittner, *Gesamtinventar* Bd. 1, S. 549-551.

Del commercio diretto dell'Italia coll'Indie. Cenni storici e statistici d'un uffiziale di marina (enthält auch Angaben über Arabien, Persien und China) 1842, 1 Bd. (Kart. 64, Varia 1842).

Venedig 1422-1810 (151 Kart., 270 Bde.)

Die Abteilung enthält die diplomatischen Akten der Reichskanzlei, der Staatskanzlei und der Italienischen Hofkanzlei (Hofkorrespondenz 1422-1797, Berichte und Weisungen 1527-1810, Weisungen 1518-1810, Notenwechsel 1535-1797), ferner Abschriften des 19. Jahrhunderts von Berichten der venezianischen Gesandten am Hof des Kaisers (Dispacci di Germania 1541-1788).
Lit.: Bittner, *Gesamtinventar* Bd. 1, S. 551-562.

Berichte Michael Bucignolos über Vorgänge im Orient, 1533 April 14, Mai 15 (Kart. 1).

Marokko 1605-1832 (8 Kart.)

Die Abteilung besteht aus der diplomatischen Korrespondenz der Staatskanzlei aus dem Zeitraum von 1782-1832, dem Notenwechsel der Staatskanzlei mit anderen Wiener Zentralbehörden und einer Weisung an den spanischen Konsul in Tanger (1605). Lit.: Bittner, *Gesamtinventar* Bd. 1, S. 563- Benigni a.a.O.S. 129 – Hartmann (wie oben S. 21).

Berichte aus Marokko, 1783-86 (Kart. 1)

Berichte aus Marokko, 1787-89 (Kart. 2)

Berichte aus Marokko 1790-92; Weisungen nach Marokko 1783-89, 1791-92; Varia 1605, 1778-89 (Kart. 3)

Marokkanische Gesandtschaft in Wien; Berichte, Noten, Vorträge, Nachrichten über Marokko; Verzeichnis der Personen der Gesandtschaft, 1782 Jänner-März; Anrede an den Kaiser bei der Antrittsaudienz (in deutscher Übersetzung); Nachrichten über Marokko und über dessen jetzigen Beherrscher zur Beurteilung von dem Nutzen eines Friedens mit demselben, gezogen aus den neuesten und letzten gedruckten und ungedruckten Schriften im November 1782, 1782 Juli-Dezember; Vortrag mit Entwurf eines Freundschafts- und Handelsvertrages mit Marokko, 1783 März 13; Korrespondenz mit Zentralbehörden (Kart.4)

Mission nach Marokko: Verhandlungen mit Marokko zum Abschluß eines Traktates; die für den Sultan von Marokko bestimmten Geschenke, 1803-07 (ebd.)

Korrespondenz der Staatskanzlei mit der Hofkammer und mit dem Finanzministerium Marokko betreffend, 1826-31; Korrespondenz der Staatskanzlei mit dem Hofkriegsrat Marokko betreffend, 1828-30 (Kart. 5)

Weisungen nach Marokko 1828-31; Miscellanea (Verhandlungen mit Marokko über den Abschluß eines Handelsvertrages) 1829-30; Friedens- und Handelsvertrag zwischen Österreich und Marokko, 1830 März 19, Gibraltar (Druck); Berichte Marokko betreffend aus Madrid, 1828 August 21-1829 Jänner 29; aus Cadix, Algeciras, Gibraltar, Tanger, 1829 Februar 3-Dezember 31 (Kart. 6)

Korrespondenz der Staatskanzlei mit der Gesandtschaft in Madrid Marokko betreffend 1828-31; Berichte aus Marokko 1830-31; Varia Marokko (Vertragserneuerung, Kaperung der österreichischen Brigantine »Veloce«, Geschenke für den Sultan, 1826-31 (Kart. 7)

Forderung des Triestiner Handelshauses Grazio Dio Minerbi an Marokko wegen Kaperung der Brigantine »Veloce« 1830-32 (Kart. 8)

Ostindische Kompagnie 1719-1792 (9 Kart.)

Die Abteilung enthält die Korrespondenz zwischen der Kompagnie, der Staatskanzlei und den Gouverneuren der österreichischen Niederlande sowie den Notenwechsel mit auswärtigen Höfen und inneren Behörden. Sie gliedert sich in zwei Untergruppen, von denen die erste die Kompagnie von Ostende, die zweite die einige Jahrzehn-

te nach deren Aufhebung errichtete Kompagnie von Triest und Antwerpen betrifft, die beide für den Handel nach Ostasien und Afrika zuständig waren.
Lit.: Bittner, *Gesamtinventar* Bd. 1, S. 564 – Ruwet J., *Les archives et bibliothèques de Vienne et l'histoire de Belgique*. Brüssel 1956, S. 148-154.

Kompagnie von Ostende 1719-1772 (2 Kart.)

Weisungen Kaiser Karls VI. an Prinz Eugen als Statthalter der Niederlande über die Errichtung einer Ostindischen Handelskompagnie 1723, 1 Konv. (Kart. 1, Konv. A)

Berichte der Direktoren der Ostindischen Kompagnie, unter ihnen solche Pierre Prolis, an Prinz Eugen 1723-1725, 1 Konv. (ebd. Konv. B.)

Berichte des Marquis de Prié an Prinz Eugen über Faktoreien der Kompagnie in Bengalen sowie die Gründung einer Niederlassung an der Koromandelküste durch Kapitän Merveille und deren Überlassung an die Kompagnie 1724, 2 Stk. (ebd. Konv. C)

Schreiben des Kapitäns Merveille an Prinz Eugen über die Niederlassungen in Coblon und an der Koromandelküste, 1723-24 (ebd. Konv. D)

Akten über die Niederlassung in Sadat Patnam, 1719-24 (ebd. Konv. E)

Bericht des bevollmächtigten Ministers in den Niederlanden Giulio Visconti an den österreichischen Hofkanzler Sinzendorf, 1731-32 (ebd. Konv. F)

Schreiben des englischen Gesandten Robinson und des holländischen Gesandten Hamel Bruyninx an den österreichischen Hofkanzler Sinzendorf über den Handel der österreichischen Niederlande nach Ostindien nach der Aufhebung der Kompagnie von Ostende, 1731-32 und s.d. (ebd. Konv. G)

Handel der österreichischen Niederlande mit Indien; Ostindische Kompagnie, Ausgleich mit den Generalstaaten der Vereinigten Niederlande 1720-27, s.d.; Errichtung der Ostindischen Kompagnie durch Kaiser Karl VI., 1722 Dezember 19 (Abschrift), (ebd. Konv. H)

Akten der Staatskanzlei über den zwischen Algier und der Ostindischen Kompagnie geschlossen Handelsvertrag 1727 (ebd. Konv. J)

Schreiben Kaiser Franz' I. Stephan an Herzog Karl von Lothringen über das Projekt des Engländers Mill, die Gebiete und Faktoreien der einstigen Ostindischen Kompagnie wieder zu besetzen, 1746 August 30 (ebd. Konv. K)

Mémoires présentées à la compagnie sur leurs établissements, 1753 Juli 30, (ebd. Konv. L)

Ausfertigung von Pässen für die österreichischen Schiffe, die aus den Häfen von Ostende und Nieuport auslaufen, gemäß Art. 4 des mit Tunis am 23. September 1725 geschlossenen Schiffahrtsvertrages (ebd. Konv. M)

»Information sommaire et véridique des principaux diférents qui ont regné entre les deux compagnies Orientales d'Angleterre et de Hollande depuis les tems de leur création jusqu'à l' année 1687«, s.d. (ebd. Konv. N)
Akten über die Auflösung der Ostindischen Kompagnie in Ostende zufolge des Friedens von 1731 März 16, Nr. 1-79, 1726-1772 (Kart. 2)

Enthält auch Angaben über die von Hamburg aus erfolgende Fortsetzung des österreichischen Handels mit Indien.
Lit.: Ruwet S. 150.

Kompagnie in Triest und Antwerpen 1775-1792 (7 Kart.)

Lit.: Pollack-Parnau F. v., *Eine österreichisch-ostindische Handelscompagnie 1775-1785*. Stuttgart 1927 – Ruwet S. 150-154 – Markov W., Die Triestiner Ostindienkompanie (1775-1785) und die Nordsee-Adria-Konkurrenz, *Hansische Studien*. Berlin 1961, S. 293-302.

Aktenstücke über die Verleihung des kaiserlichen Octrois für Graf Carlo Proli zur Errichtung einer Ostindischen Handelskompagnie, 1780, 1 Konv. (Kart. 1, Konv. A)

Auftrag an Oberstleutnant Wilhelm Bolts über die von ihm errichteten Niederlassungen auf den Nikobaren zu berichten, 1782 Juli 8 (ebd. Konv. B)

Memorandum C. T. von Brocktorffs über die Nikobaren, 1782 August 12, Kiel (ebd. Konv. C)

Vortrag Wilhelm Bolts' an Kaunitz über die Niederlassung auf den Nikobaren, 1782 August 14, Konv. D (ebd.)

Vortrag Wilhelm Bolts' über die Niederlassung am Fluß Mafumo auf der Insel Iniaca in der Delagoabai (Ostafrika), 1782 August 20 (ebd. Konv. E)

Abhandlung Jakob Hegners über die Errichtung einer Kolonie und einer Handelsniederlassung auf den Nikobarischen Inseln, 1782/83 (ebd. Konv. F)

Memorandum Wilhelm Bolts', der am 5. Juni 1775 eine kaiserliche Bewilligung zur Einrichtung des Handels nach Ostindien erhalten hatte, 1785 Oktober 4 (ebd. Konv. G)

Bericht des Kapitäns Wilhelm Immens über die kaiserlichen Niederlassungen in Ostindien, 1785 Dezember 18, Antwerpen (ebd. Konv. H)

Verzeichnis von Archivalien in der Orientalischen Abteilung des Haus-, Hof- und Staatsarchivs den Handel nach Ostindien betreffend 1766, 1778-81 (ebd. Konv. I)

Vorträge der Staatskanzlei in Angelegenheiten des Handels nach Ostindien, 1775-89 (Kart. 1, alt. Fz. 2)

Vorträge der Staatskanzlei und Handschreiben über die Vorschläge Bolts' und Prolis über eine Ostindische Handelsgesellschaft, den Handel nach Afrika, Ostindien und China, 1774-84 (darunter ein Bericht Bolts' über die Niederlassung in der Delagoabai, 1777 Oktober 18; Verträge mit Negerfürsten über die Abtretung von Macowa und Capell/Fort Joseph, 1777 Mai 7) (Kart. 2)

Korrespondenz der Staatskanzlei mit Hofstellen und Gubernien in Angelegenheiten der Kompagnie, 1774-83, (Kart. 3)

Note der Hofkanzlei an die Staatskanzlei mit Rückstellung von 12 von Wilhelm Bolts uneröffnet zurückgestellten Empfehlungsschreiben Kaiserin Maria Theresias an ostindische Fürsten aus den Jahren 1776/77, 1788 März 6 (ebd.)

Korrespondenz der Staatskanzlei mit den Generalgouverneuren in Brüssel in Angelegenheiten der Kompagnie, 1775-79, 1781, 1787 (ebd.)
Diplomatische Korrespondenz der Staatskanzlei in Angelegenheiten der Kompagnie 1774-80, 1782-86 (Kart. 4)
Korrespondenz der Staatskanzlei mit der Kompagnie 1775-1776, 1778-1781 (Kart. 5, Konv. A-F); 1782-86 (Kart. 6, Konv. G-L); 1785-88 (ebd. Konv. M)
Korrespondenz, 1775-85, s.d. (u.a. von dem Gouverneur in Surate und dem Gouverneur des Großmoguls ausgestellte Pässe, 1775 September 2) (ebd.)
Charles Pelgrom, kaiserlicher und toskanischer Konsul auf Ile de France über den Handel nach Ostindien, 1787-92 (Kart. 7, Konv. A)
Edouard Vicomte de Walckiers über den Handel mit Ostindien; Korrespondenz mit dem Gouvernement in Brüssel, 1787-91 (ebd. Konv. B)
Reise des Kapitäns Baudin nach China, 1787-91 (ebd. Konv. C)

Patente für die kaiserlichen Konsuln Patterson und Bodan in Bengalen, 1787, 1788 (Abschriften); Memoranden Watts 1789, John Fyffes 1792; Papiere für Handelsschiffe 1786; Beschreibung von Madagaskar 1791 (ebd. Konv. D)

Persien 1552-1866 (2 Kart.)

Die Abteilung besteht aus Akten der Reichskanzlei, des Hofkriegsrates, der Staatskanzlei und Stücken der Administrativen Registratur des Ministeriums des Äußern.
Lit.: Bittner, *Gesamtinventar* Bd. 1, S. 565.

Schreiben Schah Tahmasps I. über persische Siege (italien. Übersetzung), 1552 Februar (Kart. 1)

Mission des Michael Černović und des Jakob Drapper zu Schah Tahmasp von Persien:
Instruktion Kaiser Maximilians II. für seine beiden Oratoren s.d.; Schreiben serenissimo regi Persarum s.d.; Opinio reverendissimi cardinalis Delfini de legatione ad Persam expedienda, 1566 März 2; Kardinal Delfino an den Bischof von Fünfkirchen, 1566 Dezember 29; Instruktion Maximilians II. für Jakob Drapper, 1566 März 9; Maximilian II. an Tahmasp von Persien, 1566 März 8 (Original, Pergament, aufgedrücktes Siegel abgefallen); Maximilian II. an Jakob Drapper, 1566 März 9; Opinio Michaelis Zernovitz super legatione Persica an Kaiser Maximilian II., 1567 Jänner 4 (eigenhändig); Kredentiale Maximilians II., 1567 (Konzept);Maximilian II. an Adam von Dietrichstein "oratori nostro Hispanico", 1567 Jänner 5 (Konzept); Maximilian II. an Michael Černović, 1567 Jänner 7; Maximilian II. an Leonhard von Harrach, 1567 Jänner 7, 15; Leonhard von Harrach an Maximilian II., 1567 Jänner 9, Rohrau (eigenhändig), 17 (eigenhändig); Michael Černović an Maximilian II., 1567 Jänner 9; Gutachten Dr. Georg Giengers zur Persienexpedition, 1567 Jänner 18 (eigenhändig); opinio Michaelis Zernovitz de differenda legatione Persica s.d.; Maximilian II. an Leonhard von Harrach, 1567 Jänner 15 (Konzept); Maximilian II. an Dr. Georg Gienger, 1567 Jänner 31 (Konzept); Maximilian II. an Michael Černović, 1567 Jänner 31 (Konzept); Maximilian II. filio regis Persarum, 1567 (Konzept); Maximilian II. an Adam von Dietrichstein, 1567 (Konzept); Maximilian II., credentiales ad

Persae consiliarios sine inscriptione s.d. (Konzept); Maximilians II. Beglaubigungsschreiben für Michael Černović an Tahmasp s.d. (Konzept); Maximilian II. filio regis Persarum s.d. (Konzept); chiffra pro Jacobo Drappero oratore ad Persam destinato, 1566 März (Kart. 1, Konv. 1566/67)
Lit.: Palombini, *Bündniswerben* (wie oben S. 21) S. 87ff. – Žontar, *Černović* (wie oben S. 21) S. 219f.

Mission des Stefan Kakasch von Zalonkemeny nach Persien:
Stefan Kakasch an Hofkammerpräsident Wolf Unverzagt, 1602 November 25, 26 (eigenhändig); Ad serenissimum Moscovie ducem oraciuncula Stephan Kakasch de Zalonkemeny, s.d.; Schreiben des Zaren Boris Godunow an Kaiser Rudolf II., 1604 (Übersetzung); Heinrich von Logau an den kaiserlichen Rat Barvitius über die Mission Kakasch' nach Persien, 1604 November 6, Elten; Georg Tectander an Kaiser Rudolf II., 1605 Jänner 8 und s.d.; Memorandum des Wratislaw von Dohna an Kaiser Rudolf II., 1605 nach April 6 (eigenh.); Rudolf II. an Schah Abbas von Persien, 1609 Juli 1 (Konzept); Schreiben Schah Abbas' an Kaiser Rudolf II., s.d. (Übersetzung, deutsch) (ebd. Konv. 1602-1609)
Schah Abbas an Kaiser Ferdinand II., 1622 November 12 (italienische Übersetzung); Ferdinand II. an Schah Abbas, 1622 Oktober 23 (Konzept); Ferdinand II. an Schah Safi I., 1630 März 22 (Konzept); Schah Safi I. an Ferdinand II., 1630 März 9 (italienische Übersetzung); Ferdinand II. an Schah Safi I., 1630 März 22 (Konzept), 1637 November 15 (Konzept); Hans Adolf Vieth, herzoglich schleswig-holsteinischer Abgeordneter an Kaiser Ferdinand II. über Verhandlungen in Moskau und Persien, s.d., 1633 August 25 praes.; Ferdinand II. an den Großfürsten von Moskau über die Stellung Persiens, 1633 August 29 (Konzept); Ferdinand II. an den Schah von Persien ratione negotiationis per Moscoviam instituendam, 1633 August 29 (Konzept); Ferdinand II. an den König von Polen ratione tractatus Turcici-Persici, s.d., (Konzept); Ferdinand II. an den König von Polen, Rekredentiale für Fürst Ossolinski, 1636 November 11 (Konzept); Weisung Ferdinands II. an den Residenten Greiffenclau in Polen, 1637 Februar 17 (Konzept); Greiffenclau an Ferdinand II., ein kaiserliches Schreiben für Frà Giovanni di Lucca O.P. an den Schah von Persien betreffend, 1639 Juli 24, Danzig; Schreiben des polnischen Feldherrn Stanisław Koniecpolski an den Schah von Persien, 1639 Oktober 11 (Abschrift); Frà Giovanni di Lucca über seine Mission in Persien an Kaiser Ferdinand III., 1639; Frà Giovanni di Lucca an die kaiserlichen Räte, 1639; Relatione d'un viaggio fatto da Frà Giovanni di Lucca frate Dominicano missionario per la sacra congregazione de propaganda fide alla Tartaria e Circassia, 1639; Stanisław Koniecpolski an Ferdinand III. für Frà Giovanni di Lucca, 1639 Oktober, 11 Brod; Ferdinand III. an den Schah von Persien für Frà Giovanni di Lucca, 1639 November 16; Ferdinand III. an den König von Polen für die Dominikanerpatres Johannes und Moyses, die aus Rom nach Persien zurückkehren, 1640 Oktober 9, Regensburg (Konzept); Ferdinand III. an den Schah von Persien für die Dominikanerpatres Johannes und Moyses als Überbringer kaiserlicher Schreiben, 1639 Oktober 14, Regensburg (Konzept); Ferdinand III. an den Schah von Persien, 1642 März 8 (Konzept); Weisung an die Hofkammer über Ausstattung eines kaiserlichen Schreibens an den Schah von Persien, 1645 April 22; Ferdinand III. an P. Paul Pyromalli O.P., apostolischen Vikar in Persien und Armenien, 1645 April 22 (Kon-

zept); Ferdinand III. an den Schah von Persien, 1645 April 22 (Konzept); Bittschreiben des Frater Balasanus Armenus, erwählten Bischofs in Armenien, um eine kaiserliche Empfehlung an den König von Polen und an den Schah von Persien, s.d., 1648 September 23;
Ferdinand III. an den Schah von Persien, 1648 September 25 (Konzept); Hofkriegsrat an Hofkammer, die Ausfertigung eines Empfehlungsschreibens Ferdinands III. für drei Jesuiten an den Schah von Persien, den Großmogul von Indien und den Khan der Usbeken betreffend, 1655 Mai 31 (Konzept); Ferdinand III. an den Großmogul von Indien für P. Bernhard Diestel SJ und seine Gefährten, 1655 Mai 31 (Konzept); Ferdinand III. an den Schah von Persien für P. Bernhard Diestel SJ und seine Gefährten, 1655 Mai 31 (Konzept); Ferdinand III. für P. Bernhard Diestel SJ und seine Gefährten an den Großkhan der Tataren und an den Khan der Usbeken, 1655 Mai 31 (Konzept); durch Michael Boym SJ überbrachte Grußadresse des chinesischen Großkanzlers an Ferdinand III. mit kaiserlicher Entschließung, 1656 August 8 (latein. Übersetzung); Ferdinand III. empfiehlt dem Schah von Persien Paulus Pyromalli, Erzbischof von Nachitschewan, 1656 August 9 (Konzept); Hofkriegsrat an Hofkammer, die Ausstattung des kaiserlichen Empfehlungsschreibens für Paulus Pyromalli, Erzbischof von Nachitschewan, an den Schah von Persien betreffend, 1656 August 9 (Konzept); Sekretär der Nuntiatur in Wien bittet den Kaiser um Intervention beim Schah von Persien zugunsten der Rechtsstellung der Christen in Armenien und Persien, s.d. (Original); Votum des Hofkriegsrates, s.d.; Kaiser Leopold I. an den Schah von Persien zugunsten der benachteiligten Christen in Armenien und Persien, 1658 November 16 (Konzept) (ebd. Konv. 1622-1658)
Korrespondenz Arachiel Vartapiet, Erzbischof von Großarmenien, betreffend: Arachiel Vartapiet an Kaiser Leopold I., 1661 November 27, Rom; Kardinal Colonna zugunsten von Arachiel Vartapiet an Kaiser Leopold I., 1661 Dezember 10, Rom; Kurfürst Ferdinand Maria von Bayern für Erzbischof Vartapiet, 1662 Juli 18, München; Erzherzog Ferdinand Karl von Österreich zugunsten von Erzbischof Vartapiet, 1662 September 7, Innsbruck; Supplik des Erzbischofs Arachiel Vartapiet an Kaiser Leopold I., 1662 September 8 (eigenhändig); Kaiser Leopold I. an den Schah von Persien zugunsten des Erzbischofs von Großarmenien, 1662 August 17, September 7 (Konzepte); Kaiser Leopold I. an persische Minister, 1662 September 7 (Konzept); (ebd. Konv. 1661-1687).

Empfehlung des Großherzogs von Toskana für Frà Antonino Tani, Generalvikar des Dominikanerordens im Orient, 1663 Dezember 13; Empfehlungsschreiben Kaiser Leopolds I. für Frà Antonino Tani an den Schah von Persien, 1664 Jänner 22; Supplik der Jesuiten P. Joannes Grueber, Henricus Roll und M. Philippus Zefferin an den Reichvizekanzler um eine kaiserliche Empfehlung beim Schah von Persien für ihre Reise über das Königreich Kandahar nach Indien, d.d. August 18; Leopold I. an Schah Abbas II. von Persien zugunsten der genannten Jesuiten, 1664 August 18 (Konzept); memoria de punti che sua maestà Cesarea farà gratia d'inserire nella lettera da scriversi al re di Persia, 1664; Stato della christianità d'Armenia e modo per unire la chiesa armena con la romana, 1664; Papst Clemens IX. an den Schah von Persien, den Bau einer Kirche in Eriwan betreffend, 1669 Februar 12 (Abschrift); Empfehlungsschreiben des Königs von Polen für den Großerzbischof von Armenien Ara-

chiel an den Schah von Persien wegen des Baues einer Kirche in Eriwan, 1669 Juli 20; Supplik des Erzbischofs Arachiel Vartapiet an Kaiser Leopold I., 1669; Gutachten des Hofkriegsrates in dieser Angelegenheit, 1669; Schreiben Kaiser Leopolds I. an den Schah von Persien, 1669 Oktober 28 (Konzept); Supplik des Grafen von Slawata für seinen Bruder P. Karl Felix a sancta Theresia, Karmeliterprokurator in Persien, s.d.; Kaiser Leopold I. an den Schah von Persien zugunsten der Karmeliten in Persien, 1680 Feburar 22 (Konzept);
Supplik des Peter Philipp Pott, Bischof von Bamberg, für seinen Diözesanen Sebastian Knab, erwählten Erzbischof zu Nachitschewan in Großarmenien, 1682 Dezember 6; Supplik des Antonius de Monroy, Ordensgeneral des Dominikanerordens um Empfehlung für den Dominikaner Sebastian Knab, s.d.; Sebastian Knab, Dominikaner und Erzbischof von Nachitschewan in Armenien, bittet den Kaiser um Empfehlung beim Schah von Persien für einen Kloster- und Kirchenbau in Isfahan und bietet sich an, kaiserliche Kommissionen in Persien auszuführen, s.d. (eigenhändig); Vortrag des Hofkriegsrates in dieser Angelegenheit, 1683 Februar 8; Supplik des Sebastian Knab an Markgraf Hermann von Baden, Präsident des Hofkriegsrates, 1683 April 8; Vortrag des Markgrafen Hermann von Baden, Empfehlungsschreiben, Paß und Zehrgeld für Sebastian Knab betreffend, 1683 April 9; Kaiser Leopold I. empfiehlt dem Schah von Persien Sebastian Knab, Erzbischof von Nachitschewan, 1683 April 9 (Konzept); Hofkriegsrat an Hofkammer wegen Ausfertigung des kaiserlichen Schreibens an den Schah von Persien, 1683 April 10 (Konzept); Vortrag des Markgrafen Hermann von Baden an den Kaiser wegen Ausfertigung des Kredentiales für Sebastian Knab, 1683 August 5; Kaiser Leopold I. an Sebastian Knab mit dem Auftrag, den Schah von Persien zu beeinflussen, die Waffen gegen das Osmanische Reich zu erheben, 1683 August 5, Passau (Konzept); Kaiser Leopold I. beglaubigt Sebastian Knab beim Schah von Persien, 1683 August 6, Passau; Kaiser Leopold I. an Sebastian Knab nach dem Entsatz von Wien mit der Aufforderung, er möge den Schah zum Bruch mit dem Osmanischen Reich bewegen, 1683 September 26 (Konzept); Kaiser Leopold I. berichtet dem Schah von Persien von seinem Sieg über die Osmanen, 1683 Dezember 1 (Konzept); Hofkriegsrat an Hofkammer, die Ausfertigung des Kredentiales für den Armenier Peter Bedik an den Schah von Persien betreffend, 1683 Dezember 4, Linz; Reichskanzleisekretär Johann Probst an den Hofkriegsrat Baron Dorsch, das Schreiben des Kaisers an den Schah betreffend, 1684 Juni 12, 17; Vortrag des Hofkriegsratspräsidenten Markgraf Hermann von Baden, 1684 Juni 12, Linz; Kredentiale Kaiser Leopolds I. für Sebastian Knab an den Schah von Persien, 1684 Juni 12, Linz (Konzept); Berichte Sebastian Knabs an Kaiser Leopold I., 1685 März 26, April 29, Isfahan; Reichskanzlei an Hofkriegsrat, die Ausfertigung eines kaiserlichen Schreibens an den Schah für den Abgesandten des Königs von Polen P. Votta SJ betreffend, 1686 September 5; Vortrag des Markgrafen Hermann von Baden, die Ausfertigung eines Schreibens an den Schah betreffend, 1686 September 17; Hofkriegsrat an Hofkammer, die Ausfertigung eines kaiserlichen Schreibens an den Schah betreffend, 1686 September 27 (Konzept); Kaiser Leopold I. ruft den Schah unter Erwähnung seiner Siege über die Osmanen zum Kampf gegen diese auf, 1686 September 26 (Konzept); Vortrag des Markgrafen Hermann von Baden, das Konzept des kaiserlichen Schreibens an den Schah von Persien betreffend, 1686 September 21;

Reichskanzlei an Hofkammer wegen der Reisekosten für den Überbringer kaiserlicher Schreiben an den Schah von Persien P. Votta SJ, 1687 März 3; Reichskanzlei an Kaiser Leopold I., das Empfehlungsschreiben für die Dominikanerpatres an den Schah von Persien betreffend, 1687 April 9 (ebd., Konv. 1661-1687)

Kaiser Leopold I. für die Pilger Philipp und Johann Georg Prior aus Frankfurt, Überbringer kaiserlicher Schreiben an den Schah von Persien, 1691 August 14 (Konzept); Reichskanzlei an Hofkammer wegen der Ausfertigung eines kaiserlichen Schreibens an den Schah von Persien, 1695 September 11; Kaiser Leopold I. empfiehlt dem Schah von Persien den Karmelitenprovinzial Konrad, 1695 September 16 (Konzept); Quittung der Hofkriegskanzlei über Auslagen für Schreiben an den Schah von Persien, 1695 September 28; Kaiser Leopold I. beglaubigt Petrus Paulus de Palma, Erzbischof von Ankara beim Schah von Persien und beim Großmogul von Indien, 1697 Juni 26; Fr. Elias a sancto Alberto, Bischof von Isfahan, berichtet Kaiser Leopold I., Persien sei zur Eroberung von Basra bereit, 1697 Juli 7; Hofkriegratspräsident Graf von Starhemberg bittet den Kaiser um ein Empfehlungsschreiben an den Schah von Persien für P. Felix Maria da Sellano, 1699 Juni 10; Hofkriegsrat an die Hofkammer wegen Ausfertigung eines kaiserlichen Schreibens an den Schah von Persien, 1699 Juni 15; Kaiser Leopold I. an den Schah von Persien für P. Felix Maria da Sellano, 1699 Juni (Konzept); Supplik des Kapuzinermissionars P. Felix Maria da Sellano an Kaiser Leopold I., s.d. (eigenhändig); Note der Wiener Nuntiatur wegen der Kapuzinermission in Persien, s.d.; Relazione dell'ambasciata fatta al rè di Persia dal Padre Felice Maria da Sellano predicatore Cappuccino, 1702; Breve apostolico dato al padre Felice Maria da Sellano per il rè di Persia, 1699 Juni 26; Supplik des Kuriers Andreas Pfannenstiel um ein kaiserliches Empfehlungsschreiben an den Schah, 1701; Kaiser Leopold I. an den Schah von Persien pro principe Kaymakan regis Tartarorum filio, 1701 Februar 12 (Konzept); Schreiben des Schah an Kaiser Leopold I., 1701 (Übersetzung Michael Talmanns); Notizen über Persien, 1710-27; Schreiben Kaiser Karls VI. an den Schah von Persien zugunsten der armenischen Christen und der Kapuzinermission in Tiflis, 1719 Jänner 11, 1720 Mai 4 (Konzept); Kaiser Karl VI. an den Kaiser von China über die Errichtung der Ostindischen Handelskompagnie in den Österreichischen Niederlanden, 1725 Februar (Konzept); Kaiser Karl VI. an den Großmogul von Indien über die Errichtung der Ostindischen Handelskompagnie in den Österreichischen Niederlanden, 1725 Februar (Konzept); Kaiser Karl VI. notifiziert dem Großmogul die Aufhebung der Ostindischen Handelskompagnie in den Österreichischen Niederlanden, 1732 Februar 29, Wien (Konzept); État présent des affaires de la Perse sur le rapport qu'en a fait le Sieur Gustave Ferdinand Gyllenram, officier suédois, étant en retour de Perse à Constantinople le 17/28 janvier 1753 (ebd., Konv. 1691-1753)

Supplik des Joannes Thomas Armani und Joseph Perisane um einen kaiserlichen Geleitbrief für ihre Rückreise nach Persien durch die Türkei, 1631 (Original); Schreiben des persischen Gesandten Robert Sherley an Kaiser Ferdinand II., 1621 Mai 18 (eigenhändig); Übersetzung eines persischen Schreibens durch Marc Antonio Mammucca della Torre; Hofkriegsratpräsident Markgraf Hermann von Baden legt Kaiser Leopold I. die Übersetzung eines Schreibens des Schahs von Persien, übersetzt von dem türkischen Dolmetscher Marc Antonio Mammuca della Torre, vor, 1687 Mai 10 (italienische Übersetzung); Dominik Graf von Kaunitz legt einige Schreiben Fr. Konrads, Karmelitenprovinzials in Persien vor, 1697 Oktober 15, Den Haag; Varii ragionamenti sopra lo stato presente e la crisi, in cui la Persia si trova, s.d.; Empfehlungsschreiben Kaiser Karls VI. an den Schah von Persien für Fr. Jeremias Franciscus, Missionssuperior der Karmeliten in Persien, 1721 April 7 (Konzept) (ebd., Konv. Nachträge 1621-1721)

Notices abregées sur l'état actuel du gouvernement du Royaume de Perse tirées des notes d' un témoin oculaire, s.d.; Joseph von Hammer an Metternich über den britischen Gesandten in Persien, 1816 Juni 30, Graz; Akten über die persische Botschaft in Wien 1819: Beglaubigungsschreiben des persischen Botschafters Mirza Abul Hassan Chan; Audienz beim Kaiser und bei Fürst Metternich; Korrespondenzen Metternichs mit dem Botschafter; nicht chiffrierte Interzepte, dechiffrierte Interzepte sowie Übersetzungen Hammers; Korrespondenz mit London, 1819 Februar 1-10 (Stückverzeichnis Nr. 1-24);

Korrespondenz über den Krieg zwischen Persien und der Pforte, 1822 September 27, Cypern (Abschrift); Metternich an Hussein Chan, Gouverneur der Provinz Fars, 1845 Mai 13 (Konzept); Übersetzung eines Schreibens des Hussein Efendi, persischen Residenten in Konstantinopel, an Metternich, s.d. (ebd., Konv. 1816-1845)

Verbesserungen zum österreichischen Entwurf eines Vertrages mit Persien, s.d.; Note Hammers über einen Artikel in der persischen Hofzeitung, 1853 November 11; Vollmacht für Hübner zum Vertragsabschluß, 1857 (Konzept in lateinischer und persischer Sprache) (ebd., Konv. 1854-1857)

Berichte und diplomatische Schreiben, 1816-1819; Material über die persische Botschaft in Wien, 1819; Tagebuch über die Anwesenheit der persischen Botschaft in Wien im Jahre 1819; Korrespondenz mit dem persischen Hof, 1819 (Originale, Abschriften, Übersetzungen) (Kart. 2, Konv. 1816-1819)

Persische Schreiben, 1820-66 (Originale, Übersetzungen) (ebd., Konv. 1820-1866)

Persische Schreiben und Übersetzungen s.d. 1 Konv. (ebd.)

Polen 1257-1858 (328 Kart.)

Die Abteilung enthält die Korrespondenz der kaiserlichen Gesandten mit der Reichs- und Staatskanzlei. Da einerseits Polen selbst Beziehungen zu Tataren und Persern unterhielt, andererseits oft als Zwischenstation für Gesandtschaften dorthin diente, enthalten die Berichte auch immer wieder Angaben über diese Länder, die aus der Masse des Materials herausgesucht werden müßten. Die folgenden Angaben beschränken sich auf einige Einzelbeispiele.

Lit.: Bittner, *Gesamtinventar* Bd. 1, S. 565ff.

Sigmund von Herberstein berichtet König Ferdinand I. die Gefangennahme aus Persien heimkehrender österreichischer Gesandter durch die Osmanen, 1531 Juni 16, Krakau (I/Kart. 2, fol. 102r)

Lit.: Picard B., *Das Gesandtschaftswesen Ostmitteleuropas in der frühen Neuzeit.* Wien-Köln-Graz 1967, S. 107 Anm. 43.

Bericht Sigmund von Herbersteins über innere Zwistigkeiten bei den Tataren, 1531 Juni 20, Krakau (ebd. fol. 110v)
Lit.: Picard a.a.O.S. 139 Anm. 74.

Sigmund von Herberstein und Johann Lang berichten Ferdinand I. über Einfälle der Tataren von Kasan nach Rußland, 1550 Juni 18, Witów (I/Kart. 6, fol. 55v)
Lit.: Picard w.o.

Portugal 1513-1848 (65 Kart.)

Die Abteilung besteht aus Akten der Reichskanzlei, der Österreichischen Hofkanzlei, der Staatskanzlei sowie des Spanischen Rates (1704-24).
Lit.: Bittner, *Gesamtinventar* Bd. 1, S. 569-570.

Epistola potentissimi ac invictissimi Emanuelis regis Portugaliae et Algarbiorum etc. De victoriis habitis in India et Malacha ad sanctum in Christo patrem dominum nostrum dominum Leonem X pontificem maximum, 1513 Juni 6, Rom (Druck) (Kart. 1)

Rerum et regionum Indicarum per serenissimum Emanuelem Portugallie regem partarum narratio verissima, 1514 (Druck) (ebd.)

Schreiben König Manuels von Portugal an Papst Leo X. über ein Bündnis mit Aethiopien, 1521 Mai 8 (Druck) (ebd.)
Lit.: Neck R., Diplomatische Beziehungen zum Vorderen Orient unter Karl V., *MÖStA* 5, 1952, S. 64 Anm. 6.

Christoph de Barosso an D'Arschot . . . du fait de la démarcation des Indes . ., 1521 Mai 24; Navigaçion para los Indias de Portugal (mit Erwähnung von Moçambique, China, Japan), s.d.; Relatio Don Alphonsi de Tobar de itinere ex Portugallia in Persiam, 1567 Jänner 7, Lissabon (ebd.)

Breve Papst Gregors XIII. für Erzherzog Albrecht von Österreich, Statthalter in Portugal, wegen des Loskaufs der in der Schlacht bei Alcazar gefangenen Christen, 1584 September 22 (ebd., Konv. Päpstliche Breven 1582-93)

Mémoire sur les moyens de consolider et d'étendre les liaisons commerciales des états héréditaires avec le Portugal et ses colonies (Erwähnung der afrikanischen Küsten), 1803 Februar 25, Wien (Kart. 36, Varia 1744-1803, Nr. 11)

Aktenstücke über die Stiftung eines Kollegiums in Lissabon für die Missionen der Gesellschaft Jesu in China und Ostindien, aufgrund des Testaments des Generalleutnants und Großadmirals Thomas Henriquez Cabrera, 1705 April 11, Lissabon und April 20, Belem (Abschriften und Übersetzungen) (ebd. Nr. 12)

Observations sur le Portugal. Aufsatz des Grafen Karl von Zinzendorf (betrifft den Handel Portugals), 1768 Mai 31 (Abschrift) (ebd. Nr. 7)

Ragusa 1538-1814 (4 Kart.)

Die Abteilung besteht aus den diplomatischen Akten der Reichskanzlei, der Staatskanzlei und der italienischen Hofkanzlei, der Korrespondenz der Republik Ragusa mit dem Kaiser sowie dem Notenwechsel der Staatskanzlei mit anderen Wiener Zentralbehörden, und Xeroxkopien von Akten des ragusanischen Konsulats in Konstantinopel, deren Originale an Jugoslawien ausgeliefert wurden.
Lit.: Bittner, *Gesamtinventar*, Bd. 1, S. 570-571.

Berichte des Obersten Domenico Corradini mit Nachrichten über das Osmanische Reich und die Tataren sowie geschriebenen Zeitungen aus der Türkei 1687 Mai 17, 25; Juli 5, 9; August 1, September 21, Oktober 1, 12; Dezember 17, 18, 29; 1688, 1689 (Kart. 1)

Die Staatskanzlei dankt Giovanni Conte de Caboga für die mit seinem Schreiben vom 19. Oktober 1798 übermittelten Nachrichten samt Zeichnung einer Seeschlacht in den ägyptischen Gewässern, 1798 November 9, Wien (Konzept) (Kart. 4, Konv. Varia 1775-1798)

Rußland 1481-1866 (575 Kart.)

Die Abteilung enthält diplomatische Akten der Reichskanzlei (I: Russica 1481-1805), der Österreichischen Hofkanzlei und der Staatskanzlei (II: Neuere Akten 1726-1806), der Staatskanzlei (III: Neuere Akten 1807-1848 und IV: Politisch-administrative Collectanea 1807-1835), ferner administrative Akten der Staatskanzlei und des Ministeriums des Äußern (V: Administrative Akten 1830-1866). Sie erhielt aber auch Zuwäche aus Einzelakten aus der Kabinettskanzlei und aus Nachlässen von Diplomaten.
Lit.: Bittner, *Gesamtinventar* Bd. 1, S. 571-573.

II Neuere Akten 1726-1806 (242 Kart.)

Konsulate: Cherson 1786-1801 (Kart. 222)

Aktenstücke den russisch-türkischen Krieg betreffend sowie die Österreich 1711 in diesem Konflikt übertragene Vermittlung, 1711 (Kart. 235, Varia I)

Paßbrief für Katharina Beneveni, Witwe des russischen Gesandten in Persien Florio Beneveni, und ihre Töchter Maria und Michaela für eine Reise nach St. Petersburg, 1735, Mai 11, Laxenburg (Konzept) (ebd. Paßsachen 1734-1735)

Insinuationen der russischen Gesandtschaft den russisch-türkischen Krieg betreffend, 1765, 1769 (Kart. 236, Varia II); Analyse des österreichischen Verhältnisses zu Rußland, 1785 November 12 (betrifft u.a. Handelsbegünstigungen für Österreich in Cherson und in Taurien) (ebd.); Tagebuch über die Reise der Kaiserin Katharina II. in die Krim bis zu ihrer Rückkehr nach Moskau, 1787 (Abschrift) (ebd.).

Zolltarif für alle Häfen und Grenzzollämter des Russischen Reiches außer den Zollämtern in den Gouvernements Astrachan, Tobolsk und Irkutsk, 1797, St. Petersburg (Druck) (ebd.)

Empfehlungsschreiben des Staatskanzlers Kaunitz für den Kaufmann Pascalis Bedan an König Heraclius II. von Georgien, 1781 Mai 7 (Konzept) (ebd.)

III Neuere Akten der Staatskanzlei 1807-1848 (136 Kart.)

Friedensvertrag zwischen Rußland und Persien, 1813 Oktober 12, Galistan (Abschrift) (Kart. 50)

Russisches Memorandum die Behandlung Napoleons auf St. Helena betreffend, s.d. (Abschrift) (Kart. 52)

Memorandum du comte de Golovkin relativement à l'abolition de la traite des nègres et la répression des pirateries des Barbaresques, s.d. (Kart. 53)

Spanien 1396-1860 (323 Fz.)

Die Abteilung besteht aus diplomatischen Akten der Reichskanzlei, der Österreichischen Hofkanzlei, der Staatskanzlei, Akten der Administrativen Registratur des Ministeriums des Äußern, der kaiserlichen Kabinettskanzlei sowie aus Nachlaßmaterial kaiserlicher Diplomaten und ist in die Serien Hofkorrespondenz, Diplomatische Korrespondenz und Varia gegliedert. Einschlägiges Material bezieht sich vor allem auf die spanischen Überseebesitzungen in Afrika und Asien und kann für die Zeit Karls III. vollständig an Hand der von Juretschke (s.u.) herausgegebenen Gesandtenberichte ermittelt werden; die folgenden Hinweise für die Zeit davor beschränken sich auf Einzelbeispiele.
Lit.: Bittner, *Gesamtinventar* Bd. 1, S. 577-80 – Voltes P., *Documentos de tema español existentes en el archivo de estado de Viena.* 2 Bde, Barcelona 1964/65 – Juretschke H. (Hg.), *Berichte der diplomatischen Vertreter des Wiener Hofes aus Spanien in der Regierungszeit Karls III.* Bisher 9 Bde, Madrid 1970-1980 (vgl. das Register unter Schlagworten wie Algier, Barbaresken, Marokko, Ostindien, Philippinen u.a.m.).

Hofkorrespondenz 1527-1841 (24 Fz.)

Schiedsspruch Papst Alexanders VI. über die Abgrenzung der spanischen und portugiesischen Interessensphären in Übersee, 1493 Mai 4, Rom (Druck) (Fz. 1, Konv. 2)

Kaiser Rudolf II. unterrichtet König Philipp III. von Spanien über die persische Gesandtschaft Robert Sherleys und Alach Ruli Begs, 1609 Juli 16 (Fz. 4)
Lit.: Voltes Bd. 1, S. 180.

Schreiben des Patriarchen Raphael von Antiochien, 1626 (Fz. 6)
Lit.: Voltes Bd. 1, S. 257.

Diplomatische Korrespondenz 1535-1860 (217 Fz.)

Schreiben des Erzbischofs Hyazinth von Smyrna an Kaiser Ferdinand III., 1651 Februar 10 und Juni 4 (Fz. 48, Konv. Varia)
Lit.: Voltes Bd. 2, S. 410, 412.

Bericht des österreichischen Gesandten Wilhelm Ferdinand Gennotti mit beiliegendem Bericht des früheren kaiserlichen Agenten in Tanger Antonio Gonzalez Salmon über die Beziehungen zwischen Österreich und Marokko, 1814 Oktober 13, Madrid (Fz. 177)

Varia 1396-1814 (82 Fz.)

Kredentiale des Königs von Spanien für einen Gesandten beim Sultan, 1580 Februar 7 (Abschrift) (Fz. 2)
Lit.: Voltes Bd. 1, S. 115.

Memoire über algerische Kriegsschiffe, 1676 Februar (Fz. 38)
Lit.: Voltes Bd. 2, S. 490.

Vertrag zwischen Spanien und dem Osmanischen Reich, 1740 April 7 (Abschrift) (Fz. 67)

Unterlagen über eine Belästigung hamburgischer Kaufleute in Spanien wegen des mit Algier abgeschlossenen Vertrages, 1751 November 10 (Fz. 68)
Lit.: Voltes Bd. 2, S. 609.

Schreiben König Karls III. von Spanien an den Großherzog von Toskana wegen der Schiffe der Barbaresken, 1768 Oktober 11 (Abschrift) (Fz. 71)
Lit.: Voltes Bd. 2, S. 625.

Friedens- und Freundschaftsvertrag zwischen Spanien und dem Bey von Algier, 1786 (Druck) (Fz. 74)
Lit.: Voltes Bd. 2, S. 629.

Friedens- und Freundschaftsvertrag zwischen Spanien und dem Bey von Tunis, 1791 Juli 19 (Druck) (Fz. 74)
Lit.: Voltes Bd. 2, S. 630.

La compania oriental, s.d. (Fz. 80)

Tripolis 1724-1795 (4 Kart.)

Die Akten dieser Abteilung stammen aus den Beständen des Spanischen Rates, des Hofkriegsrates, der Reichskanzlei und der Staatskanzlei.
Lit.: Bittner, *Gesamtinventar* Bd. 1, S. 580 – Benigni, *Botschaftsberichte über arabische Länder*, S. 129-130.

Gesandtschaft des Mehmed Efendi aus Tripolis nach Wien 1724: Berichte des Leutnants Martin v. Minkowicz über die Gesandtschaft des Mehmed Efendi, 1724; Akten über die Audienz des Mehmed Efendi beim Präsidenten des Hofkriegsrates Prinz Eugen von Savoyen, 1724; Stücke in arabischer und türkischer Sprache in arabischer Schrift (Kart. 1, Konv. 1724)

Akten des Spanischen Rates den Handel Neapels und Siziliens mit Tripolis betreffend, 1724-27 (Kart. 1, Konv. 1724-27)

Rekredentiale des Hofkriegsrates für Mehmed Efendi, 1725 (Konzept); Vertrag Österreichs mit Tripolis, 1726 August 1 (Abschrift); Akten über die Ratifikation des Vertrages von 1726 August 1 (ebd. Konv. 1725-1729)

Instruktion des Hofkriegsrates für den österreichischen Konsul in Tunis Simone Pilarino, 1728 (Konzept); Berichte des österreichischen Konsuls Josef Mayer in Tripolis an den Hofkriegsrat und Weisungen des Hofkriegsrates an Mayer, 1728-1729; Nomina Germanorum Tripoli Barbariae captivorum pro liberatione et redemptione a durissimo servitutis iugo demisissime supplicantium, s.d.; Satisfaktion wegen entführter Tripolitaner, 1729 August 9,20 (ebd.)

Berichte des Konsuls Mayer aus Tripolis an den Hofkriegsrat und Weisungen des Hofkriegsrates an Mayer, 1730 (ebd. Konv. 1730)

Berichte des österreichischen Konsuls Josef Mayer in Tripolis an den Hofkriegsrat und Weisungen des Hofkriegsrates an ihn, 1731-1735 (darunter Schreiben des Spanischen Rates, Stücke in arabischer und türkischer Sprache als Beilagen) (Kart. 2, Konv. 1731-1735)

Berichte des interimistischen kaiserlichen Konsuls in Tripolis Philipp Gerbrans an den Hofkriegsrat und Weisungen des Hofkriegsrates an ihn, 1736-1738, 1744-1746; Kredentiale für den kaiserlichen Konsul zu Verhandlungen mit der Regierung in Tripolis über den Abschluß eines Handels- und Schiffahrtsvertrages, 1748; Kredentiale für Konsul Preyer in Tunis nach Abschluß des Schiffahrtsvertrages, s.d.; Ratifikation des Schiffahrtsvertrages mit Tunis, 1749 Juni 13 (Konzept); Schiffahrtsvertrag mit Tripolis, 1749 Jänner 27 (Abschrift); Bericht des Konsuls Preyer, 1749 November 30 (Abschrift) (ebd., Konv. 1736-50)

Akten über die Gesandtschaft des Hassan Efendi aus Tripolis nach Wien 1750: Audienz beim Hofkriegsratspräsidenten Grafen von Harrach, 1750 April 14; Beglaubigungsschreiben des tripolitanischen Gesandten Hassan Efendi, 1750 (Abschrift); Vortrag des Hofkriegsrates an den Kaiser, 1750 April 24; Tripolitanische Gesandtschaft an den kaiserlichen Hof im Jahre 1750, verfaßt von Sekretär Schwachheim, 1751 Jänner 6, Wien (1 Bd) (ebd.)

Berichte des Konsuls Preyer aus Tripolis an den Hofkriegsrat, 1751 – 1752 (Kart. 3, Konv. 1751 – 1756)

Akten der Staatskanzlei die tripolitanische Gesandtschaft betreffend:
Berichte, Weisungen, Varia, Noten, Schreiben des Hofkriegsrates, Übersetzungen die tripolitanische Gesandtschaft betreffend, 1756; Kredentiale des Bey von Tunis für den Abgesandten Elhayi Ali Efendi, 1756 Dezember 23 (mit Seidensack). (ebd.)

Tripolitanische Gesandtschaft an den kaiserlichen Hof im Jahr 1756, verfaßt von Anton von Seleskowicz, k.k.Rat und Hofdolmetsch, 1757 Jänner 31 (1 Bd) (ebd.)

Tripolitanische Gesandtschaft an den kaiserlichen Hof 1756, verfaßt von Anton von Seleskowicz, k.k.Rat und Hofdolmetsch, 1757 Jänner 31 Wien, 1 Bd (Zweitexemplar) (Kart. 4, Konv. 1757 – 1762)

Schreiben des Bey von Tripolis an den Kaiser, Danksagung für die Aufnahme des tripolitanischen Gesandten in Wien, Spezifikation der kaiserlichen Geschenke,

1757 August (Original, Übersetzung Anton v. Seleskowicz); Kaiserliches Schreiben an den Bey von Tripolis, 1762 (Konzept); Korrespondenz der Reichskanzlei mit dem kaiserlichen Kabinettssekretär Pfütschner in Angelegenheiten von Tripolis, 1760 – 62; Bericht des Grafen von Hamilton und mehrerer Räte über die Beschwerde des Hali Ben Assen, 1762 Jänner 30 Triest; Note des Kommerzienrates an die Staatskanzlei über die Beschwerde des Tripolitaners Hali Ben Assen und über die von dem dortigen k.k. Konsul mit der dortigen Regierung geschlossenen neun Artikel, 1762 April 1; Kabinettssekretär Pfütschner an die Staatskanzlei den Friedensvertrag mit Tripolis betreffend, 1762 Februar 22 (ebd.)

Schreiben des Statthalters Ali von Tripolis an den Kaiser, 1763 Juli 11 (italienische und deutsche Übersetzung); Schreiben des Bey von Tripolis an den Kaiser, 1765 April (deutsche Übersetzung), 1765 Mai 5 (uneröffnet im Seidensack); Korrespondenz des Kabinettssekretärs Pfütschner mit der Reichskanzlei die Übersetzungen von Schreiben des Beys von Tripolis betreffend, 1763 August 2, 11, 14, 16; Antwort an den türkischen Untertan Mila Osman, 1764 April 3; Botta d'Adorno an die Staatskanzlei, 1765 Jänner 5, Florenz; Berichte aus Livorno und Florenz über die Reise der tripolitanischen Gesandtschaft nach Wien, 1765 Mai 7, Juni 4, 20, Oktober 21 (Abschriften); Promemoria wegen der Geschenke für die tripolitanische Gesandtschaft, s.d.; Schreiben des Bey von Tripolis an den Kaiser 1765 November (Original, Übersetzung); Note der Staatsklanzlei an die Reichskanzlei, 1766 September 1; Rekredentiale der Reichskanzlei für den tripolitanischen Gesandten, 1766 September 10; traduzione dell' istrumento della rinnovazione della pace col cantone di Tripoli di Barberia, 1766 Dezember 13 (ebd., Konv. 1763 – 1766)

Die Erneuerung des Friedensvertrages mit Tripolis betreffend: Note der Reichskanzlei an die Staatskanzlei, 1767 März 27; Vortrag der Reichskanzlei, 1767 März 30; Bericht aus Florenz, 1767 Juni 6; Note der Staatskanzlei an den Kommerzienrat, das kaiserliche Konsulat in Tripolis betreffend; Vortrag Kaunitz' die Erneuerung des Friedens mit den Barbareskenstaaten, vor allem mit Tripolis betreffend, 1779 September 12; Vortrag über den mit den afrikanischen Seemächten zu errichtenden Frieden oder über weitere Sicherstellung der Seefahrt, 1782 September 22 (Konzept); Betrachtungen des Hofkommerzienrates über die von Tripolis angeregte neuerliche Bestellung des dortigen k.k. Konsulats, s.d.; Konsulatsbericht aus Malta, 1781 (ebd., Konv. 1767 – 1795)

Abdrahman Aga über Erneuerung des Friedens, 1782 März 8; Ernennung des Abdrahman Aga zum tripolitanischen Botschafter in Wien, 1782 Mai 5; Antwortnoten des Staatskanzlers und des Reichsvizekanzlers, 1782 Juni 19 (Konzepte); Konsul Cosimo C. Conti an Kaunitz über die Bestellung des Abdrahman Aga zum tripolitanischen Gesandten, 1782 Juli 6, Genua; Berichte des österreichischen Konsuls in Tripolis Nathan von Warnsmann, 1782 – 1791; Berichte des österreichischen Konsuls in Tripolis Augustin Bellato an die Staatskanzlei, 1789 – 90 (1790 August 12 über die Ermordung des dortigen Erbprinzen); Konsul Bellato übergibt die Konsulatsgeschäfte an Nathan von Warnsmann, 1790 November; Berichte Warnsmanns an Thugut, 1793 Februar 12 Livorno (Vertreibung des Defterdars in Tripolis) 1795 Juni 25, Livorno (ebd.)

Türkei 1503 – 1865 (629 Kart.)

Die Abteilung enthält diplomatische Akten der niederösterreichischen Regierung König Ferdinands I., der Reichskanzlei, des Hofkriegsrates, der Staatskanzlei sowie administrative Akten des Ministeriums des Äußern. Ergänzt wurden diese Bestände noch durch Einzelstücke aus den Ungarischen Akten des Haus-, Hof- und Staatsarchivs, aus dem Nachlaß Thuguts, aus dem Hofkammerarchiv, aus dem Armeeoberkommando, ferner durch Urkunden und Akten aus dem Pariser Nationalarchiv, die 1809 durch Napoleon aus Wien verschleppt und von Frankreich 1925 restituiert worden waren.

Die Einteilung des Bestandes in neun Gruppen: I Turcica 1503 – 1791, II Diplomatische Akten 1741 – 1806, III Grenzverhältnisse 1699 – 1859, IV Türkische Gesandtschaften in Wien 1741 – 1798, V Varia und Collectanea des alten Bestandes 1718 – 1800, VI Diplomatische Akten 1807 – 1848, VII Politische und administrative Akten 1807 – 1829 und VIII Politische und administrative Akten 1830 – 1865 zeigt noch die Reihenfolge, in der die älteren Bestände der Reichskanzlei und der Staatskanzlei an das Haus-, Hof- und Staatsarchiv abgegeben wurden. Zahlreiche Berichte der Diplomaten, Konsuln, Agenten und Kundschafter betreffen die asiatischen und nordafrikanischen Provinzen des Osmanischen Reiches sowie das Verhältnis zu Persien. Das die arabischen Länder Vorderasiens und Nordafrikas betreffende Material aus den Abteilungen II, VI, VII und VIII ist ab 1750 fast zur Gänze bei Benigni (s.u.) verzeichnet. Die folgenden Hinweise für die Zeit davor bzw. auf jene Stücke, die sich auf Persien beziehen, beschränken sich auf Einzelbeispiele.
Lit.: Bittner, *Gesamtinventar* Bd. 1, S. 580 – 584 – Benigni, *Botschaftsberichte* (wie oben S. 24)

I Turcica 1503 – 1793 (234 Kart.)

Aufzeichnungen über den Aufenthalt des persischen Gesandten Petrus Maronita in Nürnberg, 1524 (Kart. 1)
Druck: Neck R., Diplomatische Beziehungen zum Vorderen Orient unter Karl V. (wie oben S. 44), S. 79 – 82.

Patriarch Petrus II. von Antiochia sowie syrische Christen bitten Kaiser Karl V. um Hilfe gegen die Osmanen, 1527 März 25, Libanon (ebd.)
Druck: Neck a.a.O. S. 82 – 85.

Aufzeichnungen über die Mission Petros da Negro und Simons de Lillis nach Persien, 1531 Februar (ebd.)
Druck: Neck a.a.O. S. 85 – 86.

Berichte des kaiserlichen Agenten Michael Černović über Persien, 1556 – 1562 (Kart. 12 – 15)
Lit.: Žontar (wie oben S. 21) S. 195 ff. und 206 ff.

II Diplomatische Akten 1741 – 1806 (141 Kart.)

Enthält Berichte, Weisungen, Varia, Korrespondenzen und Notenwechsel.
Lit.: Benigni a.a.O. S. 9 – 16 (Ägypten), S. 17 – 19 (Arabien), S. 19 – 33 (Barbareskenstaaten), S. 33 – 35 (Irak), S. 35 – 36 (Marokko), S. 36 – 39 (Syrien, Libanon und Palästina).

Berichte über die Invasion Napoleon Bonapartes in Ägypten und über die Evakuierung der französischen Truppen, 1797 – 1801 (Kart. 117 – 126)

V Varia und Collectanea des alten Bestandes 1718 – 1800 (32 Kart.)

Repertorium über sämtliche Verhandlungen des nach dem Belgrader Frieden an die Ottomannische Pforte abgeschickten kaiserlichen Großbotschafters Corfiz Graf von Ulfeld (betr. Algier, Barbareskenstaaten, Handelsvertrag zwischen Österreich und der Pforte, Georgien, Konsulat Tripolis, Sklaverei, Türken, Tataren), 1 Band mit alphabetischem Personen- und Sachregister (Kart. 14)

Berichte Heinrich von Pencklers aus Konstantinopel, 1740 – 1755, (enthalten Informationen über Persien und die Hintergründe der osmanischen Politik) (Kart. 16)

Instruktionen für die Internuntien und Residenten Österreichs an der Pforte, 1754 – 1802 (Kart. 17)

Vertrauliche Korrespondenz des Grafen Cobenzl mit dem Internuntius Herbert von Rathkeal, Privatschreiben Rathkeals und Konzepte der Weisungen Cobenzls an Rathkeal, 1779 August 4 – 1785 Juli 20 (betr. Angelegenheiten des Osmanischen Reiches in Algier) (Kart. 18)

Vertrauliche Korrespondenz Cobenzls mit Rathkeal, 1785 Juli 29 – 1789 Dezember 30; vertrauliche Schreiben Rathkeals an Cobenzl, 1791 Dezember 21 – 1793 Februar 9 (Kart. 19)

Korrespondenz der Staatskanzlei mit den Konsulaten in der Levante (z.B. mit Generalkonsul Cramer in Smyrna über Ägypten) 1800 – 1801 (Kart. 21)

Türkische Fermane, 1755 – 1797 (Kart. 22)

Jerusalem betreffende Akten, 1555 – 1720 (Kart. 23, Collectanea I, 1)

Angelegenheiten der katholischen Kirche in Syrien, Korrespondenz mit Rom, 1685 – 95 (ebd. Collectanea I, 2)

Korrespondenz des Dolmetschers Bianchi und des Sekretärs Pakstein der Internuntiatur mit der Staatskanzlei aus dem türkischen Hauptquartier in Bender während des russisch-türkischen Krieges, 1769 (ebd. Collectanea I, 4)

Syrien betreffende Akten, 1830 – 1849 (ebd. Collectanea I, 5)

Angelegenheiten der Tatarei und der Cabardei, s.d.; Antwort der Pforte an den russischen Residenten, s.d., (türkische Abschrift, italienische Übersetzung) (ebd. Collectanea I, 6)

Journal des Staatsoffizials Wenzel von Brognard über eine Reise auf der Donau von Wien bis ins Schwarze Meer (1786 August 2 – September 6), 1786 Dezember 24,

Wien (enthält Angaben über Festungswerke an der Küste des Schwarzen Meeres, sowie Karten und Zeichnungen dieser Befestigungen) – Über Befestigungen des Kanals am Schwarzen Meer von k.k. Staatsoffizial Wenzel von Brognard, 1785 Dezember 25, Pera (Kart. 24, Collectanea III, 2)

Österreichischer Handel mit der Levante, 1720 – 1726 – Österreichische Konsulate in der Levante, Liste 1760 – Vortrag über Förderung des erbländischen Handels in die Türkei, 1772 – Gegründete Gedanken über die Einrichtung einer Handlung in die Levante und Crimische Tarterey von Nicolaus Ernst Friedrich August Kleemann, 1773 (1 Bd) – Auszüge und Notate Spielmanns aus staatsrätlichen Zirkulanden über den türkischen Handel, 1766 – Bemerkungen über den österreichischen Handel nach dem Schwarzen Meer, s.d. – Memoire über den englischen Handel in Ägypten, 1779 (Kart. 26, Collectanea IV, 1)

Betrachtungen über den Handel in der Levante, 1720 (aus dem Nachlaß Johann Christophs von Bartenstein) – Bemerkungen über den Levantehandel und über einige denselben betreffende Vorschläge (betr. Levante und die Krim) (Kart. 26, Collectanea IV, 2)

Sammlung von Handelstarifen und Warenmautschätzungen in der Levante: a) algerischer, neuer österreichischer und toskanischer Tarif, 1777; b) österreichisch-niederländischer Tarif; c) holländischer Tarif (ebd. Collectanea IV, 4)

Akten über den russischen Handel mit der Türkei: a) Mémoire touchant le commerce et la navigation des Russes à la Mer Noire; b) Regolamenti li piu necessari da stabilirsi sopra la russa mercantile navigazione da Pietro Ferrieri, agente russo in Smirna, 1776; d) Nota di diversi prodotti di Smirna ed altri luoghi della Turchia che sarebbero al bisogno della Russia (Kart. 25, Collectanea IV, 5)

Orientalisch-Friesische Handelskompagnie betreffende Akten (Handel nach dem Schwarzen Meer), 1777 (ebd. Collectanea IV, 6)

Memorandum über die Einbeziehung Toskanas in die Vorteile und Begünstigungen, welche die Handelsverträge den Untertanen des österreichischen Erzhauses in der Levante zusichern, 1782 (ebd. Collectanea IV, 7)

Gutachten des Wenzel von Brognard über die dem Internuntius an der Hohen Pforte Baron von Herbert erteilten Weisungen puncto der zu erwirkenden österreichischen Handelsvorteile in der Levante, 1783 (ebd. Collectanea IV, 8)

Sammlung Zinzendorf: Türkischer Handel mit den Erblanden, levantinischer Handel, s.d. (ebd. Collectanea IV, 9)

Korrespondenz des Hofkriegsrates mit dem Spanischen Rat und des Spanischen Rates mit dem Vizekönig von Neapel über Handel und Schiffahrt in der Levante, 1719 – 1731 (ebd. Collectanea IV, 10)
Éclaircissements sur le commerce de la Mer Noire, s.d. (= De Peysonnel, Traité sur le commerce de la Mer Noire, 2 Bände, Paris 1791) (Kart. 27, Collectanea V, I/1)

Mémoire sur la petite Tartarie, s.d. (ebd. Collectanea V, I/2)
Mémoire historique sur l'Empire des Russes et celui des Tartares, sur la Circassie, le Daguestan, les Nogais et les Cosaques, adressé à sa majestè Halin Guerai Khan, emp-

ereur des Tartares, des Nogais, de la Crimée, de la Circassie, du Cabarta et du Daguestan, s.d. (ebd. Collectanea V, I/3)
Projet sur les îsles de l'archipel, s.d. (ebd. Collectanea V, I/5) – Projet d'une expédition française contre l'Egypte, 1783 (ebd. Collectanea V, I/7)

Literarische Notizen des k.k.Hofdolmetsch von Dombay über verschiedene der Hofbibliothek von Herrn von Hammer aus Ägypten eingesandte Manuskripte in arabischer Sprache, s.d. (ebd. Collectanea V,3)

VI Diplomatische Akten 1807 – 1848 (102 Kart.)

Enthält Berichte, Weisungen, Varia, Korrespondenzen und Notenwechsel der Staatskanzlei.
Lit.: Benigni a.a.O. S. 39 – 56 (Ägypten), S. 57 – 58 (Arabien), S. 59 – 69 (Barbareskenstaaten), S. 69 – 72 (Irak), S. 72 (Jemen, Marokko), S. 73 – 82 (Syrien).

Konsularwesen in der Türkei, 1814, 1818, 1822, 1825 (Kart. 43) Schutz des Heiligen Landes durch die christlichen Mächte, 1635 – 1675, 1809 – 1818 (Kart. 45, Varia) – Akten das armenische Patriarchat in Konstantinopel betreffend, 1737 – 1818 (ebd.) – Protokoll über die dem Internuntius Stürmer übertragenen gesandtschaftlichen Arbeiten und Aufträge an die Pforte, 1827 Mai – 1829 Juni (ebd.) – Verfolgung der Armenier in der Türkei, 1829 (ebd.).

Brief Metternichs an den Reis Efendi in der Sklavenfrage, 1819 September 19 (Abschrift) (Kart. 46, Miscellanea, 1769 – 1839) – Bericht des Internuntius Stürmer über die österreichischen Konsulate im Osmanischen Reich (Listen 1817, 1818), 1818 Juni 10, Konstantinopel (ebd.) – Memorandum über Angelegenheiten der Levante, s.d. (ebd.) – Mémoire de l'envoyé des Russies à la Porte concernant les affaires barbaresques, s.d. (ebd.).

Über den Verfall des Osmanischen Reiches, s.d. (Kart. 47) – Über den Zustand des Osmanischen Reiches nach dem Tode Sultan Mahmuds II. (ebd.) – Ordre chronologique de l'affaire turco-égyptienne, nach 1814 (ebd.).

Relation des Johann Rudolf Schmid von Schwarzenhorn an Ferdinand III., 1643 August 20, 1 Band, (Abschrift) (Kart. 48)

Répertoire abregé des noms, charges et autres particularités turques, dont la connaissance est utile à un homme d'affaires en Turquie, s.d. (ebd.) – Tableau de la Porte, Mémoire sur l'état militaire des Turcs, s.d. (ebd.) – Türkische Schreiben (ebd.) – Den Handel mit der Türkei betreffende Akten und Memoires: Allgemeine Bemerkungen über das österreichische Handelswesen in der Türkei, 1802 März 26 Konstantinopel; Memoria intorno al commercio dell' Austria cogli Stati Ottomanni, s.d.; Mémoire sur les encouragemens à donner au commerce de la monarchie autrichienne en Turquie et sur la Mer Noire, s.d. (vor 1779); Anton von Bianchi, Hofsekretär der Hofkammer, Über den österreichischen Handel in der Türkei, 1808 Februar 29; Alleruntertänigste unmassgebige gedancken feste gründung, emporbringung und ausbreitung des orientalisch-levantinischen aktiv- und wirtschaftshandels betreffend, s.d.; Commerce par la Mer Noire, s.d. (ebd.)

Berichte Prokesch' aus Ägypten und aus der Türkei, 1822 – 1833 (Kart. 49 u. 59)

Berichte Antons von Steindl über den Syrienfeldzug, 1840/41 (Kart. 77 u. 79)
Druck: Wandruszka A., Anton Steindl Ritter von Plessenet, *MÖStA* 25, 1972, S. 457 – 464.

Resultat einer Konferenz der Vertreter der fünf Großmächte beim türkischen Außenminister in Angelegenheit der Befriedung des Libanon, 1842 (Kart. 86)

Berichte über die Differenzen und Kämpfe Mehmed Alis mit der Pforte und über die Haltung der Großmächte in diesem Konflikt, 1839 – 1840 (Kart. 100)

VII Politische und administrative Akten 1807 – 1829 (38 Kart.)

Lit.: Benigni, wie oben S. 53.

Berichte über den Janitscharenaufstand, 1807 – 1809 (Kart. 1 – 3)

VIII Politische und administrative Akten 1830 – 1865 (52 Kart.)

Lit.: Benigni a.a.O.

Korrespondenz mit dem Sultan, 1831 – 1840 (Kart. 20)

Verfolgung der katholischen Armenier in der Türkei, 1830 (Kart. 50)

Tunis 1725 – 1828 (2 Kart.)

Die Abteilung besteht aus Akten des Hofkriegsrats, des Spanischen Rates sowie aus der diplomatischen Korrespondenz der Reichs- und der Staatskanzlei.
Lit.: Bittner, *Gesamtinventar* Bd. 1, S. 584 – Benigni, *Botschaftsberichte über arabische Länder* S. 129.

Friedensvertrag zwischen Kaiser Karl VI. und dem Bey von Tunis, 1725 September 23 (Abschrift) – Tunesisches Schreiben (in arab. Sprache), 1726 April 13 (Orig.) – Weisung des Spanischen Rates an den Vizekönig von Sizilien, 1728 April 17 (Konz.) – Vizekönig von Sizilien an den Spanischen Rat, 1728 Februar 26 – Bericht des österreichischen Konsuls in Tunis Simone Pilarino an den Spanischen Rat und an den Hofkriegsrat, 1729 Februar 29 – Schreiben an den Pascha und den Senat von Tunis, 1731 März 10 (Konz.) (Kart. 1, Konv. 1725 – 1732)

Relation über die 1732/33 nach Wien entsandte tunesische Gesandtschaft, 1 Bd. – Diarium des Hofkriegsrats über den Aufenthalt des tunesischen Gesandten in Wien, 1732 Juni – 1733 April (ebd. Konv. 1732/33)

Akten über die Gesandtschaft des Jussuf Hozza aus Tunis, 1733 – Rekredentiale des Hofkriegsratspräsidenten für den tunesischen Gesandten, 1733 März 14 (Konz.) – Berichte des österreichischen Konsuls in Tunis Simone Pilarino an den Hofkriegsrat und Weisungen des Hofkriegsrats an ihn, 1733 Mai 30 – Juli 6 – Tunesische Schreiben (in arab. Sprache) samt Übersetzungen – Nota di quello da parte della corte Cesarea e Catholica si ha tratato e s'è convenuto col signore inviato della Reggenza del cantone di Tunesi Jussuff Choggia, s.d. (Kart. 2, Konv. 1733 – 1751)

Berichte Guglielmo Plowmanns aus Tunis, 1734 – Internuntius Penckler an Konsul Plowmann in Tunis, 1746 Februar 25 – Friedens- und Handelsvertrag zwischen Kaiser Franz I. Stephan und Tunis, 1748 Dezember 23 (ital. Abschrift) – Ricordi provisionali per il signore Kersch, consigliere di Sua Maestà Imperiale e suo console in Tunis, 1748 Dezember, Tunis – Hofkriegsratspräsident Graf von Harrach an den Senat von Tunis, 1748 (Konzept) – Bericht Richecourts an Kaiser Franz über den Abschluß des Vertrages mit Tunis, 1749 Jänner 19 (Abschrift) – Ratifikation des Vertrages mit Tunis durch Kaiser Franz I. Stephan und Kaiserin Maria Theresia, 1749 Februar 24 (Konzept) – Schreiben des Kaisers an den Bey von Tunis, 1750 Februar 22 (Konzept) – Berichte des Konsuls Josef Kersch aus Tunis an den Hofkriegsrat und an die Reichskanzlei, 1750 – 1751 – Mémoire touchant les ménaces des Tunisiens de rompre la paix conclu avec la régence de Toscane – Nota de presenti promessi il (!) Sr. Carlo d'Enghelbret Danese a sua eccellenza Ali Pascia Bey di Tunis per ottenere dal medesimo la pace per la Danimarca sulle condizioni che l'anno le potenze marittime, s.d., Progetto proposto dai commissarii Cesarei per la pace da stabilirsi fra le L.L.M.M. Imperiali e la Reggenza di Tunis, s.d., Osservazioni in consequenza dello stabilito trattato di pace fra sua Maestà Imperiale ed il regno di Tunis, s.d. (ebd.)

Berichte des Konsuls in Tunis Joseph Kersch an den Hofkriegsrat, 1752 – Notes sur les expéditions pour Tunis, 1757 – Schreiben des Beys von Tunis an Kaiser Franz I. Stephan, 1757 Ende April (Original, Übersetzung) – Korrespondenz der Reichskanzlei mit Kabinettssekretär Pfütschner, 1757 – Schreiben der Reichskanzlei an den Bey von Tunis wegen der Freilassung von drei Gefangenen, 1757 Juli 28 (Konzept) – Schreiben aus Tunis an den Hofkriegsratspräsidenten, 1757 August (Übersetzung) – Kredentiale der Reichskanzlei für Xavier Carlien, österreichischen Konsul in Tunis, 1757 Oktober 31 (Konzept) – Schreiben des Beglerbeg von Tunis an den Kaiser, 1759 Dezember (Übersetzung) – Notenwechsel der Reichskanzlei mit dem kaiserlichen Kabinettssekretär Pfütschner in tunesischen Angelegenheiten, 1760 Mai 7, 13, 16 (ebd., Konv. 1752 – 1782)

Konsulatsberichte und Weisungen Tunis betreffend, 1783, 1788 – Berichte des österreichischen Konsuls Nyssen aus Tunis, 1783, 1786, 1788 – 1791 – Promemoria sopra il commercio respettivo tra Tunesi e Trieste e gli altri porti austriaci sull' Adriatico, praes. 1793 Mai 12 – Weisungen der Staatskanzlei an den österreichischen Konsul Nyssen, 1794 – 1798 (ebd., Konv. 1783 – 1798)

Aktenstücke betreffend den angeblichen tunesischen Agenten Johann Schmiedel, 1821, Mai – Bittschrift des Francesco Serratti an den Kaiser in Angelegenheit seiner Forderung an Tunis (Kart. 2)

STAATSKANZLEI

Durch Verselbständigung der auswärtigen Abteilung der Österreichischen Hofkanzlei, die schon seit dem späten 17. Jahrhundert in Konkurrenz mit der Reichskanzlei um die Führung der auswärtigen Geschäfte am Kaiserhof stand und diese zur Zeit Kaiser Josephs I. für die Österreichische Monarchie besorgte, entstand 1742, zu einem Zeitpunkt, da es keinen Kaiser aus dem Hause Habsburg gab, der sich der Reichskanzlei zur Führung der auswärtigen Geschäfte bedienen konnte, die geheime Hof- und Staatskanzlei, die auch als Hauskanzlei der „selbstregierenden Königin-Erzherzogin" Maria Theresia fungierte. Die alte Registratur der Staatskanzlei übernahm die älteren Bestände der auswärtigen Politik, die bei der Österreichischen Hofkanzlei, beim Spanischen Rat und beim Hofkriegsrat, der bis 1753 für den diplomatischen Verkehr mit den islamischen Staaten zuständig war, entstanden waren. Diese alte und die jüngere Registratur der Staatskanzlei aus dem 19. Jahrhundert, in die auch Archivalien von Gesandten und Sonderdelegierten gelangt waren, wurden dem Haus-, Hof- und Staatsarchiv vom Ministerium des Äußern in der zweiten Hälfte des 19. Jahrhunderts übergeben.

Der Bestand Staatskanzlei umfaßt heute die Abteilungen Diplomatische Korrespondenz, Vorträge (Kanzlei- und Konferenzvoten), Friedensakten, Verträge betreffende Akten, Kongreßakten, Acta secreta, Interiora, Notenwechsel (mit anderen Zentralbehörden, Hofdiensten und Ordenskanzleien), Provinzen (mit Mittelbehörden in den Ländern), Wissenschaft und Kunst, Protokolle (Geschäftsbücher) sowie eine Patentsammlung, die landesfürstliche Erlässe enthält, die sich vielfach mit der politischen und wirtschaftlichen Seite der Abwehr der Osmanen von den österreichischen Erblanden im 16. – 18. Jahrhundert befassen.
Lit.: Bittner, *Gesamtinventar* Bd. 1, S. 401 – 442, 466 – 467

Diplomatische Korrespondenz

Im Gegensatz zu den Staatenabteilungen (Deutsche und Außerdeutsche Staaten), die aus Akten verschiedener Provenienz gebildet wurden, enthält diese Abteilung ausschließlich die diplomatische Korrespondenz der Staatskanzlei mit Territorien des Heiligen Römischen Reiches und Gliedstaaten des Deutschen Bundes vom 18. Jahrhundert bis etwa 1866, aber auch mit Belgien, Brasilien, Griechenland und den Niederlanden, ferner Extrakte für den Kaiser (aus den diplomatischen Berichten), Instruktionen für die diplomatischen Vertreter sowie die politische Berichterstattung der Konsulate, die zu dieser Zeit noch nicht der Staatskanzlei sondern der Hofkammer unterstanden.
Lit.: Bittner, *Gesamtinventar* Bd. 1, S. 416.

Deutsche Akten 1814 – 1848 (295 Kart.)

Der Bestand enthält den Aktennachlaß des als Department für die Bundestagsangelegenheiten fungierenden sogenannten Deutschen Büros der Staatskanzlei, vor allem die diplomatische Korrespondenz der Staatskanzlei mit den Zentralbehörden des Deutschen Bundes (Bundestag, Bundeszentralbehörde und Mainzer Zentralpolizei).

Miscellanea: Seeräuberei der Barbaresken, 1817, 1 Konv. (Kart. 247)

Konsulate 1776 – 1869 (53 Kart.)

Diese Abteilung umfaßt die Korrespondenz der Staatskanzlei mit Konsulaten, die aus der alten Registratur der Staatskanzlei und aus der politischen Sektion des Ministeriums des Äußern stammen.
Lit.: Bittner, *Gesamtinventar* Bd. 1, S. 416.

Aleppo: Weisung 1819, 1 Gesuch 1852, 2 Ber. 1859 (Kart. 1)

Alexandrien: Berichte, 1820, 1825 – 1834 – Weisungen 1827 – 1833 (ebd.) – Berichte 1838, 1840 – 1860 – Weisungen 1840 – 1846 – Varia 1817 – 1852 – Privatkorrespondenz des k.k. Gesandten in Khartum mit dem Konsul in Alexandrien, 1852 – 1854 (Kart. 3)

Algier: Berichte, 1839, 1847, 1860 – Varia 1842 (Kart. 3)

Beirut: Berichte 1846 – 1858 – Berichte an den Internuntius in Konstantinopel, 1850 – 1860 (Kart. 4)

Cherson: Berichte und Weisungen, 1785 – 1804 (Kart. 8)

China und Indien: Berichte und Weisungen, 1816 – 1822 (ebd.)

Damaskus: Berichte und Weisungen, 1853 – 1858 (Kart. 18)

Hongkong: Berichte und Weisungen, 1860 (Kart. 20)

Jerusalem: Berichte, 1853 – 1864 (ebd.)

Kairo: Beriche und Weisungen, 1810 – 1830 (Kart. 7)

Khartum: Berichte 1851 – 1856 (Kart. 8)

Konstantinopel: Berichte 1850 – 1858 (ebd.)

Larnaka: Berichte und Weisungen, 1856 – 1860 (Kart. 20)

Syra: Berichte und Weisungen, 1832 – 1860 (Kart. 35)

Smyrna: Berichte und Weisungen, 1845 – 1859 (ebd.)

Syrien: 1 Bericht 1853 (ebd.)

Tanger: Berichte und Weisungen, 1844 – 1860 (ebd.)

Trapezunt: Berichte und Weisungen, 1848 – 1860 (ebd.)

Tripolis: je 1 Bericht 1854, 1857 (Kart. 43)

Tunis: Berichte und Weisungen, 1833 – 1858 (ebd.)

Vorträge 1558 – 1868 (300 Kart.)

Diese Abteilung enthält nicht nur Vorträge der Staatskanzlei an den Kaiser aus den Jahren 1754 – 1847 sowie des Ministeriums des Äußern, vornehmlich in administrativen Angelegenheiten, aus den Jahren 1848 – 1868, sondern auch Sitzungsprotokolle und Voten älterer Ratsgremien wie des Geheimen Rates und der Geheimen Konferenz, verschiedener Hofkommissionen und Hofdeputationen aus den Jahren 1558 – 1753 in Angelegenheiten der auswärtigen Politik, soweit diese nicht bei den betreffenden Akten der Staatenabteilungen hinterlegt sind. Für die Zeit ab 1710 kann Afrika und Asien betreffendes Material aus den Protokollen der Staatskanzlei (s.u.) unter dem Namen der in Frage kommenden Länder, Orte oder Einzelpersonen ermittelt werden.
Lit.: Bittner, *Gesamtinventar* Bd. 1, S. 421 – 423.

Beispiel:
Vortrag des Staatskanzlers Fürst Kaunitz (mit Beilagen in georgischer Sprache) über die von zwei Kapuzinern übergebenen Schreiben des Königs Heraklius II. von Georgien, 1783 Juni 14, Wien (Kart. 137)

Detto, 1783 September 3, Wien (Kart. 138)
Lit.: Tabagua I.M., *Gruzija na meždunarodnoj arene vo vtoroj polovine XVIII v.*, Tiflis 1979, S. 65ff. und 82ff.

Friedensakten 1381 – 1860 (103 Kart.)

Diese Abteilung enthält Aktenmaterial der Österreichischen Hofkanzlei und der Staatskanzlei über den Abschluß von Waffenstillständen, Präliminarien, Friedensverträgen, über Kongresse und Konferenzen, Abschriften älterer Verträge sowie einen bis 1860 reichenden Anhang politischer und administrativer Akten des Ministeriums des Äußern zum gleichen Gegenstand.
Lit.: Bittner, *Gesamtinventar* Bd. 1, S. 435 – 438.

Georg IV. von Großbritannien: An act to regulate the trade of the British possessions abroad (Kart. 103, Varia 1813 – 1860)

Übereinkommen zwischen der k.k. österreichischen und der königlich großbritannischen Regierung bezüglich des unterseeischen Telegraphen Ragusa-Alexandrien, 1858 Dezember (Lithograph.) (ebd.)

Kongreßakten 1814 – 1822 (25 Kart.)

Der Bildung der Aktenreihe Monarchenkongresse und Ministerkonferenzen, die die Jahre 1814 – 1822 umfaßte, lag der Beschluß der Alliierten in Paris 1815 zugrunde, Originalakten und Originalprotokolle gemeinsamen Charakters des Wiener Kongresses im Archiv der Staatskanzlei in Wien zu hinterlegen. Das alte Archiv der Staatskanzlei übergab dem Haus-, Hof- und Staatsarchiv 1868 die Bestände der öster-

reichischen Kongreßkanzlei von 1814/15 und die einschlägigen Bestände der bis 1822 folgenden Ministerkonferenzen und Monarchenkongresse.
Lit.: Bittner, *Gesamtinventar* Bd. 1, S. 440.

Wiener Kongreß 1814/15:

Protokolle über die Spezialberatungen der Acht wegen Abschaffung des Negerhandels, 1815 Jänner 20 – Februar 8; Auszug aus dem Protokoll der Acht, 1815 Jänner 16; Berichte Binders an Metternich über die Sitzungen von 1815 Jänner 17, 21 (Kart. 5, alt Fz. 9)

Abschaffung des Negerhandels und Befreiung der Christensklaven, 1814 November 22 (Kart. 13, alt Frz. 24) – Sidney Smith an Metternich die Christensklaven betreffend, 1815 Jänner 14, s.d. (ebd.) – Lord Castlereaghs Propositionen über den Negerhandel, s.d. (ebd.) – Undatierte Petitionen zugunsten der Neger, Broschüre des Thomas Clark (ebd.).

Kongreß von Aachen 1818:

Barbaresken betreffend, s.d. (Kart. 18, alt Fz. 32, Varia)

Negerhandel, 1818 November 14, s.d.; Akten und Broschüren, Druckschriften (Kart. 18, alt Fz. 31, Akten VI)

Kongreß von Verona 1822:

Traite des nègres, colonies espagnoles en Amérique. Protokolle, 1822 November 24, 28 (Kart. 24, alt Fz. 44/V)

Interiora

Die Abteilung enthält Akten, die vorwiegend aus dem Geschäftsgang der Staatskanzlei und ihrer Departements stammen und die Betreffe Organisierung, Baulichkeiten, Hilfsämter, Archiv, Kassa- und Rechnungswesen, Orientalische Akademie, Zeremoniell, Zirkularien und Notifikationen, Interzepte, Korrespondenzen und Memoranden der Beamten, Personalia sowie Geheime Räte umfassen. Zeitlich reicht der Bestand vom 16. bis zur 2. Hälfte des 19. Jahrhunderts.
Lit.: Bittner, *Gesamtinventar* Bd. 1, S. 431 – 435.

Organisierung, Korrespondenz etc. 16. – 19. Jahrhundert (86 Kart.)

Gelder aus Konstantinopel, Barbaresken, Körener Vergütung, Kaufschilling des Trinitarier-Terrains in Pera, 1802 – 1808 (Kart. 49)

Memoire des Ingenieurs Rudolf Witsch über das Kolonialwesen, 1810 August 13 (Kart. 82, alt Fz. 103)

Seehandel in Ostindien und China, s.d. (ebd.)

Memoire Prokesch-Ostens über Ägypten, s.d. (Kart. 85)

Interzepte 1711 – 1848 (38 Kart.)

Interzepte die Türkei betreffend, 1840 (Kart. 28)

Notenwechsel

Der Bestand Notenwechsel umfaßt die Korrespondenz der Staatskanzlei, der auswärtigen Sektionen der Österreichischen und der Hofkanzlei und des Ministeriums des Äußern bis etwa 1870 mit anderen Wiener Zentralbehörden, Hofkanzleien, Hofstellen, Hofkommissionen, Ministerien, Hofämtern und Hofdiensten sowie Ordenskanzleien, soweit diese nicht in anderen Beständen erliegt. Ein für einen Aktenaustausch mit dem damaligen Archiv des k.u.k. Reichsfinanzministeriums 1871 zusammengestellter Aktenbestand über Finanzen und Handel wurde, da der geplante Tausch nicht zustande kam, dem Notenwechsel mit der Hofkammer angereiht.

Lit.: Bittner, *Gesamtinventar* Bd. 1, S. 423 – 427.

Notenwechsel mit dem Hofkriegsrat 1741 – 1868 (302 Kart.)

Kleinere militärische Betreffe 9: K.k. türkische Generalstabsschule in Wien, 1832 – 1859 (Kart. 295)

Notenwechsel mit der Hofkammer 1702 – 1860 (261 Kart.)

Österreichischer Lloyd, 1839 – 1847 (Kart. 231, Nr. 24)

Denkschrift über Hilfsmaßnahmen für die Kompanie von Ostende, s.d. (Kart. 234, Aufsätze über die Finanzen und den Handel Österreichs 1730 – 1762)

Gerard Aach an König Ferdinand I. über Handelsleute, die Handel von Ancona nach Alexandrien und in andere Orte der Ungläubigen treiben, 1552 Dezember 16 (Kart. 242, Handel 1552 – 1780)

Abregé du mémoire concernant les moyens de faire fleurir la compagnie impériale d'Orient, s.d. (1718) (ebd.)

Ragioni che assistono il progetto di una doppia compagnia imperiale reale di negozio: l'una per le Indie da fondarsi in Trieste, l'altra per Levante da stabilirsi in Messina, s.d. (ca. 1725) (ebd.)

Der französische Unternehmer Blanc de Favedie überreicht dem Hofkanzler Sinzendorf einen für den Kaiser bestimmten Plan über den Schwarzmeerhandel, 1727 Dezember 31, Wien (ebd.).

Johann Franz Thiel unterbreitet den Vorschlag, einen Handelsvertrag mit Rußland wegen des Handels auf dem Schwarzen Meer zu schließen, 1774 Mai 13, Preßburg (ebd.); Antwort Kaunitz' an Thiel, 1774 Mai 24 (Konzept) (ebd.).

Anonymus an Kaunitz, Vorschlag zur Errichtung eines Commerciums zwischen Istrien und Indien, 1780 Mai 29, Frankfurt (ebd.).

Akten über die unterseeische Telegraphenverbindung zwischen Ragusa und Alexandrien, 1854 – 1860 (Kart. 248, Telegraphie)

Suppliken Martin Bahrs um Ersatz der Reisekosten für Goldsuche in Ostindien, 1652 Februar 10, Juli 29, August 1, September 1 (Kart. 249, Gewerbe)

Anton Maria Salvatoris überreicht Kaiser Franz I. drei Sorten Samen mongolisch-chinesischen Weizens, 1820 Februar, St. Petersburg (ebd., Landwirtschaft)

Projekt des Obersten Mills für eine Kolonie in Madagaskar, 1761 Oktober (Kart. 251)

Vorschlag Josef Peregrin Perenwerths von Pernstein zur Vereinigung des österreichischen Land- und Seehandels, 1759 August 10, Niederdorf (betrifft Ägypten und den Vorderen Orient) (Kart. 258)

Reflexionen des Jakob d'Ahrens, k.k. Konsul in Cherson, über den zwischen Österreich und Rußland geschlossenen Handelsvertrag von 1785 November 1/12, 1792 April 10/21, Cherson (betrifft Sewastopol, Feodosia, Taganrog) (Kart. 259)

Entwurf eines Planes der neuen Handlungskompanie, welche dermal unter dem Namen „Freyherr von Frieß und Kompagnie" nach der Türkei und den benachbarten Ländern zu handeln unternommen hat, s.d. (Warensendungen aus der Monarchie in die Türkei und die benachbarten Länder des Orients) (ebd.).

Memorandum Baron Spielmanns: Mémoire du commerce des états de sa majesté impériale royale apostolique, s.d. (Handel mit Polen, Rußland, der Türkei und in der Levante) (ebd.).

Wissenschaft, Kunst und Literatur

16. – 19. Jahrhundert (15 Kart.)

In der alten Registratur der Staatskanzlei wurden Aktenstücke dieses Inhalts schon im 19. Jahrhundert zu den Sondergruppen Religion, Philosophie und Kirche, Rechts- und Staatswissenschaften, Volkswirtschaft und Politik, Geschichte, Genealogie und Heraldik, Geographie, Kartographie, Statistik, Länder- und Völkerkunde, Naturwissenschaften und Mathematik, Medizin und Sanitätswesen, Erziehung und Unterricht, Bildende Kunst, Archäologie und Kunstgewerbe, Dichtungen und Dichter, Musik, Theater, Zeitungen und Buchhandel zusammengefaßt. Außer aus den Beständen der alten Registratur der Staatskanzlei und ihrer Vorbehörden kam auch einiges Material im Haus-, Hof- und Staatsarchiv aus den aufgelösten Analecta Biographica zu diesem Bestand.
Lit.: Bittner, *Gesamtinventar* Bd. 1, S. 441.

P. Fridericus a Sancto Adamo O Carm., Supplik an den Kaiser für den Druck eines arabischen Wörterbuches zum Gebrauch der Missionare in Syrien, 1845 November 24, Wien; Eingabe des Genannten an Metternich, 1845 November 24, Wien; Kostenvoranschlag der Mechitaristendruckerei in Wien, 1824 November 24; Gutachten des Generalkonsuls in Syrien Adelburg, 1845 Dezember 22 (Kart. 1, Konv. 2)

Meninskisches Wörterbuch: Dekret an den morgenländischen Sprachendolmetsch Franz de Paula Klezl über die Verleihung einer Zulage anläßlich der Neuauflage des Meninskischen Wörterbuches, 1791 August 1, Wien (Konzept) (ebd.); Auftrag an die Eleven der k.k. Orientalischen Akademie Ignaz Stürmer, Joseph Zihrer und Matthäus Willershofen, die Bearbeitung des Meninskischen Wörterbuches betreffend, 1777 Juli 5 (Konz) (ebd.)

Mines de l'Orient exploitées par une societé d'amateurs à Vienne, 1809 (Druck) samt Zirkularweisung an die Konsulate von Travnik, Bukarest, Jassy, Livorno, Ragusa, 1809 Jänner 17 (Konzept) (ebd.)

Der Orientalist Preindl übersendet Kaunitz eine türkische Grammatik mit der Bitte um eine Aushilfe, 1787 Mai 14, Schleswig; derselbe sendet Kaunitz drei Exemplare seines „Essai sur une (!) grammaire turque", 1787 Mai 28, Schleswig (ebd.)

Asiatische Gesellschaft: Joseph von Hammer-Purgstall an Metternich über die Gründung einer Asiatischen Gesellschaft mit dem Sitz in Wien, 1845 März 15 (eigenhändig) (Kart. 5)

Marquis Prié berichtet an Kaunitz über den Plan Konstantinopels von Architekt Bourra, 1785 Oktober 7, Turin (ebd.)

Institut de l'Afrique, Abolition de la traite et de l'esclavage: Aufnahme des Franz von Menshengen als Institutsmitglied, 1851 November 15 (ebd.)

Protokolle (Geschäftsbücher) 1710 – 1847 (325 Bde)

Obwohl nicht alle in dieser Reihe aufgestellten Geschäftsbücher der Staatskanzlei und ihrer Vorgängerbehörde, der auswärtigen Abteilung der Österreichischen Hofkanzlei, als Protokolle im technischen Sinn, sondern viele von ihnen eher als Indizes anzusprechen sind, erhielt der Bestand doch die Sammelbezeichnung Protokolle. Diese haben auch in einigen Fällen, vor allem im Falle der Staats- und Extraordinari-Protokolle, den Charakter von Kopialbüchern, da sie den Auslauf abschriftlich enthalten. Einschlägiges Material muß unter den Namen der betreffenden Länder und Orte herausgesucht werden.
Lit.: Bittner, *Gesamtinventar* Bd. 1, S. 466 – 467 – Ruwet (wie oben S. 36) S. 114 ff. (enthält v.a. Hinweise auf den Handel mit Indien)

Indizes, 1710 – 1847, 160 Bände (darunter Staats- und Extraordinari Protokolle mit Indizes und Abschrift des Auslaufs, 1710 – 1730; kleine Staatsprotokolle: Indizes mit Auszügen des Auslaufes, 1731 – 1767; Indizes des Auslaufes und Einlaufes, 1768 – 1847; seit 1830 werden in diesen Indizes nur die administrativen, nicht aber die politischen Gegenstände erfaßt, für die seit 1809 eigene politische Indizes geführt werden).
Politische Indizes 1809 – 1847, 35 Bände (bis 1830 sind die Indizes der Staatskanzlei [s.o.] heranzuziehen)
Index zu den Vorträgen der Staatskanzlei 1752 – 1768 (1 Band)

Politische Protokolle 1805 – 1847 (52 Einheiten: Berichte, Weisungen, Nr. 13 – 40 Staaten A – W, Nr. 48 Vorträge 1806 – 1847)

ÖSTERREICHISCHE GEHEIME STAATSREGISTRATUR

Als diplomatisch-publizistische Kollektion bezeichnet, erschien diese, von dem Sekretär Johann Christoph von Abele angelegte, die Zeit von 1670 – 80 aber auch ältere Akten des 17. Jahrhunderts umfassende Spezialregistratur diplomatischer Akten der Österreichischen Hofkanzlei schon 1780 unter den Beständen des Geheimen Hausarchivs. Sie wurde Mitte des 19. Jahrhunderts im Haus-, Hof- und Staatsarchiv bis auf einen kleinen Rest aufgelöst und in andere Bestände eingelegt, 1920/21 aber rekonstruiert und neu aufgestellt.
Lit.: Bittner, Band 1, S. 395 – 398 – Groß L., Der Kampf zwischen Reichshofkanzlei und Österreichischer Hofkanzlei um die Führung der auswärtigen Geschäfte, *Historische Vierteljahresschrift 22,* 1924/25, S. 279 – 312.

Relation wegen der 1688 geschehenen Absetzung des türkischen Kaisers, Fz. XII, pars 11 Nr. 1, 4, 10 / Zeitungen aus Konstantinopel über einen Aufstand der Janitscharen und Spahis 1688 März 8 und April 7, Fz. XVII, pars 11, Nr. 9 (Kart. 20)

Der kaiserliche Gesandte in Den Haag, Kramprich, übersendet dem Kaiser Pässe für Karmeliten, die nach Malabar gehen, 1675 Oktober 14 (Beilage: Paß, 1675 Oktober 10) Fz. XXIX pars 2, Nr. 240,241 (Kart. 34)
Lit.: Lacko wie oben S. 31.

POLITISCHES ARCHIV (PA)

Entsprechend der Gliederung des Ministeriums des k.u.k. Hauses und des Äußern in politische Sektionen und administrative Departements besteht der Aktennachlaß des Ministeriums aus dem Politischen Archiv, das zeitlich von 1848 – 1918 reicht, und der Administrativen Registratur. Das Politische Archiv, das die dipolomatische Korrespondenz des Ministeriums, Vorträge und allerhöchste Handschreiben, Notenwechsel mit Zentral- und Mittelbehörden, die Protokolle des gemeinsamen Ministerrates sowie Nachlässe von Ministern und Beamten, aber auch Teile von Gesandtschaftsarchiven umfaßt, ist in 40 Abteilungen gegliedert: I Allgemeines (Politische Indizes, Geheimakten und geheime Verträge, Akten des Kabinetts des Ministers, Generalia, Krieg 1914 – 1918, Farbbücher), II – XXXVII, XXXIX Staaten, XXXVIII Konsulate (politische Korrespondenz mit den Konsulaten), XL Interna (Vorträge und allerhöchste Handschreiben, Notenwechsel mit Zentral- und Mittelbehörden, Protokolle des gemeinsamen Ministerrates, Nachlässe von Ministerien und Beamten).
Lit.: Wiedermayer R.: Geschäftsgang des k. und k. Ministeriums des Äußern 1908 – 1918. Mit einer Einführung und einem Schlußwort von Ludwig Bittner, *Archivalische Zeitschrift* 40, 1931, S. 131 – 152 – Österreich-Ungarns Außenpolitik von der bosnischen Krise 1908 bis zum Kriegsausbruch 1914. Diplomatische Aktenstücke des österreichisch-ungarischen Ministeriums des Äußern, hg. von Bittner L. und Übersberger H., *Veröffentlichungen der Kommission für neuere Geschichte Österreichs* 14 – 23, Wien 1930 – Bittner L., *Gesamtinventar* Bd. 1, S. 442 – 451 – Stropp R., Die Akten des k.u.k. Ministeriums des Äußern 1848 – 1918, *MÖStA* 20, 1967, S. 389 – 506 – Benigni, *Botschaftsberichte* S. 83 – 127 – Benna A.H., Quellen zur Geschichte der Beziehungen Österreich-Ungarns zu Siam im Haus-, Hof- und Staatsarchiv Wien, *MÖStA* 28, 1975, S. 115 – 140.

I Allgemeines (1115 Bde u. Kart.)

1. Behelfe

Politische Indizes 1848 – 1918 (Bd. 6 – 131)
In diesen zeitgenössischen Kanzleibüchern ist das gesamte diplomatische Schriftgut der Zeit, soweit es sich auf den Schriftverkehr des Ministeriums des Äußern bezieht, jahrweise nach Schlagworten (Länder- und Personennamen) erfaßt.

2. Geheime Akten 1873 – 1918 (73 Kart.)

Protokoll und Verzeichnis der Geheimen Akten 1873 – 1918 (Bd. 448 und 450)

Kopien der Geheimen Verträge 1873 – 1918 (Bd. 450a)
Enthält u.a. Kopien des dritten bis fünften Dreibundvertrags zwischen dem Deutschen Reich, Österreich-Ungarn und Italien 1891 – 1912, deren Art. V – X die ottomanischen Küsten, die ägyptische Frage und Nordafrika betreffen.
Lit.: *Die politischen Geheimverträge Österreich-Ungarns 1879 – 1914.* Nach den Akten des Wiener Staatsarchivs hg. und bearb. v. Pribram A.F., Bd. 1/1, Wien 1920 Nrr. 15,

22, 25 – Fellner F., *Der Dreibund. Europäische Diplomatie vor dem Ersten Weltkrieg.* Wien 1960, S. 40, 48ff., 79, 91 – 94.

Entrevue zwischen Frh. von Haymerle und Bismarck in Friedrichsruh in Angelegenheit einer eventuellen Verständigung mit Rußland in der Orientalischen Frage, 1880 August – 1881 Jänner (Kart. 454, Liasse III)

Verhandlungen über ein Bündnis zwischen Österreich-Ungarn, Deutschland und der Türkei, 1882 Jänner – April (Kart. 458, Liasse VIIIa) – Accord à trois zwischen Österreich-Ungarn, England und Italien unter Heranziehung der Türkei, 1887 – 1888 (ebd., Liasse VIIIb)

Verhandlungen mit England über Österreich-Ungarns Beitritt zum englisch-italienischen Abkommen vom 12. Februar 1887 die Mittelmeerstaaten betreffend (Notiz über eine englisch-italienische Abmachung Marokko betreffend), 1887 (Kart. 461, Liasse XIV)

Das Verhältnis zwischen England und Italien, 1888 – 1898 (Notiz über eine englisch-italienische Abmachung über Marokko) (ebd., Liasse XXIV)
Frage der Gültigkeit und der Erneuerung des im Jahre 1887 geschlossenen Accord à trois, 1890 – 1896 (ebd., Liasse XXVa)

Verhandlungen mit England im Anschluß an die Punktationen von Dezember 1887 (Kart. 462, Liasse XXVb)
Verhandlungen betreffend die Erneuerung des Accord à trois von 1887, 1895 – 1896 (ebd., Liasse XXVc)

Italienisch-spanische Verhandlungen, 1886 – 1887, 1891: a) Verhandlungen bis zum Notenaustausch Mai 1887 b) Erneuerung des italienisch-spanischen Übereinkommens vom 4. Mai 1887 durch den italienisch-spanischen Notenaustausch Mai 1891, 1890 – 1891 (betreffend den status quo in Marokko) (Kart. 463, Liasse XVI)
Italienisch-spanische Verhandlungen über Marokko, 1894 – 1896 (ebd., Liasse XXVI)

Ladislaus Frh. von Hengelmüllers Ablehnung durch die japanische Regierung, 1892 November (Kart. 467, Liasse XXc)

Mémoire des Frh. von Teschenburg über die Orientpolitik Österreich-Ungarns, 1884 Juli (Kart. 469, Liasse XXIII)

Mémoire des Kronprinzen Rudolf über die Orientalische Frage 1885 Dezember (ebd.)
Dreibunderneuerung, 1890 – 96 (Kart. 470, Liasse XXVIII)
Lit.: Pribram a.a.O. Nr. 15.

Verhandlungen mit Italien über Tunis und Tripolis, 1890 Juli – August (Kart. 471, Liasse XXIX)

Aufzeichnungen über Unterredungen des Ministers Gołuchowski: Unterredung mit dem russischen Minister Lobanov (betr. Türkei, Ägypten), 1896 August (Kart. 476, Liasse XXXIII/12) – Unterredung Gołuchowskis mit Sir Frank Lascelles, englischem Botschafter in Berlin, 1896 Mai Berlin (betr. die Bereitwilligkeit Salisburys zur Beilegung der durch die Transvaal-Affäre eingetretenen Spannungen zwischen Eng-

land und Deutschland (ebd. Nr. 10) – Mitteilung des Grafen Eulenburg über eine Unterredung mit dem russischen Minister Lobanov in Wien, August 1896 (betreffend Suezkanal und Dardanellenfrage) (ebd. Nr. 13) – Unterredung Gołuchowskis mit Sir Philipp Currie, englischem Botschafter in Konstantinopel (betreffend die englische Politik gegenüber der Türkei, Meerengenfrage und Ägypten) 1896 September 3, Wien (ebd. Nr. 14a) – Unterredungen Gołuchowskis mit Kaiser Wilhelm II. (betr. Ägypten, Meerengenfrage, Türkei) 1896 Jänner 16 – 19 (ebd. Nr. 15) – Unterredung Gołuchowskis mit Kardinal Kopp, Bischof von Breslau, über das coenaculum in Jerusalem, 1898 März 26, Wien (ebd. Nr. 18)
Unterredung Gołuchowskis mit Kaiser Wilhelm II. über die Lage der Türkei, 1903 September, Berlin (Kart. 477, Liasse XXXIII Nr. 27) – Unterredung Gołuchowskis mit dem französischen Minister Rouvier (betreffend den Vorschlag Deutschlands, eine Konferenz zur Klärung der marokkanischen Angelegenheiten einzuberufen) 1905 Juli 6, Paris (ebd. Nr. 32) – Ein von König Oskar II. von Schweden dem Sultan angetragenes Defensivbündis gegen das in ostasiatische Kriege verwickelte Rußland, 1904 November (ebd. Nr. 33)
Periodische Darstellungen über den Verlauf des russisch-japanischen Krieges, mitgeteilt vom Chef des Generalstabes, 1904 – 1906 (Kart. 478, Liasse XXXIII Nr. 34) – Sammlung der „Aufzeichnungen der Unterredungen des Ministers Gołuchowski" (Verzeichnis), 1895 Mai – 1906 Oktober (ebd. Nr. 39)

Erneuerung des Dreibundes zwischen dem Deutschen Reich, Italien und Österreich-Ungarn, 1902 Juni 28 (Kart. 480) – Stillschweigende Erneuerung des Dreibundvertrages bis 1914, 1905-1907 (Kart. 481) – Protokoll über die fortlaufende Gültigkeit des Dreibundvertrages, 1902 (ebd.)
Lit.: Pribram a.a.O. Nr. 22, 25a.

Unterredung zwischen dem russischen Minister Izvolskij und dem italienischen Minister Tittoni in Racconigi (betreffend den Nahen Osten, Tripolis, die Meerengenfrage), 1909 Racconigi (Kart. 481, Liasse XXXV)

Aufzeichnungen über Unterredungen des Ministers Aehrenthal in St. Petersburg und Berlin 1906: Unterredung Aehrenthals mit Izvolskij betreffend Bemühungen, mit England zu einer Verständigung über Mittelasien zu gelangen, 1906 November 7, St. Petersburg (Kart. 483, Liasse XXXVII); Instruktion für Graf Berchtold über Grundsätze der k.u.k. Politik gegenüber der Türkei und den Balkanländern, dem Nahen Osten und dem Orient, 1907 März 6 (ebd.)

Verhandlungen mit Rußland über die Frage des Fortbestandes der entente à trois von 1897 (betreffend die asiatische Frage), 1908 Mai – September, und Aufzeichnungen über die Unterredung zwischen Izvolskij und Aehrenthal auf Schloß Buchlau (Mähren) vom 16. September 1908 (betreffend territoriale Erwerbungen Rußlands in und um Konstantinopel, Durchfahrt durch die Meerengen, Schiffsbauten auf dem Schwarzen Meer, Meerengenfrage, englisches Anerbieten der Ausdehnung des Accords über Persien auf den Persischen Golf, Deutschland und die Marokkofrage) s.d. (ebd.)
Mémoire des Gesandten Musulin über die Beziehungen zwischen Österreich-Ungarn und Rußland (betrifft die russische Politik der Verständigung mit England über die

zentral- und ostasiatischen russischen Interessen sowie Italiens Tripolisaktion), 1911 Dezember 12 (ebd.)
Briefwechsel zwischen dem Minister des Äußern Aehrenthal und den deutschen Reichskanzlern Bülow, 1907-1909, und Bethmann-Hollweg, 1909-1911: Aehrenthal an Bülow über den bevorstehenden Abschluß des englisch-russischen Vertrages (Persien und die Bagdadbahn betreffend), 1907 August 2 (Kart. 484, Liasse XXXVIII Nr. 2) – Aehrenthal an Bülow über seine Begegnung mit Izvolskij (dessen Pläne die Meerengen betreffend), 1907 Oktober 31 (ebd. Nr. 4) – Bülow an Aehrenthal über die Justizreform in der Türkei und über die Meerengenfrage, 1907 Dezember 8 (ebd. Nr. 8) – Bülow an Aehrenthal über das deutsche Einverständnis mit dem Vorgehen Österreich-Ungarns gegen Rußland und die Türkei, 1909 Jänner (ebd. Nr. 15) – Bethmann-Hollweg an Aehrenthal betreffend den Gedankenaustausch mit England über Fragen des Orients sowie die Wahrung der deutschen Interessen in Persien, 1910 November 14 (ebd.)
Vertrauliche Anfrage Kaiser Wilhelms II. bezüglich der in der Schiedsfrage zwischen der Ottomannischen Regierung und der Orientbahnengesellschaft zu ernennenden Schiedsrichter, 1907 Juli (Kart. 487, Liasse XL Nr. 2) – Instruktion für den neuernannten Botschafter in Tokio v. Call über das falsche Gerücht einer Allianz zwischen Österreich-Ungarn und Japan, 1909 Jänner 12 (ebd. Nr. 12)

Aufzeichnung einer Unterredung mit dem deutschen Botschafter Tschirschky über die deutsche Haltung gegenüber der Türkei, 1910 Juni 10 (Kart. 488, Liasse XL Nr. 31a).
Erneuerung des Dreibundvertrages zwischen dem Deutschen Reich, Italien und Österreich-Ungarn, 1911 – 1912 (Kart. 490, 491 Liasse, XLIIIa)
Lit.: Pribram a.a.O.Nr. 25a.
Instruktion für den nach Tokio als k.u.k. Botschafter entsandten Freih. v. Müller, 1912 Juli 31 (Kart. 492, Liasse XLIV Nr. 8)

3. *Nachlaß Rechberg* 1859 – 1864 (9 Kart.)

Korrespondenz Rechbergs mit Prokesch-Osten (betreffend türkische Innenpolitik) 1858, 1859, 1860 – 1861, 1864 – 1865 (Kart. 526) – Orientalische Frage (u.a. Aphoristische Bemerkungen über Österreichs Stellung zur Orientalischen Frage von einem Anonymus), 1862 September (ebd.)
Rundschreiben des Rabbiner-Kollegiums und des Vorstandes der österreichischen Judengemeinde in Palästina an ihre Glaubensbrüder in Europa, 1859 Mai 5 (Kart. 532)

4. *Botschaftsarchiv Berlin* 1878 – 1918 (3 Kart.)

Dreibundvertrag (Art. VII status quo im Orient, VIII Ägypten, IX Cyrenaika und Tripolis, X Afrika betreffend), 1891 Mai 6, Berlin (Kart. 534)
Lit.: Pribram a.a.O. Nr. 15
Geheime Korrespondenzen über die deutsch-italienischen Verhandlungen 1879 – 1888 (betreffend Orient und Sultan) (ebd.)

5. *Präsidialakten und Präsidialbüro* 1868 – 1918 (46 Bde und Kart.)

Protest der persischen Kolonie in Konstantinopel wegen der Vorgänge in Persien, 1911 – 1912 (Kart. 580, CdM 45/12 Delegationen 1911/12)

6. *Kabinett des Ministers (CdM)* 1895 – 1918 (93 Bde und Kart.)

Die Akten des Kabinetts der Minister des Äußern von Gołuchowski bis Flotow wurden nach folgenden Gruppen hinterlegt: I Minister des Äußern (Beileidkundgebungen, Glückwünsche von und an fremde Höfe etc), II Minister des Äußern (Personalia), III Gemeinsamer Ministerrat, IV Delegationen, V Staatsrechtliche Fragen, VI Ernennung gemeinsamer Minister, VII Politische Mitteilungen an gemeinsame Behörden, VIII Interne Regierungsangelegenheiten, IX Personalia, XI Militaria, XII Finanzen, XIII Ecclesiastica, XIV Diverse Angelegenheiten 1914 – 1918, XV Vorschreiben, XVI Eingesendete Werke. Die Gruppenbezeichnungen sind jeweils in den Indizes (PA I 585/86) ausgeworfen und in den Protokollen (PA I 587 – 594) neben den Aktenzahlen vermerkt.

Heranziehung österreichisch-ungarischer Offiziere in Syrien und Kleinasien (Kart. 597, I/1/d-94)

Interesse des Thronfolgers Erzherzog Franz Ferdinand für die Spitäler in Alexandrien und Nazareth (Kart. 597, I/1/d-94 und Kart. 598, I/1/d-104)

Studium des türkischen Prinzen Faruk Omer im Wiener Theresianum und Audienz bei Kaiser Franz Joseph (Kart. 598, I/a/d-125)

Mitteilung über eine Unterredung Kaiser Wilhelms II. mit dem russischen Außenminister Muraviev zum status quo in der Türkei (Kart. 599, I/1/d-5)

Glückwünsche an den japanischen Kaiser anläßlich des Friedensschlusses mit Rußland (Kart. 601, I/2/a-7)

Kondolenzen zum Ableben von Schah Mozaffar od-Din von Persien (Kart. 602, I/2/b-23) – Ableben des Regenten von Persien (ebd. I/2/b-54) – Kondolenz zum Ableben König Chulalongkorns von Siam (ebd. I/2/b-57) – Broschüre Ali Fahmy Mohameds zur ägyptischen Frage (ebd. I/2/b-58) – Ableben des japanischen Kaisers Mutsuhito (ebd. I/2/b-63)

Einsendung von japanischen Schlachtenbildern durch den k.u.k. Gesandten in Tokio (Kart. 605, I/2/d-71)

Attentate auf den Sultan in Konstantinopel und auf Schah Mohammed Ali von Persien, 1908 Februar (Kart. 606, I/2/d-83)

Bitte Prinz Ahmed Fuads um eine Fotografie Kaiser Franz Josephs (ebd. I/2/d-105) – Dank des persischen Schah für die Bewachung anläßlich seines Aufenthalts in Österreich (ebd. I/2/d-110) – Erkrankung des japanischen Kaisers Mutsuhito (ebd. I/2/d-111) – Rückkehr der ägyptischen Prinzessin Djavidine, Gemahlin des Khediven, nach Ägypten (ebd. I/2/d-117) – Glückwünsche anläßlich eines mißglückten Attentats auf Abbas II., Khediven von Ägypten (ebd. I/2/d-121)

Besuch des Jerusalemer Deputierten El Yussuf Zia Khaliday beim Minister des Äußern (Kart. 607, II/b-2/6) – Besuch des siamesischen Ministers Nond Phya Buri beim Minister des Äußern (ebd. II/b-2/7) – Besuch des koreanischen Gesandten Min Chul Hun beim Minister des Äußern (ebd. II/b-2/25) – Eintreffen und Besuch des chinesischen Ministers Tai Tschang (ebd. II/b-2/32)

Publikation des japanischen Gesandtschaftssekretärs Riotario Hata (Kart. 608, II/c-3/7) – Publikation Rudolf Slatins „Feuer und Schwert im Sudan" (ebd. II/c-3/22)

Beisetzung der Gebeine Annas von Antiochien (gest. 1141), Gemahlin Belas II. von Ungarn (Kart. 609, II/c-5/22) – Ausstellung der Ephesus-Funde (ebd. II/c-5/34)

Broschüre über die österr.-ung. Colonial-Gesellschaft (Kart. 611, II/a-3/53)

Geschenk einer Vase an den Minister des Äußern durch den Prinzen Schün (Kart. 613-II/f-25)

Vortrag des k.u.k. Vizekonsuls Ludwig Ernst über das Settlement von Tientsin (Kart. 614, II/f-5/2)

Beileid anläßlich einer Naturkatastrophe in Japan (Kart. 616, II/i-4/36)

Vortrag des k.u.k. Gesandten Dr. Arthur Rosthorn über die wirtschaftliche Entwicklung Chinas (Kart. 617, II/i-5/33) – Entsendung des chinesischen Spezialgesandten Tang Chao (ebd. II/l-2/18) – Einladung zu einer Ausstellung türkischer Bilder in Wien (Kart. 620, II/s-5/3)

Blutige Unruhen in Kleinasien (Kart. 631, VII/a-o)

Kolischer Khan (Kart. 633, VIII/a-1/13) – Interpellation wegen Errichtung eines Konsulats in Beirut (ebd. VIII/9-1/10) – Interpellation Dr. Adlers und Genossen anläßlich des italienisch-türkischen Krieges (ebd. VIII/a-13/8) – Interpellation Breitners und Genossen wegen Tripolis (ebd. VIII/a-17/8)

Interpellation über die Vorgänge in China und die Erwerbung eines Terrains in Tientsin (Kart. 634, VII/b-7/1)

Interpellation Apponyis angesichts der Lage im Orient (Kart. 635, VIII/b-2/10) – Vorgänge im Orient (ebd. VIII/b-2/11) – Interpellation des Majors Franz wegen einer angeblichen Aktion Österreich-Ungarns in China (ebd. VIII/b-2/16)

Akten über den provisorischen Honorarbeamten in Tientsin Franz Künzel (Kart. 643, IX/e-49)

Expedition des k.u.k. Legationsrates Rakovsky nach Afghanistan (Kart. 644, IX/b-39)

Berufung des Orientalisten Ignaz Goldzieher an die arabische Universität in Kairo (Kart. 646, IX/f-36) – Aufnahme der Söhne des Maharadschas von Kapurthala in das Wiener Theresianum ab 1904 (ebd. IX/f-72) – Vorlage eines Schreibens Kaiser Meneliks und des Auszugs eines Schreibens Hagop M. Baghdassarians (ebd. IX/f-87)

Bitte des chinesischen Ministers Tai Tschang um Wiederverwendung in Wien (Kart. 647, IX/f-11)

Graf Mirbach über die Besetzung der Konsulate in Abessinien (Kart. 650, IX/f-424)

Bitte des Pascha Abdurrahman um Aufnahme seines Sohnes in das Theresianum (Kart. 652. IX/f-728) – Brief des siamesischen Gesandten Phya Visula Kosa an den k.u.k. Minister des Äußern (Kart. 654, IX/k-23)

Übersendung eines Souvenirs durch den chinesischen Gesandten Lei Pon Tong anläßlich seines Abgangs aus Wien an den k.u.k. Minister des Äußern Graf Aehrenthal (Kart. 655/IX-k-76)

Korrespondenz anläßlich des Krieges in Südafrika (Kart. 656, XI/24) – Korrespondenz über Unruhen in China (ebd. XI/25)

Frage der Zulassung des ägyptischen Majors Khalaf Khairy Efendi zu den k.u.k. Manövern (Kart. 657, XI/29) – Militärische Beendigung des südafrikanischen Krieges (ebd. XI/34)

Erbauung einer Moschee in Wien (Kart. 659, XIII/29)

Empfehlungsschreiben für die Reisen Prof. Skalas nach Sibirien und in den Kaukasus (Kart. 660, XIV/22/7)

Reise des Grafen Eduard von Wickenburg nach Abessinien (Kart. 661, XIV/104) – Besuch einer abessinischen Mission in Berndorf (ebd., XIV/112) – Projekt der Gründung einer österreichischen Überseebank in China (ebd. XIV/119) – Notiz über das österreichisch-ungarische Pilgerhaus in Jerusalem für Erzherzog Franz Ferdinand (ebd. XIV/121)

Schreiben der Congo Reform Association an den k.u.k. Minister des Äußern (Kart. 662, XIV/208) – Chinesische Studienmission in Wien (ebd. XIV/192)

Herausgabe des Werkes „The Osaka Mainichi Shimbun" durch Watanabe (Kart. 664, XIV/317)

Bericht über die Fortschritte des Prinzen Omer Faruk Efendi am Wiener Theresianum (ebd. XIV/352) – Erdbebenkatastrophe in den Dardanellen und am Marmarameer (ebd. XIV/353) – Übersendung eines Prospekts für Minenkonzessionen in Südanatolien an Baron Louis de Rothschild (ebd. XIV/379)

Werk über Anna von Antiochien (Kart. 671, XVI/16)

Ode des persischen Gesandten Khan Mirka Riza auf die Haager Friedenskonferenz (Kart. 672, XVI/96) – Kaukasus-Werk Moritz von Dechys (ebd. XVI/161) – Studie Hesse-Warteggs über Korea (ebd. XVI/98) – Ludwig Mahlers Amharische Grammatik (ebd. XVI/151) – Studie Dr. August Fischers über die modernen Kolonialstaaten und ihren Besitzstand (Kart. 673, XVI/235) – Studie Dokuritsu Burgakkais über „The New School of Japan" (ebd. XVI/240) – Geschichte des österreichischen Lloyd anläßlich des 75jährigen Bestehens (ebd. XVI/253)

Werk des japanischen Konsuls in Budapest, Pallotay, über die Volkswirtschaft Japans (Kart. 673, XVI/227)

Werk des Leipziger Bürgermeisters Georgi zur Geschichte des Suezkanals (Kart. 674, XVI/307)

Broschüre Dr. M. Rifats über den Nationalismus in Ägypten (Kart. 675, XVI/459)

Bericht Prof. Rudolf Launs über die Internationalisierung der Meerengen und Kanäle (Kart. 677/XVI/574)

7. *Varia Generalia* 1848 – 1918 (12 Bde und Kart.)

Protokoll, 1886 – 1899 (Nr. 678). Die Varia Generalia ab 1900 sind in den Protokollen der Inneren Behörden PA XL Nr. 26 ff verzeichnet.
Aktenstücke über die Frage der Meerengen und Rußland, über den Libanon und über die Armenische Frage, 1886; Eingabe der Association patriotique armenienne, 1886 Mai 1, London (Kart. 683)

Korrespondenz Eduard Glasers mit dem Ministerium des Äußern über seine Entdeckung des biblischen Goldlandes Ophir und dessen Erwerbung als Kolonie durch Österreich-Ungarn, 1889 März 25, April 30 (Kart. 684) – Korrespondenz des Ministers Gołuchowski mit armenischen Delegierten in London, 1890 April 2, 15 (ebd.) – Schreiben des Dr. Wilhelm über das Scheitern der Freiland-Expedition (Ostafrika) und über das Vorgehen des englischen Generalkonsuls in Sansibar, Hardinge, 1894 August 5 Wien (ebd.).

Aktenstücke die Armenische Frage betreffend, 1895; Eingabe des Prinzen Guy de Lusignan mit der Aufforderung an alle Regierungen, in der Armenischen Frage einzugreifen, 1899; Memorandum des Armenischen Komitees in Alexandrien wegen Erörterung der Armenischen Frage auf der Haager Friedenskonferenz, 1899 Mai 21 (Kart. 685) – Auszug aus einem Schreiben des Missionars Joseph Freinadametz über die Erwerbung des Seehafens von Tsingkou an der nördlichen Grenze der Provinz Kangsu in China durch Österreich-Ungarn und die Ansiedlung von Österreichern im Inneren des Landes, 1899 (ebd.).

Varia ecclesiastica, 1914 – 1918 (Kapuziner in Erzurum 1915, Katholische Maroniten im Libanon 1916, Dominikaner in Mossul 1917, Mechitaristen in Aleppo 1918) (Kart. 690)

8. *Generalia* 1907 – 1918 (83 Kart.)

Zeitungs-Abonnements für die Österreichische Orient- und Überseegesellschaft (Orient-Sektion des Österreichischen Handelsministeriums), 1918 (Kart. 709)
Kultusprotektorat:

Ausübung unseres Kultusprotektorates und Subventionierung diverser Anstalten und Personen im Ausland, 1912 – 1918:

1. Prinzipielles 1912 – 1918; 2. Vorträge an den Kaiser über Subventionierungen 1912 – 1918 (Kart. 710); 3. Zusammenstellungen über die Kultusprotektorats-Budgets 1912 – 1917: Monatssubventionen 1912 Juni – Dezember (Kart. 711) – Monatssubventionen 1912 – 1918 (Kart. 712 – 717)

4. Kleinere Kultusauslagen 1912 – 1919 (Kart. 718)

5. Lehrmittel für die Kultusprotektoratsanstalten 1912/13 – 1917/18 (Kart. 719 – 723)

6. Maria Empfängnisverein 1912 – 1918 (Kart. 724)

8. Fahrpreisbegünstigungen 1912 – 1916 (Kart. 725)

9. Inspizierung unserer Schulen im Orient 1912 – 1918 (ebd.)
Einzelne Anstalten (nach Orten A – Z):

Adalia, Ildadié – Schule – Adampol, Schul- und Kirchenbau – Adana – Aidin, Mechitaristenschule 1915 – Alexandrien, österreichisch-ungarische Schule (Kart. 726)

Beirut: 1. Delogierung österreichischer Kapuziner in das französische Kapuzinerkloster – 2. Durchsuchung des Kapuzinerklosters von türkischer Seite, 1916 November (Kart. 727)

Burnabat, französisches Kloster und Schule; österreichisch-ungarische Wohlfahrtsanstalten (Kart. 728)

Kairo: 1. Zentralafrikanische Mission 1912 – 1918 – 2. Oberägyptische Franziskanermission – 3. Kopten in Ägypten 1912 – 1914 – 4. Missionsstationen der zentralafrikanischen Mission in Nigeria und am Tschadsee, 1913 – 1914 (Kart. 730)

Damaskus: katholische Pfarre 1912 (Kart. 735)

Gaza: Katholische Mission 1914 – 1918 (Kart. 736)

Ismid: Entsendung eines Priesters nach Ismid 1916 – 1917 – Jerusalem: 1. Rosenkranz-Schwestern 1913 – 2. Franziskanerkloster 1915 – 1916 – 3. Wunsch Ungarns nach Erwerb eines Hospizes 1917 – 1918 – Karmel: Karmelitenkloster 1915 – 1917 – Kerasunt: Kirchenbau 1913 – 1914 – Konya (Kart. 737)

Magnesia: 1. Franziskanerhospiz 1912 – 2. Beabsichtigte französische Schulgründung 1913 – 1918 – Nazareth: österreichisch-ungarisches Hospiz der Barmherzigen Brüder 1914 (Kart. 738)

Pancaldi: Mechitaristenkloster 1912 – 1913 (Kart. 739)

Samsun: St. Michael 1916 – 1918 (Kart. 744)

Smyrna: 1. Mechitaristen-Schule 1912 – 1918 – 3. Kirche St. Maria 1913 – 1918 – 4. Grundsätze für die Anwendung des Schutzrechts Österreich-Ungarns in Kleinasien 1913 – 1915 – 5. Dames de Sion 1915 – 1918 – 6. Slawisch-orthodoxes Kloster 1915 – 7. Schule M. Issaverden in Kair Tasch 1916 – 1918 – 8. St. Antons-Spital – 9. Kaiserbilder für Smyrna 1916 – 10. Inspizierung durch P. Pöllinger 1917 – 11. Petites soeurs des pauvres in Smyrna – 12. Zusammenfassende Darstellung über unser Schulwesen in Smyrna 1918 (Kart. 748)

Smyrna: 2. Franziskanerkloster und Schulen (Kart. 749/50)

Tantur: Malteser, Barmherzige Brüder 1912 – 1918 – Tokio: Katholische Mission; Jesuitenniederlassung 1912 – 1914 (Kart. 751)

Feststellung der Schülerzahlen in den türkischen Protektoratsschulen 1912 (Kart. 753)

Besteuerung der Protektoratsschulen in der Türkei 1912 (ebd.) – Beteiligung der Protektoratsanstalten mit Flaggen, 1914 (ebd.)

Subventionierung der Kongregation Pie Madri della Nigrizia in Verona zur Heranbildung deutschsprachiger Missionarinnen für die unter dem Protektorat Österreich-Ungarns stehende Mission im Sudan, 1913 – 1914 – Paramentenspenden für Protektoratskirchen 1913 – 1914 – Feststellung der in Ägypten bestehenden Protektoratsanstalten 1913 (Kart. 754)

Listen der an den einzelnen Protektoratsanstalten angestellten Geistlichen und Lehrer, 1914 – 1918 (Kart. 761)

Maßnahmen zur Hebung unserer Konkurrenzfähigkeit auf kultuspolitischem Gebiet in der Türkei, 1915 Juni – Juli (Kart. 762)

Einrichtung von Ambulatorien in der Türkei, 1917 Mai – Aufnahme von Priesterkandidaten des lateinischen oder eines unierten Ritus aus den Balkanländern und aus der Türkei in Seminaren Österreichs auf Kosten von Kardinal Gustav Piffl, Erzbischof von Wien, 1917 Mai – 1918 (Kart. 763)

Diverse Angelegenheiten (varia pia): Gestattung von Geldsendungen in die Missionen während der Kriegszeit für die Petrus-Claver-Sodalität, 1916 Mai (Kart. 764)

9. *Personalia* 1908 – 1918 (35 Kart.)

In dieser Abteilung erliegen unter I Akten betreffend Konfidenten, unter II Diverse Personalakten und unter III Diverse Personalien geistlicher Persönlichkeiten. Eine Namensübersicht dazu enthält das Liassenbuch (PA I 136a).
Schewket Mahmud Pascha, 1909 (Kart. 777, II/58)
Muhamed Ali (= Schmitz-Dumoulin, Schriftsteller, der zum Islam übergetreten war), 1908 – 1909 (Kart. 778, II/74)
Franz Mühlhofer, Oberleutnant, 1911 November (Abberufung von der Saharaexpedition) (Kart. 782, II/160)
Nuri Ben Schaalan, Beduinenfürst, 1911 – 1914 (Kart. 783, II/166)

Dr. Hussein Remzi, 1916 (um weitere Ausbildung an einer medizinischen Fakultät einer Universität in Österreich-Ungarn nach Studium in Konstantinopel) (Kart. 798, II/360)

Abbas Hilmi, Khedive, und seine Familie, 1917 Mai – 1918 Oktober (Kart. 801, II/408)
Djemal Pascha, türkischer Armeekommandant in Syrien, 1917 (Kart. 802, II/432)

Alois Musil, Orientexpedition mit Erzherzog Hubert Salvator, 1917 – 1918 (Kart. 802, II/426)
Nabi Bey, Smyrna, 1918 (Kart. 806, II/486)

10. *Krieg* 1914 – 1918 (247 Kart.)

Haltung Südafrikas zum Krieg, 1914 – 1918 (Kart. 828, Krieg 3c)

Goldsendungen aus Deutschland nach der Türkei, 1914 (Kart. 841, Krieg 4b)

Verhandlungen zwischen Italien und der Türkei, 1914 – 1915 (Kart. 848, Krieg 5e)

Haltung Liberias und Chinas bei Ausbruch des Krieges, 1914 (Kart. 886)

Haltung Ägyptens bei Ausbruch des Krieges, 1914 – 1917 (Kart. 887)

Haltung Japans: a) Allgemeines, 1914 – 1918 – b) Teilnahme SM Schiff „Elisabeth" an der Verteidigung von Tsingtau, 1914 August – 1915 März – c) Japans Vorgehen in China, 1915 – 1916 – e) Japans Vorgehen in Sibirien, 1918 März – November (Kart. 888)

Haltung Marokkos, 1914 – 1917 (Kart. 890)

Haltung Siams, 1915 – 1917 (Kart. 891)

Haltung Persiens, 1914 – 1918 (Kart. 892)

Haltung Spaniens: b) Absicht Spaniens, zur Besetzung Tangers zu schreiten, 1915 – 1916 – c) Das spanische U-Boot Dekret von 1917 Juli (Kart. 896)

Entlassung kriegsgefangener Mohammedaner aus Deutschland nach der Türkei, 1914 September (Kart. 937, Krieg 19a)

Entlassung kriegsgefangener Mohammedaner aus Österreich-Ungarn nach der Türkei, Spezialliasse: Georgier und Grusinier, 1915 – 1916 (ebd., Krieg 19b)

Österreichisch-ungarische Militärs, aus russischer Gefangenschaft nach Persien entflohen, 1915 – 1918 (Kart. 939, Krieg 19g)

Türkei Krieg, 1914 – 1918: Allgemeines (Kart. 941 – 944, 946)
Maßnahmen zur Sicherung der österreichisch-ungarischen Staatsangehörigen in Jerusalem, 1917 (Kart. 945)

Eine geplante griechische Mission gegen Kleinasien, 1914 Dezember (Kart. 947) – Instruktion für den Fall einer Bedrohung von Konstantinopel, 1914 – 1915 (ebd.) – Mission Halil Beys nach Wien und Berlin, 1915 März (ebd.) – Das Problem der Zukunft der Türkei im Falle der Eroberung Konstantinopels durch die Ententemächte, 1915 – 1918 (ebd.) – Verhandlung eines Separatfriedens der Türkei (Dajevid Bey in Lausanne), 1915 April – Mai (ebd.) – Entsendung eines Artillerie- und Munitionsexperten nach Konstantinopel, 1915 März – April (ebd.) – Sanitätsmaterial und Personal für die Türkei, 1915 (ebd.) – Ski-Mission Dr. Pietschmanns und Genossen, 1914 – 1915 (ebd.) – Georgisch-grusinischer Aufstand im Kaukasus, 1914 – 1918 (ebd.)
Gefangennahme des türkischen Botschafters in Persien und des k.u.k. Militärattachees Oberst Heller durch russische Kosaken, 1916 (Kart. 948) – Österreichisch-ungarische Sanitätsanstalten in Syrien, 1916 (ebd.) – Reise Enver Paschas nach Deutschland und Österreich-Ungarn, 1917 März (ebd.)

Mission Alois Musils nach Syrien und Arabien, 1914 – 1915 (Kart. 948, Krieg 24)

Friedensvermittlungsversuche Japans, 1915 – 1918 (Kart. 954, Krieg 25l)

Gerüchte über Friedensverhandlungen der Türkei, 1917 (Kart. 960)

Vorschriften für die Korrespondenz der fremden Missionen in Österreich-Ungarn, 1914 – 1918 (Kart. 967, Krieg 26)

Schutz der Katholiken in der Türkei während des Krieges, 1914 – 1918 (Kart. 978, Krieg 34)

Beschlagnahme der italienischen Schutzanstalten durch die Türkei, 1915 März – 1917 (Kart. 988, Krieg 46)

Albanesische Freiwillige mohammedanischer Religion für die türkische Armee, 1916 – 1918 (Kart. 1007, Krieg 50w)

Zionistische Propaganda zur Errichtung eines selbständigen jüdischen Staates, 1917 Dezember – 1918 (Kart. 1051, Krieg 68)

Kriegsziele der Ententestaaten, 1917 Dezember – 1918 November (Friedensbedingungen der Sowjets: Autonomie für Türkisch-Armenien, Wiederherstellung Persiens, Rückgabe sämtlicher Kolonien an Deutschland, Neutralisation aller Meerengen) (Kart. 1052, Krieg 69)

Spezialverhandlungen über die Friedensbedingungen mit der Türkei, 1917 Dezember – 1918 Jänner (Kart. 1053, Krieg 70)

16. Österreichisch-Ungarische Rotbücher 1866-1914 (4 Kart.)

Berichte der k.u.k. Missionen und Konsulate in handelspolitischen Angelegenheiten 1875/76 (Kart. 1112, Nr. 10, 11) – Aktenstücke aus den Korrespondenzen des k.u.k. Ministeriums des Äußern über orientalische Angelegenheiten, 1873 Mai 16 – 1877 Mai 31, 1877 April 7 – 1878 November 3, 1878 Juli 12 – September 6 (ebd. Nr. 12, 13, 14) – Aktenstücke in orientalischen Angelegenheiten, Präliminarfriede von San Stefano, Kongreßprotokolle und Vertrag von Berlin 1878 (ebd. Nr. 15) – Aktenstücke aus den Korrespondenzen des k.u.k. Ministeriums des Äußern über orientalische Angelegenheiten, 1878 Juli 13 – 1880 Oktober 12 (ebd. Nr. 16)
Aktenstücke aus den Korrespondenzen des Ministeriums des Äußern über orientalische Angelegenheiten, 1880 Oktober 2 – 1881 August 30 (Kart. 1113, Nr. 17) – Diplomatische Aktenstücke über die Internationale Konferenz von Algeciras, 1905 – 1906 (ebd. Nr. 20)

III Preußen 1848 – 1918 (181 Bde und Kart.)

Übersicht über die Akten des Berliner Kongresses, 1878 (Kart. 113, 114) – Akten und Protokolle des Berliner Kongresses, 1878 (Kart. 115 – 118)
Lit.: Novotny A., *Quellen und Studien zur Geschichte des Berliner Kongresses.* Bd. 1, Graz 1957, S. 72 (Veröffentlichungen der Kommission für Neuere Geschichte Österreichs 44)
Protokolle der Berliner Konferenz (betreffend Westafrika), 1884 – 1885 (Kart. 176, Liasse I)
Kongofrage, 1882 – 1885 (Kart. 177 – 178, Liasse IIa)
Konferenz, die westafrikanischen Angelegenheiten betreffend, 1884 – 1887 (Kart. 178 – 179, Liasse IIb)
Zusätzliches Material zu den deutschen Kolonien kann über die politischen Indizes (PA I 6 – 131) ermittelt werden.

VIII England 1848 – 1914 (175 Bde und Kart.)

Blaubuch der U.S.A. n. 8 – 1890 betreffend die Fischerei in der Beringsee, 1886 – 1890 (Kart. 111, Varia 1890)

Englisch-französisch-spanisches Mittelmeerabkommen, 1907 Juni (Kart. 139, Varia 1907)

Blaubücher: Verhandlungen zwischen Österreich-Ungarn und England über die Orientfrage, 1877 – 1878 (Kart. 170/71)

Englisch-portugiesischer Konflikt, (betr. Ostafrika) 1889 – 1891 (Kart. 171 – 173, Liasse I)

Meerengenfrage, 1893 November – 1894 November (Kart. 174, Liasse III)

Kongofrage, 1894 Juni – 1895 Jänner (Kart. 175, ad Liasse III)

Englisch-russisches Abkommen betreffend Persien und Afghanistan von 1907 August 10/31, 1907 Jänner – 1908 März (Kart. 175, Liasse IV)

Zusätzliches Material zur englischen Kolonialpolitik kann über die politischen Indizes (s.o.) ermittelt werden.

IX Frankreich 1848 – 1914 (183 Bde und Kart.)

Vereinzeltes Material zu den französischen Kolonien in Afrika, Asien und Ozeanien kann über die politischen Indizes (s.o.) ermittelt werden.

X Rußland 1849 – 1918 (158 Bde und Kart.)

Neutrale Schiffahrt auf der Donau und im Schwarzen Meer, 1854 (Kart. 39)

Aufhebung des Freihafens Batum, 1886 Juni – August (Kart. 142, Liasse V)

Entwicklung des Russischen Reiches zu einer Pluralität von Staaten, 1917 – 1918: Kaukasus-Staaten

1) Allgemeines, 1918 Februar – Dezember (Kart. 155/6, Liasse XI/k/1) – 2) Friedensverhandlungen von Batum, 1918 Juni – August (Kart. 156, ebd. 2) – 3) Armenische Republik, 1918 Juni – November (Kart. 157, ebd. 3) – 4) Georgische Republik, 1918 Juni – November (ebd. 4)
Krim, 1918 Februar – Oktober (Kart. 158, Liasse XI/l,) Gebiet der Donkosaken, 1918 Mai – September (ebd., Liasse XI/n)

XI Italienische Staaten 1848 – 1918 (274 Bde und Kart.)

Ausbau der Vertretungen und Beziehungen des Hl. Stuhles, 1918 (Kart. 274/XV)
Material zur italienischen Kolonialpolitik in Afrika kann über die politischen Indizes (a.a.o.) ermittelt werden (vgl. auch unten PA XII).

XII Türkei 1848 – 1918 (467 Bde und Kart.)

Lit.: Benigni, *Botschaftsberichte über arabische Länder* S. 83 – 127 passim – Stropp (wie oben S. 64) S. 461 – 474.

Konferenzen zu Wien und Paris (Krimkrieg), 1853 – 1856 (Kart. 218 – 221)
Waffen- und Munitionslieferungen nach der Türkei, 1854 – 1855 (Kart. 222 – 226)

Syrische Kirchenfrage 1876 – 1877 (Kart. 256, Liasse I)

Vorstellungen der Pforte wegen einer Übungsfahrt unserer Escadre nach den türkischen Gewässern, 1879 (ebd., Liasse III)
Gefangennahme des türkischen Geistlichen Ahmed Tefoik Efendi und des englischen Missionars Köhle, Intervention der englischen Botschaft in Konstantinopel, 1879 – 1880 (ebd., Liasse V)

Doyen-Frage 1883 (Frage der Beiziehung auch jener diplomatischen Vertreter der christlichen Mächte, welche nicht Botschafterrang bekleiden, zu den Beratungen der Botschafter in Konstantinopel bezüglich der Kapitulationen) (Kart. 263, Liasse VIII A)

Projekt Crispis einer internationalen Finanzkontrolle in Konstantinopel 1887 (Kart. 264, Liasse XII)

Französisches und italienisches Schutzrecht über die Katholiken im Orient; Italienische Subventionierung von Schulen im Orient s.d. (Kart. 266, Liasse XIII A)

Juden-Niederlassungen in Arabien (Projekt Friedmann) 1890 – 1892 (Kart. 269, Liasse XVIII)

Verhaftung des k.u.k. Konsularagenten N. Farmakidis auf Symi 1893 (Kart. 270, Liasse XXIII)
Beschwerden des Sultans über das Werk des k.u.k. Oberleutnants Anton Springer „Der russisch-türkische Krieg 1877“ (Kart. 270, Liasse XXIV)

Beschreibende Berichte über die Türkei (politische Verwaltung, Justizpflege) 1895 – 1916 (Kart. 270 – 74)

Meerengenfrage 1877 – 1905 (Kart. 275, Liasse XXVI)

Ausweisung des österreichischen Lloydagenten Brazzafolli aus Mersina 1897 (Kart. 307, Liasse XXVI)
Frage des k.u.k. Schutzrechtes über Katholiken und katholische Anstalten in der Türkei, einschließlich Prinzipielles über das Kultusprotektorat anderer Staaten 1902 – 1918: 1) Memoire des Hofrates Fuchs über das Protektorat 1902 – 2) Feststel-

lung der unter dem Protektorat Österreich-Ungarns stehenden geistlichen Institute im Osmanischen Reich 1902 – 1906 – 3) Deutsche Demarche bezüglich des Protektorates über die nationalen Angehörigen im Heiligen Lande 1902 (Kart. 312, Liasse XXXIV) – 5) Übergang des Kultusprotektorates Frankreichs auf Italien 1904 – 1911 – 6) Bitte des k.u.k. Gesandten in Peking um Instruktion bezüglich Überwachung der katholischen Missionen in China 1907 – 8) Frage des Kultusprotektorates nach Erlassung der Konstitution in der Türkei 1908 – 1912 (Kart. 313) – 9) Umfang des französischen Kultusprotektorates in der Türkei 1912 – 1916 (Kart. 314) – 13) Das Kultusprotektorat in der Türkei seit Aufhebung der Kapitulationen 1914 – 1918 (Kart. 315)

Die Ansprüche des Negus von Abessinien auf das Kloster Dar-El-Sultan in Jerusalem 1905 – 1908 (Kart. 350, Liasse XXXVIII)
Italienisch-türkischer Krieg wegen Tripolis 1910 – 1912: A) Italienisch-türkische Differenzen, 1910 November – 1911 März – B) Italienische Aktion in Tripolis, 1911 März – 1912 November (Kart. 366 – 71, Liasse XL) – Dardanellenfrage, 1911 November – 1912 Juli (Kart. 372/73, ebd.) – Verhandlungen der Mächte zur Herbeiführung des Friedens, 1911 Oktober – 1912 Juli (Kart. 375/76, ebd.) – Mediations- und Friedensfrage 1912 (Kart. 376/77, ebd.) – Verhandlungen mit Italien betreffend die Besetzung der Inseln an der kleinasiatischen Küste, 1912 April – Oktober (Kart. 374, ebd.)

Vorsorgen für die jüdischen Kolonien im Orient und speziell in Palästina, 1912 – 1918 – Spenden aus Österreich-Ungarn für die Juden in Palästina, 1917 – 1918 – Rabbiner David Schreiber, 1917 – 1918 (Kart. 377, Liasse XLII)

Sammlungen für die Juden in Palästina, 1917 – 1918 (Kart. 378)

Lämmelstiftung (Jerusalem) – Sammlung von Spenden für die Juden in Palästina, 1912 – 1916 – Ausdehnung unserer kulturellen Aktion auf die jüdischen Anstalten im Heiligen Lande, 1912 – 1918 – Lämmelschule in Jerusalem, 1913 – Die israelitische Goldschmid-Schule und das Rabbiner-Seminar Danon in Konstantinopel, 1916 – 1918 – Kuratorium zur Wahrung der Interessen der österreichischen und ungarischen Juden im Orient, 1917 (Kart. 379)

Hilfsaktion in Palästina: Geldüberweisungen, Sanitärmaßnahmen, Aktion des Generalkonsuls Hempel, 1916 – 1917 (Kart. 380/81)

Die privilegierte Provinz Libanon 1912 – 1915 (Kart. 381, Liasse XLIII)
Balkankrieg, 1912 – 1913: Entsendung der schweren Division der Escadre in die Levante, 1912 November – 1913 Februar (Kart. 414/51) – Vermittlung einer Anleihe für die Türkei, 1913 Jänner – Entsendung von SM Schiffen „Maria Theresia“ und „Elisabeth“ in die asiatischen Gewässer, 1913 Jänner – August (Kart. 415 q und s)

Verhandlungen über die Inselfrage, 1913 – 1914 (Kart. 455 – 456).

Angelegenheiten des armenisch-katholischen Patriarchats in Konstantinopel 1911 – 1915 (Kart. 462, Liasse XLVI)
Die Reformbegehren der Armenier, 1912 Dezember – 1913 September (Kart. 462, Liasse XLVII)

Internationale Verhandlungen über die einzuführenden Reformen in Armenien, 1913 Juni – 1914 Juli – Armenier-Verfolgungen, 1915 – 1918 (Kart. 463, Liasse XLVII)
Österreich-Ungarns Maßnahmen zum Schutz der katholischen Armenier, 1915 – 1918 (Kart. 464, ebd.)

Kommandierung österreichisch-ungarischer Offiziere für die türkische Armeereform, 1913 – 1914 (Kart. 464, Liasse XLVIII)
Türkisch-griechische Verhandlungen über die Inselfrage 1914 – 1916, (Kart. 464/65, Liasse LI)
Abschaffung der Kapitulationen und Kündigung diverser Verträge durch die Türkei, 1914 – 1918 (Kart. 466, Liasse LII)
Beteiligung Österreich-Ungarns und Deutschlands an der Reorganisation der Türkei, 1915 – 1918 (Kart. 487, Liasse LIII)
Das türkische Ehegesetz von 1917 Oktober 31, 1917 – 1918 (Kart. 467, Liasse LVI)

XIII Gesandtschaftsarchiv Konstantinopel 1849 – 1866 (49 Kart.)

Lit.: Benigni, *Botschaftsberichte über arabische Länder* S. 83 – 127 passim.

XIV Albanien 1894 – 1916 (69 Kart.)

Albanische Schule in Korea, 1902 – 1911 (Kart. 29, Liasse XXIV)
Angelegenheiten des Staates Albanien, 1914 – 1915 : 12) Kandidatur des ägyptischen Prinzen Ahmed Fuad, 1914 (Kart. 59, Liasse L)

XX Spanien 1848 – 1918 (77 Bde u. Kart.)

Spanisch-amerikanischer Krieg 1898/99 (Kart. 70/71)
(Enthält vereinzelt Angaben zu den Kriegsereignissen auf den Philippinen)

Weiteres Material zu den Philippinen und zu den spanischen Kolonien in Afrika kann über die politischen Indizes ermittelt werden.

XXI Portugal 1848 – 1916 (37 Bde u. Kart.)

Intervention für die Jesuiten in Südafrika (Kart. 37/III)

Zu weiteren Angaben über die portugiesischen Kolonien in Asien und Afrika vgl. die politischen Indizes.

XXII Belgien 1848 – 1914 (50 Bde u. Kart.)

Vereinzeltes Material zum Kongostaat kann über die politischen Indizes ermittelt werden.

XXIII Niederlande 1850 – 1918 (43 Bde u. Kart.)

Vereinzeltes Material über den niederländischen Kolonialbesitz kann über die politischen Indizes ermittelt werden.

XXVIII Persien 1872 – 1918 (17 Bde u. Kart.)

Protokolle, 1873 – 1918 (Bd. 1 – 6)

Berichte, Weisungen, Varia, 1872 – 1918 (Kart. 7 – 16)

Wünsche des Schah bezüglich der Neutralität Persiens, 1879 – 1886 (Kart. 9, Varia 1885)

Reise des Schah nach Europa, 1889 (Kart. 10, Varia 1889)

Gewährung eines Vorschusses seitens der russischen und der englischen Regierung an Persien 1910 (Kart. 17, Liasse I)

XXIX China 1896 – 1917 (29 Bde. u. Kart.)

Protokolle 1896 – 1917 (Bd. 1 – 4)

Berichte, Weisungen, Varia, 1896 – 1917 (Kart. 5 – 13)

Mitteilungen der Marine-Sektion, 1900 (Kart. 14)

Belagerung der Gesandtschaften in Peking: a) Korrespondenz mit der k.u.k. Gesandtschaft in Peking und mit Behörden im Inland 1900 – 1901 – b) Korrespondenz mit anderen k.u.k. Gesandtschaften 1900 – 1901 (Kart. 14 – 25)

Négociations de Pekin 1900 – 1902 (Kart. 26, ad Liasse I)

Chinesische Indemnitätszahlungen 1902 – 1903 (ebd. Liasse II)

Verminderung der fremden Besatzungstruppen in China 1908 – 1918 (Kart. 27, Liasse III)

Russisch-chinesisches Abkommen über die nordmandschurische Eisenbahn und über die Charbiner Munizipalitätsfrage 1908 – 1910 (Kart. 27/28, Liasse IV)

Russisch-chinesische Differenz bezüglich des Kuldscha-Vertrages von 1881 Februar 1911 – 1912 (Kart. 29, Liasse V)

Anerkennung der chinesischen Republik 1912 – 1914 (ebd. Liasse VI)

XXX Japan 1885 – 1917 (27 Bde u. Kart.)

Protokolle 1885 – 1914 (Bd. 1 – 6)

Berichte, Weisungen, Varia 1885 – 1914 (Kart. 7 – 26)

Berichte aus Bangkok 1913 – 1917 (Kart. 27)

Annexion Koreas 1910 – 1911 (ebd. Liasse I)

XXXI Ägypten 1882 – 1917 (53 Bde u. Kart.)

Lit.: Benigni, *Botschaftsberichte über arabische Länder*, S. 83 – 127 passim.

Protokolle 1882 – 1914 (Bd. 1 – 8)

Berichte, Weisungen, Varia 1882 – 1917 (Kart. 9 – 26)

Ägyptische Frage und Englands Vorgehen im Sudan 1881 – 1890 (Kart. 27 – 41)

Ägyptisches Liquidationsgesetz 1884 – 1885 (Kart. 41)

Finanzarrangement 1885 – 1888 (Kart. 42 – 44)

Ägyptische Finanzen 1886 – 1890 (Kart. 44 – 45)

Ägyptische Grundsteuer 1885 – 1890 (Kart. 46)

Commission de dette publique 1884 – 1890 (Kart. 47)

Italienische Aktion im Roten Meer 1885 – 1890 (Kart. 48 – 50)

Suez-Kanal-Kommission in Paris 1885 (Kart. 51) / Suez-Kanal-Konvention 1886 – 1891 (Kart. 52, Liasse I)

Khedival-Dekret von 1904 (Kart. 53, Liasse III)

XXXII Marokko 1884 – 1918 (28 Bde u. Kart.)

Lit.: Benigni, *Botschaftsberichte über arabische Länder* S. 83 – 127 passim.

Protokolle 1898 – 1914 (Bd. 1 – 4)

Berichte, Weisungen, Varia 1897 – 1914 (Kart. 5 – 12)

Korrespondenz Marokko betreffend 1884 – 1889 (Kart. 12, Tanger I)

Rio de oro 1899 – 1900 (Kart. 13, Liasse Marokko I)

Marokko-Konferenz von Algeciras 1905 – 1917 (Kart. 13 – 19)

Polizei-Organisation in Marokko 1907 – 1912 – Marokkanische Staatsbank – Ingenieur-Frage (Kart. 20)

Tabak-Monopol – Besetzung von Ujada – Reglement über Enteignungen – Taxe auf städtische Baulichkeiten – Vergebung öffentlicher Arbeiten – Zollmagazinsgebühr – Einfuhr von Explosivstoffen für Industriezwecke (Kart. 21)

Reglement betreffend Handel mit Waffen und Munition – Gefangennahme Macleans – Casablanca – Sammelkanalfrage – Frage der Vorkehrungen gegen den Waffenschmuggel zur See – Conseil sanitaire (Kart. 22)

Frage der Anerkennung für Sultan Mulay Hafid – Zwischenfall bei Casablanca 1908 – Französisch-deutsches Marokko-Abkommen 1909 – Hafenbauprojekt für Tanger und Casablanca (Kart. 23)

Termine für Reklamationen 1909 – Marokkanische Anleihen zum Zwecke der Deckung fremder Forderungen – Comité spécial des travaux publiques 1909 (Kart. 24)

Aufstand in Fez, 1911 Jänner – August (Kart. 24/25)

Deutsch-französische und spanisch-französische Marokko-Verhandlungen, 1911 November – Dezember (Kart. 26). Französisch-spanische Marokko-Verhandlungen 1912 – 1913 (Kart. 27)

Frage des konsularischen Schutzes in den spanischen Besitzungen der nordmarokkanischen Küste 1912 (Kart. 28).

Marokko seit Anerkennung des französischen Protektorats 1912 – 1918 (Kart. 28, Liasse III)

XXXIII Vereinigte Staaten von Amerika 1848 – 1917 (114 Bde und Kart.)

Enthält u.a. Material über die Philippinen und den spanisch-amerikanischen Krieg, das über die politischen Indizes ermittelt werden muß.

XXXVIII Konsulate 1848 – 1918 (445 Bde u. Kart.)

Alexandrien 1848 – 1849 (Kart. 90)

Konstantinopel, Smyrna 1849 (Kart. 92)

Alexandrien (Kairo), Beirut 1850 (Kart. 93)

Konstantinopel, Smyrna, Trapezunt 1850 (Kart. 94)

Aleppo, Alexandrien, Beirut, Konstantinopel, Smyrna, Tanger, Trapezunt 1851 (Kart. 95)

Alexandrien, Beirut, Konstantinopel 1852 (Kart. 96)

Smyrna, Trapezunt, Tunis 1852 (Kart. 97)

Alexandrien, Beirut 1853 (Kart. 98) Jerusalem 1853, (Kart. 100) Smyrna, Syra, Trapezunt, Tunis 1853 (Kart. 101)

Alexandrien, Beirut 1854 (Kart. 102) Trapezunt 1854 (Kart. 107)

Alexandrien, Beirut 1855 (Kart. 108) Jerusalem 1855 (Kart. 110)

Trapezunt, Tripolis, Tunis 1855 (Kart. 111)

Alexandrien, Beirut 1856 (Kart. 112) Trapezunt, Tripolis, Tunis 1856 (Kart. 115)

Alexandrien 1857 (Kart. 117) Trapezunt, Tripolis, Tunis 1857 (Kart. 121)

Alexandrien, Beirut 1858 (Kart. 122) Hongkong 1858 (Kart. 124) Larnaka, Smyrna 1858 (Kart. 126) Tanger, Trapezunt, Tripolis, Tunis 1858 (Kart. 127)

Alexandrien, Beirut 1859 (Kart. 128) Larnaka 1859 (Kart. 132) Tanger, Tripolis, Tunis 1859 (Kart. 133)

Alexandrien, Beirut 1860 (Kart. 134) Tanger, Tripolis, Tunis 1860 (Kart. 138)

Alexandrien, Beirut 1861 (Kart. 139) Smyrna, Tanger, Tunis 1861 (Kart. 144)

Alexandrien 1862 (Kart. 146) Jerusalem 1862 (Kart. 149) Tanger, Tripolis, Tunis 1862 (Kart. 151)

Alexandrien 1863 (Kart. 153) Smyrna, Trapezunt, Tripolis, Tunis 1863 (Kart. 157)

Alexandrien 1864 (Kart. 160) Jerusalem 1864 (Kart. 161) Smyrna, Tripolis, Tunis 1864 (Kart. 162)

Alexandrien 1865 (Kart. 163) Jerusalem 1865 (Kart. 164) Tanger, Tripolis, Tunis 1865 (Kart. 165)

Alexandrien 1866 (Kart. 166) Tanger, Tripolis, Tunis 1866 (Kart. 171)

Alexandrien, Algier, Beirut 1867 (Kart. 172) Jerusalem 1867 (Kart. 175) Tunis 1867 (Kart. 176)

Alexandrien, Beirut 1868 (Kart. 177) Jerusalem 1868 (Kart. 181) Smyrna, Tanger, Trapezunt, Tunis 1868 (Kart. 182)

Alexandrien, Beirut 1869 (Kart. 183) Jerusalem, Pinang, Port Said 1869 (Kart. 185) Tanger, Trapezunt, Tunis 1869 (Kart. 186)

Alexandrien, Algier, Beirut 1870 (Kart. 187) Suez, Tanger, Tripolis, Tunis 1870 (Kart. 190)

Alexandrien, Algier, Beirut 1871 (Kart. 191) Hongkong, Port Said 1871 (Kart. 193) Schanghai, Tanger, Teheran, Tripolis, Tunis 1871 (Kart. 194)

Alexandrien, Algier, Beirut, Bombay 1872 (Kart. 195) Kalkutta, Manila, Port Said 1872 (Kart. 197) Schanghai, Smyrna, Suez, Tunis, Yedo 1872 (Kart. 198)

Alexandrien, Beirut, Bombay 1873 (Kart. 199) Port Said 1873 (Kart. 200) Schanghai, Suez, Tanger, Trapezunt, Tunis 1873 (Kart. 201)

Alexandrien, Beirut 1874 (Kart. 202) Hongkong 1874 (Kart. 203) Schanghai, Tanger, Tripolis, Tunis 1874 (Kart. 204)

Alexandrien, Beirut 1875 (Kart. 205) Suez, Schanghai 1875 (Kart. 207) Tanger, Yokohama 1875 (Kart. 208)

Alexandrien 1876 (Kart. 208) Beirut 1876 (Kart. 209) Hongkong, Jerusalem 1876 (Kart. 212) Port Said 1876 (Kart. 213) Schanghai 1876 (Kart. 214) Singapur, Smyrna, Suez, Tunis 1876 (Kart. 215)

Alexandrien 1877 (Kart. 215) Beirut 1877 (Kart. 216) Port Said 1877 (Kart. 219)-Schanghai, Smyrna 1877 (Kart. 220) Tanger, Tunis 1877 (Kart. 221)

Alexandrien, Beirut 1878 (Kart. 222) Schanghai 1878 (Kart. 226) Smyrna, Tanger, Tunis 1878 (Kart. 227)

Alexandrien, Beirut 1879 (Kart. 228) Schanghai, Smyrna 1879 (Kart. 230) Tanger, Trapezunt, Tripolis, Tunis 1879 (Kart. 231)

Alexandrien, Algier, Beirut 1880 (Kart. 232) Schanghai, Smyrna 1880 (Kart. 235) Tanger, Trapezunt, Tripolis, Tunis 1880 (Kart. 236)

Alexandrien, Beirut 1881 (Kart. 237) Port Said, Rhodos, Schanghai 1881 (Kart. 239) Smyrna, Tanger, Trapezunt, Tripolis, Tunis 1881 (Kart. 240)

Algier, Beirut 1882 (Kart. 242) Jerusalem 1882 (Kart. 242) Port Said, Schanghai, Smyrna, Tanger, Trapezunt, Tripolis 1882 (Kart. 243) Tunis 1881 – 1882 (Kart. 244)

Beirut 1883 (Kart. 246) Djedda, Jerusalem, Manila 1883 (Kart. 247) Port Said, Saigon, Schanghai 1883 (Kart. 248) Smyrna, Tanger, Trapezunt, Tripolis, Tunis 1883 (Kart. 249)

Beirut, Bombay 1884 (Kart. 250) Schanghai 1884 (Kart. 252) Sidney, Tanger, Trapezunt, Tripolis, Tunis 1884 (Kart. 253)

Beirut, Bombay 1885 (Kart. 254) Durban, Jerusalem, Melbourne, 1885 (Kart. 255) Port Said, Sansibar, Schanghai, Smyrna 1885 (Kart. 256) Tanger, Trapezunt, Tripolis, Tunis 1885 (Kart. 257)

Bombay 1886 (Kart. 258) Sansibar, Schanghai 1886 (Kart. 260) Tanger, Trapezunt, Tunis, Yokohama 1886 (Kart. 261)
Beirut, Bombay 1887 (Kart. 262) Jerusalem, Kapstadt, Port Said 1887 (Kart. 263) Sansibar, Schanghai, Tanger, Trapezunt, Tunis 1887 (Kart. 264)
Bangkok, Beirut, Bombay 1888 (Kart. 266) Jerusalem 1888 (Kart. 269) Schanghai 1888 (Kart. 270) Sansibar, Smyrna, Tanger, Trapezunt, Tripolis, Tunis 1888 (Kart. 271)

Batum, Beirut, Bombay 1889 (Kart. 272) Honolulu, Jerusalem 1889 (Kart. 273) Schanghai, Smyrna, Tanger, Trapezunt, Tunis 1889 (Kart. 275) Sansibar 1889 (Kart. 276)
Batum, Beirut, Bombay, Durban 1890 (Kart. 277) Jerusalem, Manila 1890 (Kart. 278) Port Said, Schanghai 1890 (Kart. 279) Smyrna, Tanger, Trapezunt, Tripolis, Tunis, Sansibar 1890 (Kart. 280)
Alexandrien, Batum, Beirut, Bombay, Kalkutta, Konstantinopel, Durban, Hankau 1891 (Kart. 281) Jerusalem, Kirk-Klissé, Manila 1891 (Kart. 282) Schanghai, Smyrna 1891 (Kart. 283) Tanger, Trapezunt, Tripolis, Tunis 1891 (Kart. 284)
Batum, Beirut, Bombay, Konstantinopel 1892 (Kart. 285) Hankau 1892 (Kart. 286) Schanghai, Smyrna, Tanger, Trapezunt, Tripolis, Tunis 1892 (Kart. 287)
Algier, Beirut, Bombay, Honolulu, Jerusalem 1893 (Kart. 289) Schanghai, Smyrna 1893 (Kart. 290) Tanger, Trapezunt, Tripolis, Tunis 1893 (Kart. 291)
Algier, Batum, Beirut, Bombay 1894 (Kart. 292) Honolulu, Jerusalem 1894 (Kart. 293) Schanghai, Smyrna 1894 (Kart. 294) Tanger, Trapezunt, Tunis 1894 (Kart. 295)

Alexandrien, Algier, Batum, Beirut, Bombay 1895 (Kart. 296) Djedda, Honolulu, Jerusalem 1895 (Kart. 298) Schanghai, Singapur, Smyrna 1895 (Kart. 300) Tanger, Trapezunt, Tunis 1895 (Kart. 301)

Algier, Batum, Beirut, Bombay, Kapstadt, Konstantinopel, Durban 1896 (Kart. 303) Jerusalem, Manila 1896 (Kart. 304) Schanghai, Smyrna, Tanger, Trapezunt, Tunis, Sansibar 1896 (Kart. 305)
Aleppo, Algier, Batum, Beirut, Bombay, Hongkong, Jerusalem 1897 (Kart. 306) Manila, Port Said 1897 (Kart. 307) Schanghai, Smyrna, Trapezunt, Tiflis, Tripolis, Tunis, Sansibar 1897 (Kart. 308)
Aleppo, Alexandrien, Algier, Batum, Beirut, Bombay, Hongkong, Jerusalem 1898 (Kart. 309) Manila, Rhodos, Schanghai 1898 (Kart. 310) Smyrna, Tiflis, Trapezunt, Tripolis, Tunis, Sansibar 1898 (Kart. 311)

Aleppo, Alexandrien, Algier, Auckland, Batum, Beirut 1899 (Kart. 311) Kapstadt, Hongkong, Jerusalem 1899 (Kart. 312) Manila, Schanghai, Sidney, Smyrna 1899 (Kart. 313) Tiflis, Trapezunt, Tripolis, Tunis, Sansibar 1899 (Kart. 314)
Aleppo, Alexandrien, Algier, Bagdad, Beirut, Bombay, Kalkutta, Kapstadt, Hongkong 1900 (Kart. 315) Jerusalem, Manila, Port Said, Rhodos, Schanghai, Syra, Smyrna, 1900 (Kart. 316) Tiflis, Trapezunt, Tripolis, Tunis, Yokohama, Sansibar 1900 (Kart. 317)
Aleppo, Alexandrien, Algier, Auckland, Bagdad, Bangkok, Batum, Beirut, Kalkutta, Kapstadt 1901 (Kart. 318) Hongkong, Jerusalem, Manila, Pretoria, 1901 (Kart. 319) Schanghai, Sidney, Smyrna, Täbris, Tiflis, Trapezunt, Tripolis, Tunis 1901 (Kart. 320)
Aleppo, Alexandrien, Auckland, Bagdad, Batum, Beirut, Bombay, Kalkutta, Kapstadt 1902 (Kart. 321) Hongkong, Honolulu, Jerusalem, Manila 1902 (Kart. 322) Pretoria, Schanghai, Sidney, Smyrna, Tientsin, Tiflis, Tripolis, Tunis, Sansibar 1902 (Kart. 323)

Aleppo, Algier, Bagdad, Baku, Batum, Beirut, Kalkutta, Kapstadt, Hongkong, Johannesburg 1903 (Kart. 324) Manila, Pretoria 1903 (Kart. 325) Schanghai, Sidney, Smyrna, Tiflis, Trapezunt, Tripolis, Tunis, Sansibar 1903 (Kart. 326)

Algier, Bagdad, Batum, Beirut, Bombay, Kalkutta, Kapstadt, Hongkong, Jerusalem 1904 (Kart. 327) Schanghai, Sidney, Smyrna, Soerabaja, Tunis 1904 (Kart. 328)
Bagdad, Baku, Bangkok, Batum, Beirut, Bombay, Kalkutta, Kapstadt, Hongkong, Jerusalem, Johannesburg 1905 (Kart. 329) Port Said 1905 (Kart. 331) Schanghai, Sidney, Smyrna, Tientsin, Tiflis, Trapezunt, Tripolis, Tunis 1905 (Kart. 332) Sansibar 1905 (Kart. 334)
Auckland, Batum, Beirut, Kalkutta, Kapstadt, Hongkong, Jerusalem, Johannesburg 1906 (Kart. 335) Schanghai, Sidney, Smyrna, Tiflis, Trapezunt, Tunis 1906 (Kart. 337) Sansibar 1906 (Kart. 338)
Auckland, Bangkok, Batum, Beirut, Bombay, Hongkong, Jerusalem, Johannesburg, Kapstadt, Manila 1907 (Kart. 339) Schanghai, Sidney, Smyrna, Tientsin, Tiflis, Trapezunt, Tunis, Sansibar 1907 (Kart. 340)
Auckland, Bagdad, Batum, Bombay, Brussa, Kalkutta, Kapstadt, Djedda, Hongkong, Jaffa, Jerusalem, Johannesburg 1908 (Kart. 341) Port Said, Sidney, Smyrna 1908 (Kart. 342) Tientsin, Tiflis, Trapezunt, Tripolis, Tunis, Yokohama 1908 (Kart. 343)
Bagdad, Batum, Beirut, Bombay, Kalkutta, Kapstadt, Djedda, Erzurum, Hongkong, Jaffa, Jerusalem, Johannesburg 1909 (Kart. 344) Mersina, Sidney, Singapur, Smyrna, Syra 1909 (Kart. 345) Tiflis, Trapezunt, Tripolis, Tunis 1909 (Kart. 346)
Bagdad, Bangkok, Batum, Beirut, Bombay, Brussa, Kalkutta, Kapstadt, Erzurum, Hongkong, Jerusalem, Johannesburg 1910 (Kart. 347) Lattaquie, Manila 1910 (Kart. 348) Schanghai, Sidney, Smyrna, Syra, Tiflis, Trapezunt, Tunis 1910 (Kart. 349)
Algier, Bangkok, Batum, Beirut, Bombay, Kalkutta, Djedda, Hongkong, Jerusalem, Johannesburg 1911 (Kart. 350) Konstantinopel, Schanghai 1911 (Kart. 351) Smyrna, Tiflis, Tientsin, Trapezunt, Tripolis, Tunis 1911 (Kart. 352)
Algier, Alexandrien, Aleppo, Bangkok, Batum, Beirut, Bombay 1912 (Kart. 354) Kalkutta, Kapstadt, Damaskus, Hongkong, Jerusalem 1912 (Kart. 355) Singapur, Soerabaja, Schanghai, Smyrna 1912 (Kart. 356) Tientsin, Tifflis, Trapezunt, Tripolis, Tunis 1912 (Kart. 357)
Addis Abeba, Aleppo, Alexandrien, Algier, Bagdad, Batum, Beirut, Bombay, Kalkutta, Kapstadt, Colombo, Konstantinopel 1913 (Kart. 358) Damaskus, Djedda, Hongkong, Jaffa, Jerusalem 1913 (Kart. 359) Schanghai, Sidney, Smyrna, Soerabaja 1913 (Kart. 360) Tiflis, Trapezunt, Tripolis, Tunis 1913 (Kart. 361)
Adalia, Addis Abeba, Alexandrien, Aleppo, Bagdad, Batum, Beirut, Bombay, Kalkutta, Konstantinopel 1914 (Kart. 362) Damaskus, Djedda, Hongkong, Jaffa, Jerusalem 1914 (Kart. 363) Schanghai, Sidney, Singapur, Smyrna 1914 (Kart. 364) Tiflis, Trapezunt, Tripolis, Tunis 1914 (Kart. 365)
Adalia, Aleppo, Beirut, Konstantinopel, Damaskus 1915 (Kart. 366) Jaffa, Jerusalem 1915 (Kart. 367) Schanghai, Smyrna, Trapezunt 1915 (Kart. 368)
Aleppo, Bagdad, Beirut, Konstantinopel, Damaskus, Schanghai, Smyrna, Trapezunt 1916 (Kart. 369)
Aleppo, Bagdad, Beirut, Konstantinopel, Damaskus, Jerusalem, Schanghai, Smyrna, Tientsin, Trapezunt 1917 (Kart. 370)

Aleppo, Bagdad, Beirut, Konstantinopel, Damaskus, Haifa, Smyrna, Trapezunt 1918 (Kart. 371)

XL Interna 1848 – 1918 (334 Bde u. Kart.)

Reise des Erzherzogs Franz Ferdinand nach Ägypten, Syrien, Kleinasien, 1885 (Kart. 211, Liasse XIV)
Kolonialerwerbungen europäischer Staaten (Deutsches Reich, England, Frankreich, Italien, Portugal, Spanien) in Afrika aufgrund der Bestimmungen des Art. 4 der Berliner Konferenzakte von 1885 Februar 26 (ebd. Liasse XV)

Orientreise Erzherzog Ottos nach Kairo, Tripolis, Tunis, 1886 (ebd. Liasse XVI) – Expedition Dr. Emil Holubs nach Afrika, 1887 (ebd. Liasse XVII) – Orientreise Kaiserin Elisabeths (u.a. Smyrna, Konstantinopel) 1888 (ebd. Liasse XVIII/1)

Reise Erzherzog Franz Ferdinands nach Indien, Ostasien, Amerika, 1892 – 1893 (Kart. 212, Liasse XXIV) Freiland-Expedition Dr. Wilhelms nach Ostafrika, 1894 (ebd. Liasse XXIX)
Vorgänge in Bosnien - Herzegowina anläßlich der Annexion von 1908: 3) Auswanderungsbewegung der Mohammedaner in die Türkei, 1909 – 1913 (Kart. 227, Liasse XLVII)
Postdebitentziehungen für Zeitungen (nach Staaten), 1909 – 1918: Türkei 1902 – 1910 (Kart. 233, Liasse XLVIII)
Kommandierung österreichisch-ungarischer Offiziere in die türkische Armee und Frage der Zulassung türkischer Offiziere in die k.u.k. Schießschule in Bruck an der Leitha 1909 – 1910 (Kart. 236, Liasse IL)
Reisen von k.u.k. Kriegsschiffen in ausländische Gewässer 1909 – 1914: 1) Allgemeines – 2) „Kaiserin Elisabeth“ 1909 – 1910 – 3) Sommer Eskadre 1909 – 4) Stationsschiff „Szigetvar“ in der Levante – 6) Eskadre-Reise 1910 – 7) Stationsschiff „Taurus“ 1910 – 1914 – 8) S.M. Schiff „Kaiser Franz Joseph“ 1910 – 1914 – 9) Schiff „Panther“ 1910 – 1914 (Kart. 236, Liasse L) – 11) Levante-Stationsschiff „Maria Theresia“, 1911 – 1912 – 12) Marine-Zöglingsreise auf den Schiffen „Kaiserin Elisabeth“ und „Zara“ 1911 – 1912 – 13) Ostasiatische Reise der „Szigetvar“ 1911 – 1912 – 15) Zöglingsreise des Schiffes „Kaiserin Elisabeth“ 1912 – 17) Stationsschiff „Szigetvar“ in der Levante 1913 – 1914 – 19) Schiff „Kaiserin Elisabeth“ löst Schiff „Kaiser Franz Joseph“ als Stationsschiff in Ostasien ab 1913 – 1915 – 20) Eskadre 1914 – 21) Schiffsjungenkreuzung der Schiffe „Monarch“ und „Babenberg“ 1914 (Kart. 237, ebd.)

Kopien von Denkschriften 1877 – 1911:
Ägypten betreffend (Konventionen 1885, 1887, 1888 – Die englische Okkupation Ägyptens – Historisches über die Verwaltung der ägyptischen Staatsschulden und die europäische Kontrolle derselben – Schutzverhältnisse über die katholisch-koptische Kirche 1905 – Österreich-Ungarns Konsulargerichtsbarkeit in Ägypten – Résumé des firmans adressés en 1841, 1866, 1873 et 1879 par le Sultan aux vice-rois d'Egypte Mehmed Ali Pacha, Ismael Pacha et Tewfik Pacha) – Erithrea 1896 – Di-

verses (zur Lloyd-Frage 1884 – Aktion Kardinal Lavigeries gegen den Sklavenhandel 1888 – Politische Fragen und markante Ereignisse 1895 – Die Pamirfrage 1892 – Bericht über die Zukunftspolitik Japans, 1902 Dezember 12 Tokio – Aufzeichnung über die politische Situation in Persien, 1908 – 1910)
Türkei betreffende Notizen zur Geschichte der Londoner Konferenzen von 1870/71, in welcher das Verbot der Haltung von Kriegsschiffen auf dem Schwarzen Meer aufgehoben wurde – Türkisch-Armenien und seine Bewohner von Freih. von Zwiedineck, in: Österreichische Monatsschrift für den Orient. Hgg. vom k.k. österr. Handelsmuseum in Wien Jg. 1891, Hefte 1, 3, 4
Meldungen des Generalkonsulats Trapezunt über Gewalttätigkeiten gegen Armenier, 1895 Oktober – Dezember – Note pour le ministre. Combinaisons proposées pour procurer des ressources financières à l'Empire Ottoman, 1896 August 29 – Gedankengang von Nurian Efendis Mémoire „La question Arménienne, son origine et ses dangers", 1896 September 30 – Türkische Finanzen 1897 – Über die Bedeutung des Ottomannischen Reiches aus dem Titel „Eisenbahn-Garantien" des asiatischen Bahnnetzes, 1909 Dezember 10 – Eisenbahnnetz der asiatischen Türkei, 1909 Dezember 14 – Osmanisches Reich, Eisenbahnprojekte der asiatischen Reichshälfte 1910; Karte Maßstab 1:3,000.000 – Die Meerengenfrage. Historisches und Varianten ihrer weiteren Behandlung, ca. 1911 November (Kart. 316)
Kopien von Denkschriften 1914 – 1918:
Verhältnisse in Persien im Herbst 1915 nach Mitteilungen Dr. Heiners – Das künftige Regime der Donau im Zusammenhang mit dem Projekte eines Großschiffahrtsweges von der Nordsee zum Schwarzen Meer und den deutschen Bestrebungen im näheren Osten, 1917 Juli Wien – Zulassung der Absolventen der von uns subventionierten Mittelschulen im Nahen Osten zum Hochschulstudium und zum Freiwilligenrecht, 1918 Juni Wien – Bericht an das k.u.k. Ministerium des Äußern über die Armenierfrage von Dr. Viktor Pietschmann s.d. (Kart. 317)

Kopien von kirchenpolitischen Denkschriften 1912 – 1916:
Verzeichnis der dem k.u.k. Protektorat unterstehenden Kirchen, Pfarren und geistlichen Anstalten im Osmanischen Reiche. Beilage zu Bericht aus Konstantinopel Nr. 53 G, 1904 Februar 9 – Österreichisch-ungarische Schulpflege im Orient, 1912 April – Zulassung der Absolventen der von Österreich-Ungarn subventionierten Mittelschulen im Nahen Orient zum Hochschulstudium und zum Freiwilligenrecht, 1912 (betr. St.Georgsanstalt in Konstantinopel) – Budget des Referates II 1912 – Umfang und Art der Ausübung des französischen Kultusprotektorates. Mit Benützung des Werkes „Die lateinische Kirche im türkischen Reiche" von Graf von Mühlen s.d. – Gesichtspunkte für eine intensivere kultuspolitische Betätigung im Nahen Osten s.d. (Kart. 318).
Kopien von Denkschriften 1912 – 1914 Juli:
Das ostasiatische Vertragssystem 1912, ergänzt auf den Stand von 1916 – Memorandum über das österreichisch-ungarische Settlement in Tientsin, 1912 April 11 – Die Beteiligung Österreich-Ungarns an dem Sechs-Mächte-Anliegen und Österreich-Ungarns Stellung in Ostasien, 1912 Juni – Die Lage in Indien. Aufzeichnungen aufgrund politischer Gespräche und Wahrnehmungen von Georg Franckenstein, 1913 März – Das „Nogara"-Abkommen. Vertrag vom 19. Mai 1914 zwischen der

Smyrna-Aidin-Gesellschaft und der Società commerciale industriale e finanziaria (Nogara), kurz Syndikat genannt (ebd.)
Nachlaß der politischen Sektion 1907 – 1911:
Aufzeichnung über die politische Situation in Persien im Jahre 1907 (Nach der Aktenlage von Jänner 1907 – Mitte Jänner 1908) – Aufzeichnung über die in Berlin mit Kaiser Wilhelm II. und Reichskanzler Bethmann-Hollweg geführten Gespräche des Ministers des Äußern Aehrenthal, 22.-25. Februar 1910 (betr. Rußlands Stellung in Asien) – Korrespondenz Giuliano-Avarna 1911 August (betr. Tripolis), – Telegramm Ambrozys Rom Nr. 112, 1911 August 28 (betr. Tripolis) – Umfang des österreichisch-ungarischen Kultusprotektorates 1913 – Das ostasiatische Vertragssystem s.d. (Kart. 328).
Botschaftsgebäude in Konstantinopel (Kart. 329)
Pläne und Bilder des Botschaftsgebäudes in Tokio (Kart. 330)

ADMINISTRATIVE REGISTRATUR

Der Bestand enthält sowohl den Aktennachlaß der administrativen Departements des Ministeriums des Äußeren als auch ältere administrative Akten der Staatskanzlei bis 1830 und in einzelnen Fällen auch über 1800 zurück, soweit diese nicht wieder in die Staatenabteilungen bis 1860, in die diplomatische Korrespondenz oder in andere Abteilungen der Staatskanzlei zurückübertragen wurden.

Die Administrative Registratur war bis 1900 in 60 Zahlenfächer (F 1 – F 60) und ab 1901 – 1918 in 107 Zahlenfächer sowie vorübergehend in weitere 20 Buchstabenfächer (AC – VW) nach Betreffen gegliedert.

Mit Ausnahme der in F 4 erliegenden Personalakten der Beamten des auswärtigen Dienstes gab es für persönliche Betreffe in der Zeit von 1846 – 1883 eine Trennung von den Sachbetreffen, was seinen Niederschlag in den 408 Kartons umfassenden Parteisachen von 1844 – 1870 (vereinzelt 1820 – 1883) fand; ab 1883 wurden auch die persönlichen Betreffe wieder in den Fächern hinterlegt.

Vorwiegend handelspolitische Akten wurden in den Jahren 1866 – 1897 in der Sonderreihe von F 34 zusammengefaßt, in der Zeit von 1897 – 1900 wurden sie als Buchstabenfächer geführt und ab 1901 wurden diese Akten wieder in die Zahlenfächer eingereiht.

Im Bestand Administrative Registratur sind auch eine von 1831 – 1918 reichende, 22 Kartons umfassende Zirkularsammlung der Staatskanzlei und des Ministeriums des Äußeren sowie die Akten der Paßvisakommission des Ministeriums des Äußeren, 1917 – 1919 mit einem Bestand von 97 alphabetischen Zettelkatalogen und 149 Kartons Akten aufgestellt.
Der Bestand wird durch 2436 Bücher und 97 alphabetische Zettelkataloge erschlossen. 2213 Geschäftsbücher (Protokolle, Indizes, Nummernbücher, Repertorien) sind als eigener Bestand aufgestellt, 133 Bücher (Indizes, Spiegelbögen) stehen bei den Akten der einzelnen Fächer, 97 Zettelkataloge bei den Akten der Paßvisakommission.

Registraturangaben von Akten in den Fächern und in den Parteisachen können mit Hilfe der Indizes zu den Registratursprotokollen, Nr. 195 – 249, 1854 – 1918, der Handelspolitischen Indizes, Nr. 269 – 302, 1897 – 1918 ermittelt werden. Die Nummernprotokolle, Nr. 386 – 470, 1852 – 1919 geben die Einlaufnummern des Ministeriums des Äußeren für die Geschäftsstücke und das Fach an, mit Hilfe der Behörden- und Missionseinlaufsprotokolle, Nr. 471 – 652, 1884 – 1924 können ebenfalls Einlaufnummer des Ministeriums und Fach festgestellt werden.

Als Fundbehelfe stehen ferner die Fächerbehelfe für die Fächer F 1 – F 107, Nr. 1344 – 1863 der Behelfsreihe sowie die bei bestimmten Fächern zusammen mit den Akten aufgestellten Indizes und Spiegelbögen zur Verfügung.

Lit:. Wiedermayer a.a.O.S. 134 ff; Bittner, *Gesamtinventar* Bd. 1, S. 451 – 456 – Stropp R., Die Akten des k.u.k. Ministeriums des Äußern: Administrative Registratur, *MÖSTA* 30, 1977, S. 398 – 453; 32, 1979, S. 306 – 349; 33, 1980, S. 356 – 405; 34,

1981, S. 411 – 456; Benna, Beziehungen Österreich-Ungarns zu Siam (wie oben S. 64) S. 132 – 136.

F 1 **Österreichisches Kaiserhaus** 1830 – 1918 (22 Bde 77 Kart.)

Enthält Akten über Ordensverleihungen (Türkei, Persien, Siam, Japan, Korea, Tunis); Geschenke von und an Mitglieder des Kaiserhauses; Reisen von Mitgliedern des Kaiserhauses nach Konstantinopel, Kleinasien, Jerusalem, Ägypten, Tanger, Indien, Ostasien; Audienzen fremder Fürstlichkeiten (Abessinien, Japan, Persien) und Minister, Offiziere, Militärmissionen, Studiengruppen am Wiener Hof.

F 2 **Fremde Souveräne** 1830 – 1918 (7 Bde, 93 Kart.)

Enthält Material wie Notifikationen (Geburt, Vermählung, Tod, Thronbesteigung), Ordensverleihungen und Dekorationen fremder Herrscher und Staatsoberhäupter, Geschenke, Reisen nach Europa, in die Österreichisch-Ungarische Monarchie und nach Wien.

Staaten 1850 – 59: Persien 1 Konv. (Kart. 15); Türkei 1 Konv. (ebd.)
Generalia 1860 – 79: Wiener Weltausstellung 1873, 1 Konv. (Kart. 18); Schah von Persien 1873, 1878 1 Konv. (ebd.); Japanische Gesandtschaft 1873 (ebd.)
Staaten 1860 – 79: Ägypten 1 Konv. (Kart. 20); Fidschi 1 Konv. (ebd.); Liberia 1 Konv. (Kart. 21); Persien 1 Konv. (Kart. 24); Türkei 1 Konv. (Kart. 27)

Generalia 1880 – 1918: Audienzen: 27) Schild, Johann um Audienz beim Sultan 1 Konv. (Kart. 27); Zeremoniell: 5) Normen über den Empfang fremder Missionschefs am ottomanischen Hof, 1918 1 Konv. (ebd.); Notifikationen: 6) Notifikationen für asiatische Staaten 1913 1 Konv. (ebd.); Reisen: 3) Reise des Zuluhäuptlings Dinizulu nach Karlsbad 1913 1 Konv. (Kart. 28); 4) Behandlung exterritorialer Fürstlichkeiten 1914 1 Konv. (ebd.)

Staaten 1880 – 1918: Abessinien 1 Konv. (Kart. 31); Baroda 1 Konv. (Kart. 32); Belgien: 18) Bildung des Kongostaates 1885 1 Konv. (Kart. 39); China 2 Konv. (Kart. 42, 44); Ägypten 1 Konv. (Kart. 45); Großbritannien: 97) Reise des Maharadscha Diraj von Burdovan (Bengalen) 1906 1 Konv. (Kart. 50); Hawai, Hyderabad 1 Konv. (Kart. 51); Jahore 1 Konv. (Kart. 52); Kaburtala 1 Konv. (Kart. 53); Korea 1 Konv. (ebd.); Liberia 1 Konv. (ebd.); Japan 1 Konv. (Kart. 55/6); Marokko 1 Konv. (Kart. 57); Siam 1 Konv. (Kart. 69); Tunis 1 Konv. (Kart. 96); Türkei (Kart. 97), 1 Konv. (Kart. 98); Sansibar 1 Konv. (Kart. 99)
Hofnachrichten 1880 – 1918: Ägypten 1 Konv. (Kart. 29); Japan 1 Konv. (ebd.)

F 4 Staatskanzlei und Ministerium des kaiserlichen Hauses und des Äußern ca.1830 – 1918 (2 Bde, 478 Kart.)

Der Bestand enthält vor allem die Personalakten der Beamten des auswärtigen Dienstes aus der Zeit von 1830 (und davor) bis 1918. Anläßlich einer Neuordnung des Bestandes wurden die bisher in F 8 Kaiserliche Missionen und Agentien hinterlegten Personalakten in das F 4 übertragen. Beide zusammen bilden eine alphabetische Reihe A – Z (Kart. 3 – 395). Der Bestand wurde etwas vermindert durch Auslieferung von Personalakten ehemaliger österreichisch- ungarischer Beamter, die in den auswärtigen Dienst der Nachfolgestaaten Österreich-Ungarns (Italien, Jugoslawien, Polen, Rumänien, Tschechoslowakei, Ungarn) traten.

Die Generalia des Faches betreffen vor allem die Organisierung des Ministeriums, die Referats- und Geschäftseinteilung, Kurierverbindungen sowie die Orientalische und spätere Konsularakademie, die zur Heranbildung diplomatischer und konsularischer Beamter für den Dienst im Nahen Osten diente.

Personalakten A – Z (Kart. 3 – 395)
Generalia 1850 – 1870: Sammlungen 5: Kongoexpedition 1 Konv. (Kart. 401)

F 6 Kaiserliche Missionen 1850 – 1918 (103 Kart.)

Die Generalia des Faches betreffen sowohl das Personal der Missionen (Diplomaten, Kanzleipersonal, Dolmetscher, Dragomane, Ärzte, Advokaten, Diener), als auch deren Organisierung, Status und räumliche Unterbringung.

Palais 1880 – 1905: Jenikö 2 Konv. (Kart. 23/24); Peking 1 Konv. (Kart. 28); Tokio 2 Konv. (Kart. 32/33)

Generalia 1870 – 1909: Weltausstellungsbeiträge 1 Konv. (Kart. 34)
Missionssitze 1871 – 1902: Ostasien 1 Konv. (Kart. 41)

Generalia 1871 – 1918: Militärattachés: I/44 Teheran 1914/15 1 Konv. (Kart. 44); Diener (Kavassen): Bangkok 1 Konv. (Kart. 45); Teheran 1 Konv. (Kart. 47); Tokio 1 Konv. (ebd.)

Missionssitze 1871 – 1918: Addis Abeba 1 Konv. (Kart. 50); Bangkok 1 Konv. (ebd.) Peking 1 Konv. (Kart. 68); Tanger 2 Konv. (Kart. 74/75); Teheran 2 Konv. (Kart. 76); Tokio 1 Konv. (ebd.); Tiflis 1 Konv. (ebd.)

Palais 1906 – 1918: Peking (Kart. 89, 90); Tokio (Kart. 97, 98)

F 7 Fremde Missionen in der Monarchie 1830 – 1918 (5 Bde, 54 Kart.)

Die Generalia dieses Faches betreffen das gesamte Personal der fremden Missionen in Wien, dessen Exterritorialität, Immunität, Mautfreiheit, Rang, Status, Steuerfreiheit, Zeremoniell.

Generalia 1830 – 1849: Status 1 Konv. (Kart. 7)

Generalia 1850 – 1859: Status 1 Konv. (Kart. 7)

Generalia 1860 – 1879: Personallisten (diplomatisches Korps) 1 Konv. (Kart. 8); Status 1 Konv. (ebd.); 1 Konv. (Kart. 9); Zeremoniell (fremde Diplomaten) 1 Konv. (ebd.)

Generalia 1880 – 1918: Legitimationskarten (nach Staaten A – U) (Kart. 12/13); Status des diplomatischen Korps 1881 – 1918 (Kart. 13 – 19)

Staaten 1830 – 1849: Persien 1 Konv. (Kart. 22); Türkei 1 Konv. (Kart. 23)

Staaten 1850 – 1859: Persien 1 Konv. (Kart. 25); Türkei 1 Konv. (Kart. 26)

Staaten 1860 – 1879: Birma 1 Konv. (Kart. 26); Persien 1 Konv. (Kart. 29); Siam 1 Konv. (Kart. 57); Türkei 1 Konv. (Kart. 58/59)

F 8 Kaiserliche Konsulate und Agentien 1830 – 1918 (3 Bde, 417 Kart.)

Die Generalia des Faches betreffen sowohl das Personal der Konsulate und Agentien – die Personalakten der Konsularbeamten erliegen zusammen mit denen der Beamten der Zentralleitung und des diplomatischen Dienstes in F4; Personalakten von Honorarfunktionären sind sehr spärlich – als auch Organisierung und Status der Konsulate sowie deren räumliche Unterbringung, ferner die zur Ausbildung der österreich-ungarischen Konsularbeamten dienende Orientalische und spätere Konsularakademie.

Verzeichnis der österreichisch-ungarischen Konsulate, Agentien etc. 1894 1 Bd. (Nr. 1)

Status der österreichisch-ungarischen Konsulate bis 1880 A – Z 2 Bde. (Nr. 1a, 1b)

Staaten (innerhalb derselben nach Sitzen) 1830 – 1849: Großbritannien (St. Helena), 1 Konv. (Kart. 2); Frankreich (Algier, Bone, Philippeville, Mostaganem), 1 Konv. (ebd.); Belgien (Funchal), 1 Konv. (ebd.); Marokko (Tanger), 1 Konv. (Kart. 3); Niederlande (Batavia), 1 Konv. (ebd.); Ägypten (Alexandrien, Kairo), 1 Konv. (Kart. 4); Spanien (Palma), 1 Konv. (ebd.); Rußland (Kertsch, Mariupol, Ismail, Taganrog), 1 Konv. (ebd.); Barbaresken (Tripolis, Tunis), 1 Konv. (Kart. 5); Syrien und Palästina 1 Konv. (Kart. 6); Kleinasien 1 Konv. (ebd.)

Staaten 1850 – 1869: Asien, Ostasiatisch-südamerikanische Expedition 1868 1 Konv. (Kart. 7); Siam 1 Konv. (ebd.); China 2 Konv. (Kart. 8/9); Japan 1 Konv. (Kart. 9); Frankreich (Algier), 1 Konv. (ebd.); Frankreich (Saigon) 1 Konv. (Kart. 11); Großbritannien A – G (Kart. 13); Großbritannien G – M (Kart. 14); Großbritannien M – S (Kart. 15); Großbritannien S – Y (Kart. 16); Marokko 2 Konv. (Kart. 18/19); Niederlande 2 Konv. (Kart. 20, 26); Persien 2 Konv. (Kart. 19, 21); Syrien und Palästina 2 Konv. (Kart. 18, 38); Portugal 2 Konv. (Kart. 20,27); Rußland 2 Konv. (Kart. 22/23); Marokko 1 Konv. (Kart. 26); Spanien 1 Konv. (Kart. 28); Kleinasien 2 Konv. (Kart. 29,32); Ägypten (Alexandrien, Khartum) 1 Konv. (Kart. 30); Ägypten D – T 1 Konv. (Kart. 31); Barbareskenstaaten 1 Konv. (Kart. 35); Rußland 1 Konv. (Kart. 36)

Staaten 1870 – 1879: Ägypten 1 Konv. (Kart. 38); Asien 1 Konv., (ebd.); China und Japan 1 Konv. (Kart. 39); Frankreich 1 Konv. (Kart. 40); Großbritannien 1 Konv. (ebd.); Ostasien 1 Konv. (ebd.); Rußland 1 Konv. (ebd.); Spanien 1 Konv. (Kart. 41)

Konsularsitze A – Z 1870 – 1879 (Kart. 42 – 59)

Konsularsitze A – Z 1880 – 1918 (Kart. 59 – 260)
(Detailverzeichnis bei Stropp a.a.O. *MÖStA* 32, 1979, S. 311 – 315)

Staaten 1880 – 1918: Belgien 1 Konv. (Kart. 262); Barbaresken 1 Konv. (ebd.); China und Japan 1 Konv. (Kart. 262/263); Ägypten 1 Konv. (Kart. 264); Deutsches Reich 1 Konv. (Kart. ebd.); Frankreich 1 Konv. (ebd.); Großbritannien (Indien) 1 Konv. (Kart. 265); Madagaskar 1 Konv. (Kart. 266); Marokko 1 Konv. (ebd.); Niederlande 1 Konv. (Kart. 267); Persien 1 Konv. (Kart. 269); Portugal 1 Konv. (ebd.); Rußland 1 Konv. (Kart. 270); Siam 1 Konv. (ebd.); Spanien 1 Konv. (ebd.); Türkei 1 Konv. (Kart. 270 – 272)

Generalia 1830 – 1849: Organisierung, Reorganisierung 2 Konv. (Kart. 273)

Generalia 1850 – 1869: Organisierung 3 Konv. (Kart. 273 – 281); Österreichischer Lloyd 1 Konv. (Kart. 279); Status 1 Konv. (Kart. 285); Weltumsegelung der „Novara" 1 Konv. (Kart. 286)

Generalia 1870 – 1879: Das österreichisch-ungarische Konsularwesen und die Stellung der fremden Konsularfunktionäre in Österreich-Ungarn, Wien 1877 (Broschüre) (Kart. 287); Organisierung (Kart. 300 – 302); Status (darunter Übersicht des gegenwärtigen Standes der k.u.k. Konsularämter in sämtlichen fremden Staaten) 1871 – 1882 1 Konv. (Kart. 304); Wiener Weltausstellung 1873, 1 Konv. (Kart. 305)

Generalia 1880 – 1918: Konsularkonvention mit Japan 2 Konv. (Kart. 373/74); Konsularkonventionen mit Belgien, Frankreich, Großbritannien 1 Konv. (Kart. 374); Konsularkonventionen mit Italien, Spanien 1 Konv. (Kart. 375); Diener, Dolmetscher, Dragomane 1 Konv. (Kart. 377); Instruktionen 2 Konv. (Kart. 377/78); Organisierung (Kart. 402 – 406); Status 1 Konv. (Kart. 414)

F 9 **Fremde Konsulate in Österreich-Ungarn** 1830 – 1918 (54 Kart.)

Die Generalia dieses Faches betreffen Auszeichnungen, Auskünfte, Exequaturerteilung, Immunitäten, Steuern fremder Konsuln, Handelsagenten und Gerenten sowie Vertretung fremder Konsuln durch österreichisch-ungarische Konsularfunktionäre und österreichisch-ungarische Staatsangehörige.

Staaten 1830 – 1849: Türkei 1 Konv. (Kart. 2)

Staaten 1850 – 1859: Armenien (Erzurum) 1 Konv. (Kart. 4); Ägypten 1 Konv. (Kart. 5); Türkei 1 Konv. (Kart. 7)

Staaten 1860 – 1879: Abessinien 1 Konv. (Kart. 9); Liberia 1 Konv. (Kart. 12); Persien 1 Konv. (Kart. 13); Türkei 2 Konv. (Kart. 13/14)

Staaten 1880 – 1918: China 1 Konv. (Kart. 28); Kongostaat 1 Konv. (ebd.); Ägypten 1 Konv. (Kart. 29); Japan 1 Konv. (Kart. 34); Liberia 1 Konv. (ebd.); Persien 1 Konv. (Kart. 45); Siam 1 Konv. (Kart. 50); Türkei 2 Konv. (Kart. 53/54)

F 10 **Politica** 1848 – 1915 (8 Kart.)

Enthält Memoranden, Publikationen und Situationsberichte aus fremden Staaten.

Staaten 1848 – 1879: Osmanisches Reich (Ägypten, Mesopotamien, Syrien, Tunis, Tripolis) 1 Konv. (Kart. 1); Siam 1 Konv. (ebd.); Marokko 1 Konv. (ebd.)

Staaten 1880 – 1918: Ägypten 1 Konv. (Kart. 7); Britisch-Indien 1 Konv. (ebd.); China 1 Konv. (ebd.); Japan 1 Konv. (ebd.); Korea 1 Konv. (Kart. 8); Marokko 1 Konv. (ebd.); Persien 1 Konv. (ebd.); Siam 1 Konv. (ebd.); Türkei 1 Konv. (ebd.)

F 12 **Gesellschaften und Vereine** 1845 – 1918 (34 Kart.)

Enthält Akten über künstlerische und wissenschaftliche Akademien, Gesellschaften (z.B. Rotes Kreuz), sowie Kongresse und Vereine (z.B. österreichisch-ungarische und ausländische Hilfsvereine)

Gesellschaften und Vereine 1850 – 1869: Deutscher Hilfsverein in Kapstadt 1 Konv. (Kart. 5)

Gesellschaften und Vereine 1880 – 1918: Verzeichnis sämtlicher Hilfsvereine im Ausland 1 Konv. (Kart. 10,I/18) – Vorgeschriebene Kaution ausländischer Versicherungsgesellschaften in Japan 1903 1 Konv. (Kart. 16,I/11) – Aufnahme der Tätigkeit der österreichischen Transportversicherungsgesellschaft „Providentia“ in Hongkong 1904 1 Konv. (ebd. I/12)

Rotes Kreuz: Sanitätshilfsaktion zugunsten Japans und Rußlands 1904 – 1905 1 Konv. (Kart. 18, 3/3) – Japanische Gesellschaft vom Roten Kreuz 1906 – 1912 1 Konv. (ebd. 3/6) – Entsendung des Generals der Generalstabsbrigade Nazif Pascha seitens der türkischen Regierung zum Studium der Einrichtungen des Roten Kreuzes in Österreich-Ungarn 1911 1 Konv. (ebd. 3/15) – Türkische Botschaft in Wien um Auskünfte über das Rote Kreuz 1911 1 Konv. (ebd. 3/16)

Österreichisch-Ungarische Hilfsvereine im Ausland 1897 – 1918: Afrika 1 Konv. (Kart. 18); China 1 Konv. (Kart. 20); Ägypten 1 Konv. (ebd.); Persien 1 Konv. (Kart. 26); Tunis (Kart. 27); Türkei 2 Konv. (Kart. 29/30)

Fremde Hilfsvereine in der Monarchie und im Ausland: Algier 1 Konv. (Kart. 30); Ägypten (Kart. 31); Türkei 1 Konv. (Kart. 34)

F 13 Öffentliche Anstalten 1842 – 1918 (1 Bd., 35 Kart.)

Die Generalia dieses Faches betreffen Bauten aller Art (Brücken, Straßen- und Wasserbauten), kommunales und öffentliches Bauwesen, Bibliotheken, Galerien, Gärten, Institute, Menagerien, Monumente, Museen des In- und Auslandes, Hofbibliothek, Hofgärten, Hofmenagerie, Hofmuseen (Kunsthistorisches und Naturhistorisches) in Wien, Kommunalwesen, Kongresse, Staatsdruckerei (Wien), Theater.

Suezkanal 1842 – 1857 (Kart. 2); 1858 – 1869 (Kart. 3)

Generalia 1880 – 1918 (ausgewählte Beispiele):

Staatsdruckerei 30: Bericht der Direktion der Hof- und Staatsdruckerei über die Überlassung von Dienstvorschriften an die japanische Staatsdruckerei in Tokio 1 Konv. (Kart. 13)

Bauwesen: Siam 1, Bau eines Palastes in Petschabzri 1909 1 Konv. (Kart. 14); Türkei 1, Revue technique de l'Orient 1 Konv. (ebd.); 4, Gründung einer Gesellschaft zum Ausbau großer Boulevards in Smyrna 1917 1 Konv. (ebd.); 5, Besprechungen Direktor Weils über die Kooperation österreichisch-ungarischen und deutschen Kapitals bei Bauunternehmungen in der Türkei 1917 1 Konv. (ebd.); 6, Programm über die von Professor Lampel für die Orientalische Abteilung des Kriegsministeriums zu leistenden Arbeiten über technische und kunstwissenschaftliche Fragen des Orients 1917 – 1918 1 Konv. (ebd.)

Kommunalwesen: Ägypten 1, Versorgung von ägyptischen Städten mit Trinkwasser, Studien verschiedener Filtersysteme, Aufträge an Firmen 1910 1 Konv. (Kart. 15); 2, Gründung einer Munizipalität in Port Said 1911 1 Konv. (ebd.); 3, Ausschreibung der Stelle eines technischen Aufsehers bei der Munizipalität in Alexandrien 1913 1 Konv. (ebd.); Siam 1, Ausbau einer Trinkwasserleitung in Bangkok 1911 1 Konv. (Kart. 16); Türkei 13, Konzessionsvergaben in Munizipalitätsangelegenheiten in der Türkei 1909 1 Konv. (ebd.); Gesetze über die Gebäudesteuer 1910 1 Konv. (ebd.);

Bibliotheken: Dank der Hofbibliothek für die Überlassung mehrerer orientalischer Handschriften seitens der Botschaft in Konstantinopel 1907 1 Konv. (Kart. 17, 2/148); Modalitäten der Entlehnung von Manuskripten des Indischen Kolonialamtes 1913 1 Konv. (Kart. 23, 1/8)

Hofmuseen (Naturhistorisches Museum): Übersendung eines Basaltlavasteins durch den Sultan mit der Bitte um Untersuchung 1901, 1 Stk (Kart. 31, Nr. 2/20) – Geschenk eines Meteoriten aus Prambanan (Java) durch den Kaiser von Soerakarta 1905, 1 Stk (ebd. Nr. 2/39) – Chen-Kwei-Ling, Vizekönig von Chili, spendet die auf der 1. Internationalen Jagdausstellung ausgestellten chinesischen Jagdbilder und -waffen 1910, 1 Konv. (Kart. 32, Nr. 2/66) – Sammlung von Waffen und Musikinstrumenten aus Algier, 1 Konv. (ebd. Nr. 2/68)

Hofgärten: Exotische Pflanzen und Sämereien aus dem Botanischen Garten in Durban 1903 – 1904, 1 Konv. (Kart. 33, Nr. 3) – Beschaffung von Sämereien, Pflanzenzwiebeln und Wurzelstöcken für das Glashaus in Schönbrunn durch Intervention des österreichisch-ungarischen Konsulats in Kapstadt, 1 Konv. (ebd. Nr. 5)

Menagerien: Geschenk eines Tigers für die Menagerie in Schönbrunn durch den Sultan von Jahore, 1 Konv. (Kart. 33, Nr. 1) – Geschenk eines jungen Löwen für Schönbrunn durch den Sultan von Sansibar, 1901 1 Konv. (ebd. Nr. 19) – Beschaffung von Tieren des niederländisch-ostindischen Archipels durch Honorarkonsul Heymann aus Batavia 1905, 1 Konv. (ebd. Nr. 31) – Tierbeschaffung aus Ostafrika und Uganda für Schönbrunn 1912, 1 Konv. (Kart. 34, Nr. 53)

Museen: Errichtung eines Museums für Ethnologie, Naturgeschichte und Handel in Manila 1903, 1 Konv. (Kart. 36, Nr. 2/25) – Bitte des Direktors des griechisch-römischen Museums in Alexandrien um kostenlose Überlassung von Publikationen der Papyri aus der Sammlung Erzherzog Rainer 1905, 1 Konv. (Kart. 36)

F 15 Aus- und Einwanderungen 1861 – 1918 (68 Kart.)

Die Generalia dieses Faches betreffen Aus- und Einwanderung sowie Kolonisierung; Auswanderungsberichte und Auswanderungsstatistik, Auswandererhäfen, Agenten, Agenturen, Agitation; Beschwerden; Emigrantenhäuser; Gesetze; Heimlieferung; Jahresberichte; Rückwanderung; Publikationen.

Auswanderung und Kolonisierung nach Staaten 1861 – 1879: Auswanderung nach Frankreich (Algier 1863) 1 Konv. (Kart. 1) – Kolonisierung in Algier 1869 1 Konv. und Auswanderung von Familien aus Riga nach Algier 1 Konv. (ebd.) – Auswanderung Rußland I/3: Anwerbung böhmischer Kolonisten für das Amur-Gebiet 1867 1 Konv. (ebd.) – Verleitung böhmischer und galizischer Arbeiter zur Auswanderung auf die Krim 1 Konv. (ebd.) – Kolonisierung in der Türkei (Kleinasien) 1 Konv. (ebd.) – Auswanderung von Galizien nach Palästina 1869 1 Konv. (ebd.) – Denkschrift über die Gründung österreichischer Kolonien außerhalb Europas, verfaßt von Dr. Hippolyt Tauschinski, 1867 1 Konv. (ebd.)

Auswanderung und Kolonisierung nach Staaten 1870 – 1879: Rußland 1 Konv. (Kart. 2); Türkei 1 Konv. (ebd.); Tunis 1 Konv. (ebd.)
Auswanderung 1880 – 1918: Gründung einer österreichischen Kolonialgesellschaft 1896 – 1903 1 Konv. (Kart. 3, I/19) – Neues Reglement für die Auswanderung nach Transvaal 1897 1 Konv. (ebd., I/20) – Konvention zwischen den U.S.A. und China, die Verhinderung der Auswanderung chinesischer Arbeiter nach den U.S.A. betreffend 1 Konv. (ebd., I/7) – Auswanderung österreichisch-ungarischer Staatsangehöriger nach Britisch-Indien 1891 1 Konv. (ebd. I/15) – Neues Einwanderungsgesetz nach der Provinz Natal im Transvaal (1897) und Berufung darauf 1901 1 Konv. (Kart. 8, I/64)

Statistische Auswanderungsberichte 1904 – 1909: Kapstadt 1 Konv. (Kart. 14); Durban (Natal) 1 Konv. (ebd.)

Generalia 1871 – 1918: Kolonisierung: Afrika 1 Konv. (Kart. 25); Algier 1 Konv. (ebd.); Italien (Tripolitanien) 1 Konv. (ebd.); Korea 1 Konv. (ebd.); Tunis 1 Konv. (Kart. 26); Türkei 1 Konv. (ebd.)

Generalia 1871 – 1918: Gesetze: Verschärfung der Vorschriften über die Behandlung unterstandsloser Personen in Hongkong 1 Konv. (Kart. 32, 2/4) – Aden, Erlaß eines Landungsverbotes für unbemittelte Europäer; Einwanderungspolitik der Südafrikanischen Union und neue Einwanderungsgesetze für Südafrika sowie Errichtung von Agenturen zur Propagierung der südafrikanischen Einwanderung; Ausfuhrverbot für chinesische Kontraktarbeiter nach Natal 1 Konv. (ebd. 2/13); Deutschsüdwestafrikanische Einwanderungsverordnung 1 Konv. (Kart. 34,2/14); Korea, Auswanderungsgesetz 1 Konv. (Kart. 34, 2/19)

Generalia 1871 – 1918: Publikationen I: Japan 1 Konv. (Kart. 38) Auswanderung, Kolonisierung und Rückwanderung 1880 – 1918: Kapland 1 Konv. (Kart. 52); Brasilien (28 japanische Einwanderung) 1 Konv. (Kart. 59); Brasilien (26 japanische Einwanderung) 2 Konv. (Kart. 60/1); Großbritannien (15 Südafrika) 1 Konv. (Kart. 63); Japan 1 Konv. (Kart. 63); Italien (Kleinasien, Libyen, Tripolitanien) 1 Konv. (Kart. 64); Madagaskar 1 Konv. (ebd.); Mexiko (japanische Einwanderung, Zionistenauswanderung nach Mexiko) 1 Konv. (ebd.); Natal 1 Konv. (Kart. 66); Rußland (15 Werben russischer Auswanderungsagenten unter den Lippowanern in der Bukowina zur Auswanderung in die Mandschurei 1908 – 10; 16 Niederlassungsverbot für fremde Staatsangehörige im Gebiet des Amur 1912; 17 Massenauswanderung von Neoisraeliten (=Molokanen) aus dem Kaukasus nach Uruguay 1911) 1 Konv. (ebd.); Südafrika 1 Konv. (Kart. 68); Transvaal 1 Konv. (ebd.); Tunis 1 Konv. (ebd.); Türkei 1 Konv. (ebd.); Sansibar 1 Konv. (ebd.)

F 16 Zollangelegenheiten (Aus-, Ein- und Durchfuhr) 1861 – 1918 (34 Kart.)

Die Generalia dieses Faches betreffen Ämter, Aversum (= Beitrag der Zollausschüsse), Beschwerden, Fakturen, Gefällsübertretungen, Gesetze, Grenzverkehr, Kongresse, Publikationen, Reklamationen, Tarife, Zollämter, Zollfreiheit und Zollwesen.

Allgemeines 1861 – 1869: Ausfuhr (16/2 Türkei, die Ausfuhr von Pferden aus der Provinz Irak betreffend, 1863) 1 Konv. (Kart. 1)

Staaten 1901 – 1903: Kapland 1 Konv. (Kart. 2); China 1 Konv. (ebd.); Ägypten 1 Konv. (Kart. 3); Großbritannien (Erithrea, Indien) 1 Konv. (ebd.); Italien (Erithrea) 1 Konv. (ebd.); Japan 1 Konv. (Kart. 4); Indien 1 Konv. (ebd.); Marokko 1 Konv. (ebd.); Persien 1 Konv. (Kart. 5); Philippinen 1 Konv. (ebd.); Südafrika 1 Konv. (Kart. 6); Türkei 1 Konv. (Kart. 7)

Generalia 1903 – 1908: Gesetze: Indien 1 Konv. (Kart. 15); Türkei 1 Konv. (Kart. 16)

Generalia 1909 – 1918: Reklamationen: Ägypten 1 Konv. (Kart. 17); China 1 Konv. (ebd.); Türkei 1 Konv. (ebd.)

Tarife 1903 – 1908: Großbritannien (Südafrika, Kapland, Transvaal) 1 Konv. (Kart. 18); Frankreich (Algier) 1 Konv. (ebd.); Indien 1 Konv. (ebd.); Deutschsüdwestafrika 1 Konv. (ebd.); Japan 1 Konv. (ebd.); Persien 1 Konv. (Kart. 20); Südafrika 1 Konv. (ebd.); Tunis 1 Konv. (ebd.); Türkei 1 Konv. (ebd.); Sansibar 1 Konv. (ebd.)

Tarife 1909 – 1918: China 1 Konv. (Kart. 21); Ägypten 1 Konv. (ebd.); Frankreich (Algier) 1 Konv. (Kart. 24); Indien 1 Konv. (ebd.); Japan 1 Konv. (ebd.); Marokko 1 Konv. (Kart. 25); Niederlande (Indien) 1 Konv. (ebd.); Persien 1 Konv. (Kart. 26); Philippinen 1 Konv. (ebd.); Siam 1 Konv. (Kart. 27); Türkei 1 Konv. (Kart. 29)

Varia 1903 – 1908: Türkei 1 Konv. (Kart. 30); China 1 Konv. (ebd.); Südafrika 1 Konv. (ebd.)

Varia 1909 – 1918: China 1 Konv. (Kart. 31); Türkei 1 Konv. (Kart. 32)

Zollfreiheit 1909 – 1918: Türkei 1 Konv. (Kart. 33)

F 17 Aus-, Ein- und Durchlieferungen 1830 – 1918 (39 Kart.)

Enthält Material über Aus-, Ein- und Durchlieferung von Deserteuren und Verbrechern sowie über Auslieferungsverträge und Asylfragen

Staaten 1830 – 1849: Türkei 1 Konv. (Kart. 3)

Staaten 1850 – 1869: Frankreich (Fremdenlegion, österreichische Deserteure in der Fremdenlegion in Algier) 1 Konv. (Kart. 6); Türkei (Kart.11 – 14)

Staaten 1870 – 1879: Türkei (Kart. 20)

Staaten 1880 – 1918: Ägypten 1 Konv. (Kart. 21); Amerika (Philippinen) 1 Konv. (Kart. 22); Belgien (Kongo) 1 Konv. (ebd.); Großbritannien (Indien) 1 Konv. (Kart. 30); Japan 1 Konv. (ebd.); Persien 1 Konv. (Kart. 33); Siam 1 Konv. (Kart. 36); Türkei 1 Konv. (Kart. 39)

F 18 Einsendungen 1842 – 1918 (1 Bd., 50 Kart.)

Das Fach betrifft Einsendungen, Dedikationen, Geschenkwerke an Mitglieder des österreichischen Herrscherhauses, an die Hofbibliothek in Wien, an die kgl. ungarische Regierung und an fremde Souveräne.

Einsendungen an Seine Majestät: Anregung zur Errichtung eines internationalen Sühnedenkmals in Form einer Hochschule für Chinesen „Institut international Ketteler à Pekin“ 1901 1 Konv. (Kart. 22, Nr. 277)

Subskriptionen: Fürstenausgabe der Monumentaledition des Koran 1916 1 Konv. (Kart. 49/36)

F 19 Eisenbahnen (Dampf- und elektrische Bahnen) 1860 – 1918 (50 Kart.)

Die Generalia des Faches betreffen Ämter, Auskünfte, Bahnbau, Beschwerden, österreichisch-ungarische und fremde Eisenbahnen, Fahrbegünstigungen, Fahrpläne, Gesellschaften, Gesetze, Konzessionen, Kongresse, Militärtransporte, Mitteilungen, Lizenzen, Publikationen, Tarife, Übereinkommen, Unfälle, Verkehrsdienst, Verkehrslinien, Verstaatlichung, Verträge, Vorschriften.

Staaten 1860 – 1869: Türkei 1 Konv. (Kart. 4); Rußland 1 Konv. (Kart. 5)

Generalia 1903 – 1908: Konzessionen (China) 1 Konv. (Kart. 5); Auskünfte (Österreich-Ungarn 2: Südafrikanische Eisenbahnverwaltung 1906 – 1907) 1 Konv. (Kart. 7); Fahrpreisbegünstigungen (Ägypten 1904 – 05) 1 Konv. (ebd.); Tarife (Transvaal, Japan, Indien, Türkei) 1 Konv. (Kart. 8); Verstaatlichung (Japan, Gesetz über Privatbahnen 1906) 1 Konv. (Kart. 9)

Gesetze nach Staaten 1903 – 1908: Japan 1 Konv. (Kart. 10); Österreich-Ungarn (Ansuchen der japanischen Regierung um Überlassung ö.-u. Gesetze und Verordnungen 1902, 1904) 1 Konv. (Kart. 10)

Publikationen nach Staaten 1900 – 1908: Großbritannien (Südafrika) 1 Konv. (Kart. 10); Siam 1 Konv. (Kart. 12); Türkei 1 Konv. (ebd.)

Beschwerden nach Staaten 1903 – 1908: Ägypten 1 Konv. (Kart. 13); China 1 Konv. (Kart. 14); Korea 1 Konv. (ebd.); Tunis 1 Konv. (Kart. 15); Türkei (Kart. 19)

Staaten 1901 – 1908: Australien 1 Konv. (Kart. 19); China 1 Konv. (Kart. 19); Deutschland (16: Bestellung von Lokomotiven für Indien 1901) 1 Konv. (Kart. 20); Ägypten 2 Konv. (ebd.); Japan 1 Konv. (Kart. 21); Rußland 1 Konv. (ebd.); Südafrika 1 Konv. (ebd.); Tunis 1 Konv. (ebd.); Türkei (Kart. 22)

Verträge 1903 – 1908: Persien 1 Konv. (Kart. 22)

Varia 1903 – 1908: Ägypten 1 Konv. (Kart. 23); China 1 Konv. (ebd.); Indien 1 Konv. (ebd.); Japan 1 Konv. (ebd.); Transvaal 1 Konv. (ebd.); Türkei 1 Konv. (ebd.)

Generalia 1909 – 1918: Auskünfte: Österreich-Ungarn (Bitte der türkischen Botschaft um Überlassung der ö.-u. Eisenbahnstatistik 1915) 1 Konv. (Kart. 25/59)

Bahnbau nach Staaten 1909 – 1918: Abessinien 1 Konv. (Kart. 26); Afrika 1 Konv. (ebd.); China 1 Konv. (ebd.); Großbritannien (Indien) 1 Konv. (Kart. 27); Japan 1 Konv. (ebd.); Korea 1 Konv. (ebd.); Marokko 1 Konv. (ebd.); Italien (Libyen) 1 Konv. (Kart. 28); Persien 1 Konv. (Kart. 29); Rußland 1 Konv. (Kart. 30); Siam 1 Konv. (ebd.); Türkei 1 Konv. (Kart. 31,32,33)

Generalia 1909 – 1918: Fahrbegünstigung Türkei 1 Konv. (Kart. 35); Gesellschaften Türkei 1 Konv. (Kart. 35 – 37); Konzessionen China 1 Konv. (Kart. 38); Türkei 1 Konv. (ebd.); Verkehrslinien Japan 1 Konv. (ebd.); Türkei 1 Konv. (ebd.)

Publikationen nach Staaten 1909 – 1918: China 1 Konv. (Kart. 40); Siam 1 Konv. (Kart. 42); Türkei 1 Kart. (ebd.)

Varia nach Staaten 1909 – 1918: China 1 Konv. (Kart. 44); Japan 1 Konv. (ebd.); Türkei 1 Konv. (Kart. 46)

F 22 Freizügigkeit 1858 – 1918 (15 Kart.)

Betrifft das Recht des freien Wegzuges und der freien Niederlassung, enthält auch Material über Kriegshinterbliebenenfürsorge, Erbfähigkeit und Pensionen.

Generalia 1858 – 1859: Frage der Erbfähigkeit türkischer Untertanen nach Verwandten, die österreichische Untertanen sind 1 Konv. (Kart. 1)

Staaten 1861 – 1880: Persien 1 Konv. (Kart. 1); Türkei 1 Konv. (ebd.)

Staaten 1880 – 1918: Afrika 1 Konv. (Kart. 3); Asien 1 Konv. (ebd.); Australien 1 Konv. (ebd.); China 1 Konv. (ebd.); Ägypten 1 Konv. (Kart. 4); Indien 1 Konv. (Kart. 13); Japan 1 Konv. (ebd.); Persien 1 Konv. (Kart. 15); Türkei 1 Konv. (ebd.)

F 23 Finanzwesen 1821 – 1918 (105 Kart.)

Das Fach betrifft Rothschild-Anleihen für den österreichischen Staat; ferner Amortisationen, Anleihen, Banken, Banknoten, Börse, Budget, Devinkulierung und Vinkulierung, Geldzeichen, Gesetze, Kommissionen, Kredite, Münzen, Obligationen, Publikationen, Punzierung, Sparkassen, Staatsschatz, Staatsschuld, Steuern, Verträge, Vorträge, Währung, Wertpapiere, Zahlungsverkehr.

Staaten 1901 – 1903: China 1 Konv. (Kart. 23); Ägypten 1 Konv. (Kart. 24); Indien 1 Konv. (ebd.); Japan 1 Konv. (ebd.); Marokko 1 Konv. (Kart. 25); Transvaal 1 Konv. (Kart. 27); Türkei 1 Konv. (ebd.)

Anleihen (nach Staaten) 1903 – 1908: China 1 Konv. (Kart. 27); Großbritannien (Transvaal) 1 Konv. (Kart. 28); Japan 1 Konv. (ebd.); Marokko 1 Konv. (ebd.); Tunis 1 Konv. (ebd.); Türkei 1 Konv. (ebd.)

Banken 1903 – 1908: China 1 Konv. (Kart. 29); Ägypten 1 Konv. (ebd.); Äthiopien 1 Konv. (ebd.); Großbritannien (Südafrika) 1 Konv. (Kart. 30); Japan 1 Konv. (ebd.); Persien 1 Konv. (ebd.); Tunis 1 Konv. (ebd.); Türkei 1 Konv. (ebd.)

Budget 1903 – 1908: Algier 1 Konv. (Kart. 31); Ägypten 1 Konv. (ebd.); Kongo 1 Konv. (ebd.); Japan 1 Konv. (Kart. 32)

Gesetze 1903 – 1908: Japan 1 Konv. (Kart. 33); Türkei 1 Konv. (ebd.)

Finanzberichte 1903 – 1908: Türkei 1 Konv. (Kart. 36)

Staatschuld 1903 – 1908: Türkei 2 Konv. (Kart. 37/38)

Kommissionen 1903 – 1908: Ägypten 1 Konv. (Kart. 39); Türkei 1 Konv. (Kart. 40)

Steuern 1903 – 1908: Japan 1 Konv. (Kart. 42); Marokko 1 Konv. (ebd.); Türkei 1 Konv. (Kart. 43); Sansibar 1 Konv. (ebd.)

Varia 1903 – 1908: Türkei 1 Konv. (Kart. 43)

Anleihen 1909 – 1918: Ägypten 1 Konv. (Kart. 44); China (Kart. 48,49); Japan 1 Konv. (Kart. 51); Liberia 1 Konv. (ebd.); Marokko 1 Konv. (ebd.); Persien 1 Konv. (Kart. 57); Tunis 1 Konv. (Kart. 58); Türkei (Kart. 59 – 61)

Banken 1909 – 1918: China 1 Konv. (Kart. 64); Ägypten 1 Konv. (Kart. 67); Japan 1 Konv. (Kart. 68); Marokko 1 Konv. (ebd.); Persien 1 Konv. (ebd.); Türkei 1 Konv. (Kart. 70)

Budget 1909 – 1918: China 1 Konv. (Kart. 72); Ägypten 1 Konv. (ebd.); Japan 1 Konv. (Kart. 75); Siam 1 Konv. (Kart. 76); Türkei 1 Konv. (Kart. 77)

Finanzberichte 1909 – 1918: Ägypten 1 Konv. (Kart. 78); Türkei 1 Konv. (Kart. 79)

Gesetze 1909 – 1918: Türkei 1 Konv. (Kart. 81)

Münzen 1909 – 1918: Siam 1 Konv. (Kart. 85); Türkei 1 Konv. (Kart. 86)

Publikationen 1909 – 1918: Japan 1 Konv. (Kart. 89); Türkei 1 Konv. (Kart. 90)

Staatsschuld 1909 – 1918: Türkei 2 Konv. (Kart. 91 – 93)

Steuern 1909 – 1918: Australien 1 Konv. (Kart. 93); China 1 Konv. (Kart. 93); Japan 1 Konv. (Kart. 97); Marokko 1 Konv. (Kart. 98); Türkei (Kart. 100, 101)

Wertpapiere 1909 – 1918: China 1 Konv. (Kart. 103); Türkei 1 Konv. (Kart. 104); Österreich-Ungarn 10 (Erwerbung der Aktien der Orientbahngesellschaft und der Saloniki-Monastir E.G. durch ein ö.-u. Konsortium (Kart. 105)

F 24 Forderungen 1830 – 1922 (53 Kart.)

Die Generalia des Faches betreffen staatliche und private Forderungen, Reklamationen, Requisitionen.

Staaten 1830 – 1860: Ägypten (Castellani, Kindinevo, Lucovich, Menasse, Nascimbeni, Tribunal international mixte Scandella) 1 Konv. (Kart. 1) – Tunis (Bancevich-Lettis) 1 Konv. (Kart. 4)

Allgemein 1836 – 1851: Tripolis ab 1832 1 Konv. (Kart. 7)

Staaten 1861 – 1870: Ägypten (darunter Commission Austro-Egypt. 1861 – 1864) 1 Konv. (Kart. 10); Ägyptische Reklamationen 1 Konv. (ebd.); Ägypten: Reklamationen bis 1855 (Kart. 11); Ägypten (Reklamationen u.a. Lucovich, Kremer, Cotta, Rossetti) (Kart. 12); Ägypten (Protokolle, Nobile, Castellani, Nascimbeni, Bazarfrage) (Kart. 13); Ägypten (Anton und Stanislaus Lucovich) (Kart. 14); Ägypten (Kremer, Morpurgo, Nahmann, Dettes de villages, Rossetti, Cotta, Gibara, Sawa) (Kart. 15); Persien 1 Konv. (Kart. 16); Tripolis und Tunis 1 Konv. (Kart. 17); Türkei 1 Konv. (Kart. 18/19)

Staaten 1871 – 1918: China 1 Konv. (Kart. 21); Ägypten (Ismail Pascha) 1 Konv. (Kart. 22); Ägypten (Schadenersatzkommission 1883) (Kart. 23); Ägypten (Reklamationen ö.-u. Staatsangehöriger, Sudan) 1 Konv. (Kart. 24); Japan 1 Konv. (Kart. 27); Madagaskar 1 Konv. (ebd.); Persien 1 Konv. (Kart. 32) Sudan 1 Konv. (Kart. 33); Siam 1 Konv. (Kart. 34); Türkei 1 Konv. (Kart. 35/36); Türkei u.a. russisch-türkischer Krieg 1877, Beschlagnahmen (Kart. 37); Türkei, Verzeichnis zum russisch-türkischen Krieg 1877 1 Bd. (Nr. 38); Russisch-türkischer Krieg 1877 (Requisitionen, Reklamationen 1 Konv. (Kart. 39); Türkei (Reklamation Florio) (Kart. 40); Türkei 1 Konv. (Kart. 42); Tunis 2 Konv. (Kart. 42/3); Grois-Negrelli kontra Suezkanalgesellschaft 1892 – 1922 (Kart. 53)

F 26 Katholische Kirche im Okzident 1832 – 1860 (64 Kart.)

Die Generalia dieses Faches betreffen Kardinäle, Priester, Bischöfe, Dispensen, Ehesachen, Kapellen, Kirchen, Klöster, Hospize, das österreichische Konkordat von 1855, Bistümer, Domkapitel, Missionare und Missionen, Pilgerzüge, Vereine und Kongregationen, Sammlungen im In- und Ausland, ferner die griechisch-katholische, die armenisch-katholische und die chaldäisch-unierte Kirche, den griechisch-orientalischen (= nicht unierten) Kultus, die altkatholische Kirche, den evangelischen Kultus, die anglikanische Kirche und den israelitischen Kultus.

Generalia 1830 – 1860: Priester (Sendung von Franziskanern in das Hl. Land) 1 Konv. (Kart. 17)
Miscellanea: Waisenanstalt in Bombay 1858 1 Konv. (Kart. 19)

Generalia 1870 – 1911: Vereine: Unterstützung für den Verein von der Unbefleckten Empfängnis Mariens 1908 1 Konv. (Kart. 29/1) – Auskunft über den Verein St. Petrus Claver-Sodalität für die afrikanische Missionen 1908 1 Konv. (Kart. 29/2)

Majestätsgesuche: St. Peter Mission Mount Olivet, Basutoland 1905 1 Konv. (Kart. 40, Nr. 44) – Pfarrer Castellani, Convento di Terra Santa in Aleppo (1906) 1 Konv. (ebd. Nr. 59) – Prokurator der ägyptischen Mission in Lyon 1907 1 Konv. (ebd. Nr. 77) – P. Cyrill in Erzurum 1907/08 1 Konv. (ebd. Nr. 99) – Candida Weiss, Singapore 1908/09 (ebd. Nr. 115) – Dr. Thomas Poovathil, Kalkutta 1909/10 1 Konv. (Kart. 41, Nr. 137)

Staaten 1870 – 1895: Kap-Kolonie 1 Konv. (Kart. 50); China 1 Konv. (ebd.); Korea 1 Konv. (ebd.); Japan 1 Konv. (ebd.); Ostindien 1 Konv. (Kart. 51)

Staaten 1896 – 1911: Afrika 1 Konv. (Kart. 57); Birma 1 Konv. (ebd.); China 1 Konv. (ebd.); Indien 1 Konv. (ebd.); Japan 1 Konv. (ebd.); Persien 1 Konv. (ebd.); Tunis 1 Konv. (Kart. 58); Türkei 1 Konv. (ebd.); Sansibar 1 Konv. (ebd.)

F 27 Katholische Kirche in der Levante 1816 – 1918 (144 Kart.)

Die Generalia dieses Faches betreffen Bischöfe, Priester, Kongregationen, Orden, Missionare und Missionen, Hospize, Kirchen, Kapellen, Schulen, Schutz der Christenheit in der Levante und Kultusprotektorat, Subventionen.

Schutz der Christenheit in der Levante (Beirut, Alexandrien) 1816 – 1850 (Kart. 1)

Österreichisches Kultusprotektorat (Türkei) 1845 – 1853 (Kart. 2)

Kirchen 1854 – 1873: Tripolis 1 Konv. (Kart. 6); Tunis 1 Konv. (ebd.)

Missionen bis 1860: Zentralafrika (Khartum) 1 Konv. (Kart. 8); Ägypten 1 Konv. (Kart. 10); Syrien 1 Konv. (ebd.); Rhodos 1 Konv. (ebd.)

Missionen 1861 – 1873: Zentralafrika 1 Konv. (Kart. 12); Ägypten 1 Konv. (Kart. 13); Kleinasien 1 Konv. (ebd.); Syrien und Palästina (Bethlehem) 2 Konv. (Kart. 13/14); Türkei 1 Konv. (Kart. 14); Syrien 1 Konv. (ebd.)

Generalia 1861 – 1873: Armenisch-katholische Kirche 1 Konv. (Kart. 15); Mechitaristenkongregation 1 Konv. (ebd.); Missionsvereine 1 Konv. (ebd.)

Generalia 1854 – 1860: Konvent Aleppo 1 Konv. (Kart. 16); Verein zur Unbefleckten Empfängnis Mariens zur Unterstützung der Katholiken im Orient 1 Konv. (Kart. 17); Hospiz Jerusalem 1 Konv. (ebd.)

Missionen (nach Staaten) 1871 – 1911: Afrika 2 Konv. (Kart. 28/29); Indien 1 Konv. (Kart. 39); Mesopotamien 1 Konv. (ebd.); Persien 1 Konv. (ebd.); Tunis 1 Konv. (ebd.); Türkei 1 Konv. (ebd.)
Bosnien-Herzegowina (Erzbischof Stadler betr. das Memoire des Kardinals Howard: Schutzverhältnisse der Katholiken im Osmanischen Reich) 1 Konv. (Kart. 41); Ägypten 2 Konv. (Kart. 41/42)

Missionen (nach Orten) A – Z 1871 – 1911 (Kart. 49 – 144)
Detailverzeichnis bei Stropp (wie oben S. 94) S. 344 – 347

F 28 Fremde Kirchen und Sekten 1830 – 1911 (22 Kart.)

Die Akten dieses Faches betreffen verschiedene christliche Kirchen des Orients (Armenier, Kopten, Maroniten), Islam und Judentum.

Renegaten 1845 – 1848 1 Konv. (Kart. 1); Affäre des armenischen Kaufmanns Etienne Tatyos aus Konstantinopel 1842 1 Konv. (ebd.)

Israelitischer Kultus bis 1860: Hierosolomiten-Judenstiftung, Judengemeinde in Jerusalem 1 Konv. (Kart. 3); Israelitischer Kultus 1861 – 1873 1 Konv. (Kart. 5)

Generalia 1880 – 1911: Mohammedanischer Kultus 1 Konv. (Kart. 19); Maronitischer Kultus 1 Konv. (ebd.); Israelitischer Kultus 2 Konv. (Kart. 19, 20); Koptischer Kultus (Protektorat) 1878 – 1896 1 Konv. (ebd.); 1896 – 1903 (Kart. 21, 22)

F 30 Gerichtswesen 1830 – 1918 (196 Kart.)

Die Generalia des Faches betreffen europäische und außereuropäische Gerichte, levantinisches und nichtlevantinisches Gerichtswesen, Konsularjurisdiktion, Ziviljustizpflege, Hochverratsprozesse und Majestätsbeleidigungen, Parteisachen, Schiedsgerichte und Austrägalverfahren, Strafjustiz, Alimentation, Amnestie, Beschwerden, Eide, Gerichtskosten, Kuratel, Urteilsexekution, Justizreform, Zeugenvernehmung.

Gerichtswesen in der Levante (bis 1860): Konsularjurisdiktion 2 Konv. (Kart. 16, 17); Konsularjurisdiktion 1857 – 1859 1 Konv. (Kart. 19); Konkursverfahren und Rechtspflege in der Türkei, (Kart. 18)

Gerichtswesen in der Levante 1861 – 1870: Zivilprozesse (Türkei) 1 Konv. (Kart. 24); Gerichte (türkische) 1 Konv. (Kart. 25); Strafjustiz (Türkei) 1 Konv. (ebd.); Ziviljustiz Türkei (Kart. 26, 27)

Außereuropäisches Gerichtswesen 1861 – 1882: Ostasiatische Staaten 1 Konv. (Kart. 27); Persien 1 Konv. (ebd.)

Exterritorialität 1871 – 1883: Fremde Missionen in Wien 1 Konv. (Kart. 33); Fremde Missionen im In- und Ausland, österreichisch-ungarische Missionen im Ausland 1 Konv. (Kart. 34)

Gerichtswesen in der Levante 1871 – 1882: Tunis 1 Konv. (Kart. 40); Türkei Ziviljustiz 1 Konv. (Kart. 45); Türkei Zivilprozesse 1 Konv. (Kart. 46) Türkei Konsularjurisdiktion, Untertanenwesen, Zeugenvernehmung (Kart. 46)

Staaten 1883 – 1918: China 1 Konv. (Kart. 48); Ägypten I – Justizreform in Ägypten 1862, 1867 – 1869 1 Konv. (Kart. 54); 1870 – 1871 1 Konv. (Kart. 55); 1872 – 1873 1 Konv. (ebd.); 1873 (Kart. 56) 1874 – 77 1 Konv. (ebd.); 1880 – 1881 1 Konv. (ebd.); 1881 – 1887 (Kart. 57); 1888 – 1904 (Kart. 58); 1894 – 1911 (Kart. 59); 1904 – 1915 1 Konv. (Kart. 60); Jahresberichte 1905 – 1910 1 Konv. (Kart. 60); Jahresberichte 1911 – 1918 1 Konv. (Kart. 61); 1899 – 1904 1 Konv. (ebd.); Verlängerung der gemischten Gerichtsbarkeit 1905 – 1910 (Kart. 62); Personalia (Kart. 62, 64); Akten betreffend die Gemischte Tribunalkommission 1 Konv. (Kart. 63); Ägyptisches Pressegesetz 1 Konv. (Kart. 65)

Staaten 1883 – 1918: Japan 1 Konv. (Kart. 68); Liberia 1 Konv. (ebd.); Marokko 1 Konv. (Kart. 69); Persien 1 Konv. (ebd.); Siam 1 Konv. (Kart. 83); Türkei 1 Konv. (Kart. 83 – 85); Tunis 1 Konv. (Kart. 86)

Amnestie 1896 – 1918: Türkei 1 Konv. (Kart. 89)

Beschwerden 1894 – 1918: Türkei 1 Konv. (Kart. 89)

Konsularjurisdiktion 1883 – 1918: Britisch-Ostafrika 1 Konv. (Kart. 90); Charbin 1 Konv. (Kart. 91); China 1 Konv. (ebd.); Japan 1 Konv. (ebd.); Marokko 1 Konv.; (Kart. 91/2); Ostasien 1 Konv. (Kart. 92); Türkei 1 Konv. (ebd.); Siam 1 Konv. (Kart. 93); Tunis 1 Konv. (ebd.); Sansibar 1 Konv. (ebd.)

Kuratel 1896 – 1918: Afrika 1 Konv. (Kart. 103); Australien 1 Konv. (ebd.); China 1 Konv. (Kart. 118); Ägypten 1 Konv. (ebd.); Japan 1 Konv. (Kart. 122); Persien 1 Konv. (Kart. 123); Türkei 2 Konv. (Kart. 126, 127)

Gerichtskosten 1883 – 1918: Türkei 2 Konv. (Kart. 130, 131)

Parteisachen 1896 – 1918: Türkei 1 Konv. (Kart. 135)

Strafjustiz (ab 1871): Türkei 1 Konv. (Kart. 142)

Urteilsexekutionen 1883 – 1918: Persien 1 Konv. (Kart. 147); Türkei 1 Konv. (Kart. 148)

Varia 1883 – 1918: Türkei 1 Konv. (Kart. 150)

Zeugenvernehmung 1883 – 1918: Ägypten 1 Konv. (Kart. 152); Türkei 1 Konv. (ebd.)

Strafsachen 1896 – 1918: Ägypten 1 Konv. (Kart. 156); Marokko 1 Konv. (Kart. 165); Persien 1 Konv. (ebd.); Siam 1 Konv. (ebd.); Türkei 1 Konv. (Kart. 170)

Strafsachen 2. Serie 1896 – 1918: Ägypten 1 Konv. (Kart. 170); Türkei 1 Konv. (Kart. 172)

Zivilgerichtliche Zustellungen Serie I 1871 – 1918: Afrika 1 Konv. (Kart. 176); Asien 1 Konv. (ebd.); Australien 1 Konv. (ebd.); China 1 Konv. (ebd.); Ägypten 1 Konv. (Kart. 181); Holländisch-Indien 1 Konv. (ebd.); Marokko 1 Konv. (Kart. 182); Persien 1 Konv. (ebd.); Türkei 2 Konv. (Kart. 191, 192)

Zivilgerichtliche Zustellungen Serie II 1871 – 1918: Türkei 1 Konv. (Kart. 196)

F 31 Gewerbe und Industrie (Arbeiter) 1831 – 1918 (72 Kart.)

Die Generalia des Faches betreffen Ämter, Arbeiter, Arbeiterbewegung, Arbeiterschutz, Auskünfte, Gesetze, Gewerbevereine, Gewerkschaften, Konferenzen, Kongresse, Krankenkassen, Publikationen, Schutzbestimmungen, Streiks, Unfälle (Ersatzansprüche), Verträge.

Gesetze 1900 – 1908: Australien 1 Konv. (Kart. 4); Türkei 1 Konv. (Kart. 5)

Publikationen 1900 – 1908: Neuseeland 1 Konv. (Kart. 6)

Schutzbestimmungen: Algier 1 Konv. (Kart. 6); Ägypten 1 Konv. (ebd.); Südafrika 1 Konv. (ebd.); Tunis 1 Konv. (ebd.); Türkei 1 Konv. (ebd.)

Streiks 1900 – 1908: Türkei 1 Konv. (Kart. 8)

Arbeiter 1900 – 1908: Ägypten 1 Konv. (Kart. 9); Japan 1 Konv. (Kart. 10); Südafrika 1 Konv. (ebd.)

Varia 1909 – 1918: Gestattung von Arbeiterkonsumläden in Algerien 1913 1 Konv. (Kart. 13, Nr. 46)

Gesetze 1909 – 1918: Indien 1 Konv. (Kart. 20); Japan 1 Konv. (ebd.)

Publikationen 1909 – 1918: Japan 1 Konv. (Kart. 24)

Schutzbestimmungen 1909 – 1918: Japan 1 Konv. (Kart. 25)

Streiks: Ägypten 1 Konv. (Kart. 26); Frankreich (Arbeitseinstellung der Seeleute in den algerischen Häfen 1912) 1 Konv. (ebd.); Türkei 1 Konv. (Kart. 27)

Arbeiter 1896 – 1918: China 1 Konv. (Kart. 30); Japan 1 Konv. (ebd.); Türkei 1 Konv. (Kart. 49)

Unfälle und Ersatzansprüche 1900 – 1918: Türkei 1 Konv. (Kart. 72)

F 33 Verkehrserleichterungen (Gewerbe) 1830 – 1918 (12 Kart.)

Die Generalia des Faches betreffen Auskünfte, Beschwerden, Gerichte, Gesetze, Gewerbebetriebe, Kongresse, Lizenzen, Publikationen, Vereine

Staaten 1861 – 1869: Türkei 3 Konv. (Kart. 3 – 5)

Generalia 1901 – 1903: Gewerbebetriebe China 1 Konv. (Kart. 7); Indien 1 Konv. (ebd.); Türkei 1 Konv. (ebd.)

Generalia 1903 – 1908: Varia China 1910 1 Konv. (Kart. 8); Türkei 1 Konv. (Kart. 8)

Publikationen Japan (japanische Gewerbegesetzgebung 1904) 1 Konv. (Kart. 9)

Lizenzen Kapland 1 Konv. (Kart. 10); China 1 Konv. (Kart. 10)

Generalia 1909 – 1918: Varia Türkei (Konzession für den Betrieb elektrischer Beleuchtungswerke in der Türkei 1913; Gründung eines Gewerbemuseums in Konstantinopel) 1 Konv. (Kart. 11)

F 34 Handel und Gewerbe (auch Schiffahrt) 1861 – 1918 (98 Kart.)

Die Generalia dieses Faches betreffen Agenturen, Aktiengesellschaften, Auskünfte, Beiräte, Beschwerden, Cabotage, Exporte und Importe, Expeditionen, Fallimente, Freihäfen, Fachberichterstatter, Gesellschaften, Gesetze, Handelsberichte, Handelsfirmen, Handelsverträge, Handelsreisende, Handelsverkehr, Marktberichte, Monopole, Jahrmärkte, Offertausschreibungen, Schleichhandel, Subventionen, Ursprungszertifikate, Verträge, Zollwesen.

Die handelspolitischen Akten dieses sowie der Fächer 16-19, 23, 31, 33 – 35, 37 – 41, 49 – 51 und 59 aus den Jahren 1866 – 1897 sind in der Sonderreihe des Faches 34 zusammengefaßt.

Generalia 1861 – 1869: Expeditionen 1863 1 Konv. (Kart. 1); Schiffahrtsverträge mit China, Japan, Siam 1 Konv. (ebd.)

Verträge: Ägypten 1 Konv. (Kart. 2); Ostasienexpedition 1 Konv. (ebd.); Afrika (Ägypten, Liberia, Marokko) 1 Konv. (ebd.); Persien (Handelsvertrag von 1858) 1 Konv. (Kart. 3); Persien (Berichte Gasteigers) 1 Konv. (ebd.); Syrien 1 Konv. (ebd.); Süd-, Mittelamerika und Ostasiatische Staaten 2 Konv. (Kart. 3/4)

Staaten 1861 – 1869: Türkei (Handelsvertrag 1862) 1 Konv. (Kart. 7)

Generalia 1895 – 1918: Handelsberichte Port Said 1910 1 Konv. (Kart. 10); Yokohama 1913 1 Konv. (ebd.); Saigon 1907 1 Konv. (ebd.); Tientsin 1910, 1912 1 Konv. (Kart. 11); Tanger 1912 1 Konv. (ebd.)

Staaten 1901 – 1904: Abessinien 1 Konv. (Kart. 12); Australien 1 Konv. (ebd.); Kapland 1 Konv. (ebd.); China 1 Konv. (ebd.); Ägypten 1 Konv. (Kart. 13); Indien 1 Konv. (ebd.); Japan 1 Konv. (Kart. 15); Marokko 1 Konv. (ebd.); Persien 1 Konv. (ebd.) Philippinen 1 Konv. (ebd.); Transvaal 1 Konv. (Kart. 18); Siam 1 Konv. (Kart. 19); Türkei 1 Konv. (ebd.)

Generalia 1903 – 1908: Aktiengesellschaften Siam 1 Konv. (Kart. 20); Türkei 1 Konv. (ebd.)

Export: Ägypten 1 Konv. (Kart. 22); Indien 1 Konv. (ebd.); Japan 1 Konv. (ebd.); Marokko 1 Konv. (ebd.); Niederländisch-Indien 1 Konv. (ebd.); Persien 1 Konv. (ebd.); Tunis 1 Konv. (ebd.); Türkei 1 Konv. (ebd.)

Firmen: Kapland 1 Konv. (Kart. 24); Indien 1 Konv. (ebd.); Japan 1 Konv. (ebd.); Marokko 1 Konv. (ebd.); Persien 1 Konv. (ebd.); Türkei 1 Konv. (ebd.)

Kartelle: Japan 1 Konv. (Kart. 24)

Fallimente: Türkei 1 Konv. (Kart. 25)

Gesetze: Ägypten 1 Konv. (Kart. 26); Sansibar 1 Konv. (Kart. 27)

Handelsverkehr: Abessinien 1 Konv. (Kart. 29); China 1 Konv. (ebd.); Südafrika 1 Konv. (Kart. 30); Großbritannien (Britisch-Indien, Lourenço Marques, Westküste Afrikas, Südafrika) 1 Konv. (ebd.); Indien 1 Konv. (Kart. 31); Marokko 1 Konv. (ebd.); Neuseeland 1 Konv. (ebd.); Türkei 1 Konv. (Kart. 32)

Import: Ägypten 1 Konv. (Kart. 34); Kapland Konv. (ebd.); China 1 Konv. (ebd.); Indien 1 Konv. (Kart. 35); Südafrika 1 Konv. (ebd.); Türkei 1 Konv. (ebd.); Sansibar 1 Konv. (ebd.);

Monopole: Japan 1 Konv. (Kart. 34); Türkei 1 Konv. (ebd.);

Musterlager: Japan 1 Konv. (Kart. 34); Tunis 1 Konv. (ebd.); Türkei 1 Konv. (ebd.);

Varia: Ägypten 1 Konv. (Kart. 38); Äthiopien 1 Konv. (ebd.); China 1 Konv. (ebd.); Frankreich (Tunis) 1 Konv. (ebd.); Großbritannien (Südafrika) 1 Konv. (ebd.); Indien 1 Konv. (ebd.); Japan 1 Konv. (ebd.); Marokko 1 Konv. (ebd.); Persien 1 Konv. (ebd.); Philippinen 1 Konv. (ebd.); Tunis 1 Konv. (ebd.);

Generalia 1909 – 1918: Agenturen: China 1 Konv. (Kart. 39); Ägypten 1 Konv. (ebd.); Türkei 1 Konv. (ebd.)

Auskünfte: Ägypten 1 Konv. (Kart. 40); China 1 Konv. (ebd.); Türkei 1 Konv. (ebd.)

Beschwerden: Türkei 1 Konv. (Kart. 42)

Export: Deutsches Reich (Ausfuhr in die Türkei) 1 Konv. (Kart. 42); Österreich-Ungarn (Export nach China) 1 Konv. (ebd.); Italien (Ausfuhr nach Indien) 1 Konv. (Kart. 43); Japan 1 Konv. (ebd.); Rußland (Export nach China) 1 Konv. (ebd.); Türkei 1 Konv. (ebd.)

Fallimente: China 1 Konv. (Kart. 43); Ägypten 1 Konv. (ebd.); Marokko 1 Konv. (ebd.); Persien 1 Konv. (ebd.); Türkei 1 Konv. (ebd.)

Fakturen: Türkei 1 Konv. (Kart. 44)

Forderungen: Österreich Ungarn (Garvenswerke gegen türkische Regierung, 1918) 1 Konv. (Kart. 44)

Fachberichterstatter: Georgien 1 Konv. (Kart. 44); Türkei 1 Konv. (ebd.)

Firmen: Großbritannien (Transvaal) 1 Konv. (Kart. 48); Indien 1 Konv. (Kart. 49); Japan 1 Konv. (ebd.); Marokko 1 Konv. (ebd.); Niederländisch-Indien 1 Konv. (ebd.); Persien 1 Konv. (ebd.); Südafrika 1 Konv. (ebd.)

Gesetze: China 1 Konv. (Kart. 52); Großbritannien (Singapore, Transvaal) 1 Konv. (ebd.); Persien 1 Konv. (Kart. 53); Türkei 1 Konv. (ebd.)

Handelsverkehr: Afghanistan 1 Konv. (Kart. 57); Amerika (Philippinen) 1 Konv. (ebd.); Armenien 1 Konv. (Kart. 58); China 1 Konv. (ebd.); Georgien 1 Konv. (Kart. 59); Frankreich (Algerien) 1 Konv. (ebd.); Kaukasus 1 Konv. (ebd.); Großbritannien (Britisch-Indien, Südafrika) 1 Konv. (Kart. 61); Japan 1 Konv. (ebd.); Marokko 1 Konv. (Kart. 62); Italien (6 mit Orient) 1 Konv. (Kart. 63); Persien 1 Konv. (Kart.

64); Siam 1 Konv. (Kart. 69); Tunis 1 Konv. (ebd.); Turkestan 1 Stk. (ebd.); Türkei (Kart. 71-74)

Importe: Ägypten 1 Konv. (Kart. 74); Indien 1 Konv. (ebd.); Südafrika 1 Konv. (ebd.)

Konzessionen: Persien 1 Konv. (Kart. 75); Türkei 1 Konv. (ebd.)

Musterlager: China 1 Konv. (Kart. 80); Tunis 1 Konv. (ebd.); Türkei 1 Konv. (ebd.)

Monopole: Türkei 1 Konv. (Kart. 83)

Ursprungszertifikate, Vereine: Türkei 1 Konv. (Kart. 84)

Spezialberichte: Abessinien 1 Konv. (Kart. 84); Australien 1 Konv. (ebd.); Indien 1 Konv. (Kart. 87); Persien 1 Konv. (ebd.); Rußland (Kaukasus) 1 Konv. (Kart. 88); Südafrika 1 Konv. (Kart. 89); Türkei (Tripolis, Tunis) 1 Konv. (ebd.)

Varia: China 1 Konv. (Kart. 90); Japan 1 Konv. (Kart. 91); Persien (Klemens Kolischer Akten ab 1900) 1 Konv. (ebd.); Siam 1 Konv. (Kart. 92); Türkei 1 Konv. (Kart. 93)

F 34 Sonderreihe: Handelspolitische Akten 1866 – 1897 (31 Bde., 878 Kart.)

Die Sonderreihe entstand durch Zusammenlegen der handelspolitischen Betreffe der Fächer 16, 17, 19, 23, 31, 33, 35, 37-41, 49-51 mit denen des Faches 34. Sie ist mittels der 31 Bände Indizes 1866 – 1897, aus denen die Hinterlegung der Betreffe in den einzelnen Rubriken (r) zu ersehen ist, zu benützen. Die Sonderreihe betrifft Ackerbau Landeskultur, Aktiengesellschaften, Anleihen, Ausstellungen, Aus- und Einwanderung, Aus-Ein- und Durchfuhr, Banken, Bergwesen, Börse, Eisenbahnen, Elektrizität, Erfindungen, Expeditionen, Finanzwesen, Forstwesen, Fischerei, Handel und Gewerbe, Handelsschiffahrt, Handelsverträge, Justizangelegenheiten, Leuchttürme, Lloyd, Lotterien, Markenschutz, Maße und Gewichte, Sanitätsangelegenheiten, Sklavenhandel, Schiffahrt, Seeschiffahrt, Statistik, Steuerangelegenheiten, Ursprungszertifikate, Veterinärwesen, Zollangelegenheiten.

Akten 1866 – 1872:

r. 6 Österreichischer Lloyd (Kart. 36 – 38)

r. 17 Collegio dei Cinesi in Neapel 1 Konv.. (Kart. 46)

r. 36 Handelsverträge mit verschiedenen Staaten: 1.) Handelsverträge mit China, Japan, Siam (Kart. 82)

r. 40 Expeditionen, astronomische Ortsbestimmungen 1 Konv. (Kart. 87)

r. 45 Suezkanal. Wirtschaftliche Fragen und Auswirkungen (Kart. 45)

r. 48 Sklavenhandel (Transporte, Kreuzungsvollmachten) 2 Konv. (Kart. 90, 91)

r. 55 Ostasien- und Südamerika- Expedition (Kart. 93 – 96); Konsulate in China und Japan 1 Konv. (Kart. 93)

r. 69 Konsularberichte über Handel etc.: 5.) China (Kart. 100 – 101)

r. 83 Varia 83/22/2: Konsularverbindung zwischen Österreich und Persien 1 Konv. (Kart. 109)

r. 89 Varia 89/2: Ausweise über chinesische Auswanderer 1 Konv. (Kart. 110); 89/3: Auswanderung von Österreichern nach Port Elizabeth 1 Konv. (Kart. 110)

r. 94 Varia 94/1: Kolonien am Roten Meer 1 Konv. (Kart. 114); 94/5: Auswanderung von Österreichern nach dem Kap der Guten Hoffnung 1 Konv. (Kart. 114)

Akten 1873 – 1897

Ägypten, Handelsvertrag mit Österreich, 1875 – 1877 1 Konv. (Kart. 171, r. 1 – 3/25)

Birma, Handelsverträge 1875 – 1877 1 Konv. (Kart. 170, r. 1 – 3/10)

Bombay, Weltausstellung 1884 – 1886, 1 Konv. (Kart. 462, r. 24/1 – 3)

Helgoland, Reise S. M. Korvette „H" an die Westküste Afrikas 1884/85 (Kart. 402, r. 1/5 – 1/17)

Johannesburg, Internationale Industrieausstellung, 1893 – 1895 1 Konv. (Kart. 802, r. 40/2 – 5)

Kairo, Internationale Handels- und Industrieausstellung, 1893 – 1895, 1 Konv. (Kart. 803, r. 40/10 – 1)

Korea 1875 – 1877 1 Konv. (Kart. 189, r. 13/7 – 67)

Mekka 1893 – 1895 (Kart. 819 – 820, r. 42/12 – 9)

Moskau, Sibirische Ausstellung, 1893 – 1895 1 Konv. (Kart. 806, r. 40/23 – 3)

Nil, Schiffbarmachung des Weißen Nils 1878 – 1880 1 Konv. (Kart. 264, r. 13/8 – 21/6)

Persien, Reise des Schah nach Wien 1873 – 1874 1 Konv. (Kart. 150, r 27/1 – 11)

Persien, Postübereinkommen mit Österreich, 1875 – 1877 1 Konv. (Kart. 199, r. 21/7)

Suezkanal 1873 – 1874 (Kart. 131, r. 15); 1875 – 1877 1 Konv. (Kart. 195, r. 13/16); 1878 – 1880 2 Konv. (Kart. 268/269, r. 13/15 – 1 – 6); 1881 – 1883 1 Konv. (Kart. 349, r. 13 – 15); 1884 – 1886 1 Konv. (Kart. 443, r. 13 – 15)

Suezkanal, Schiffahrt 1890 – 1892 1 Konv. (Kart. 663, r. 28)

Suezkanal, Schiffahrt, Unfälle 1893 – 1895 1 Konv. (Kart. 782, r. 28); 1896 – 1897 1 Konv. (Kart. 880, r. 28)

Sklavenhandel 1873 – 1874 1 Konv. (Kart. 159, r. 37); 1875 – 1877 1 Konv. (Kart. 222, r. 37); 1878 – 1880 1 Konv. (Kart. 305, r. 37); 1881 – 1883 1 Konv. (Kart. 352, r. 18); 1884 – 1886 1 Konv. (Kart. 445, r. 18); 1887 – 1889 1 Konv. (Kart. 561, r. 34); 1890 – 1891 1 Konv. (Kart. 667/668, r. 34); 1893 – 1895 1 Konv. (Kart. 786, r. 34); 1896 – 1897 1 Konv. (Kart 882, r. 34)

Sklaven-Konferenz in Brüssel 1890 – 1892 3 Konv. (Kart. 667/668/669, r. 34/2 – 10)

Tanger, Internationaler Sanitätsconseil, 1893 – 1895 1 Konv. (Kart. 687, r. 41/2 – 10); 1893 – 1895 1 Konv. (Kart. 806, r. 41/2 – 1)

Teheran, Internationaler Sanitätsconseil, 1893 – 1895 2 Konv. (Kart. 811/12, r. 41/10 – 3)

Tiflis, Anthropologischer Kongreß 1881 – 1883 1 Konv. (Kart. 350, r. 15/10 – 1)

Tokio, Erdbeben 1893 – 1895 1 Konv. (Kart. 845, r. 46/68 – 1)

Veterinärwesen, außereuropäische Staaten 1887 – 1897 4 Konv. (Kart. 588/708/830/897, r. 42/1); Ägypten 1896 – 1897 1 Konv. (Kart. 899, r. 42/10) Japan 1896 – 1897 1 Konv. (Kart. 899, r. 42/15) Türkei 1896 – 1897 1 Konv. (Kart. 903, r. 42/28)

Wissenschaftliche Expeditionen 1873 – 1877 2 Konv. (Kart. 159/233, r. 40); 1878 – 1886 5 Konv. (Kart. 270/350/351/444/445, r. 15); 1887 – 1895 8 Konv. (Kart. 558/559/664 – 666/783 – 785, r. 31)

Yokohama, Erdbeben 1893 – 1895 1 Konv. (Kart. 740, r. 4/68 – 1)

Zollangelegenheiten, außereuropäische Länder 1884 – 1886 1 Konv. (Kart. 421, r. 10/3 – 1); 1890 – 1892 1 Konv. (Kart. 692, r. 14/2); 1893 – 1897 2 Konv. (Kart. 764/872, r. 14/2); Ägypten 1887 – 1889 1 Konv. (Kart. 536, r. 14/7); 1890 – 1897, 3 Konv. (Kart. 643/765/782, r. 14/10); China 1893 – 1895 1 Konv. (Kart. 764, r. 14/7); Japan 1890 – 1892 1 Konv. (Kart. 645, r. 14/15); Persien 1884 – 1886 1 Konv. (Kart. 422, r. 10/3 – 13); Türkei 1884 – 1886 2 Konv. (Kart. 426/27, r. 10/3 – 21); 1887 – 1889 2 Konv. (Kart. 541/42, r. 14/25); 1890 – 1897 5 Konv. (Kart. 649/650/769/770/875, r. 14/28)

Österreichische Expedition nach Ostasien 1868 – 1870 (Archiv des Expeditionsleiters Konteradmiral Frh. von Petz), 1 Konv. (Anhang Kart. 1) Verträge mit China und Japan (ebd. Kart. 1, 2)

F 35 Handelsartikel und Handelskammern 1830 – 1918 (23 Kart.)

Die Generalia des Faches betreffen Handelsartikel, Handelskammern, Handelsmuseen, Handwerkskammern des In- und Auslandes, deren Errichtung, Auskünfte, Gesetze, Kongresse, Publikationen.

Staaten 1850 – 1869: Afrika (Tabakabsatz algerischer Pflanzer auf fremden Märkten; Ägypten) 1 Konv. (Kart. 1)

Staaten 1850 – 1869: Ägypten 1 Konv. (Kart. 2); Syrien (Handel mit Soda) 1 Konv. (ebd.); Türkei 1 Konv. (ebd.); Varia (Smyrna) 1 Konv. (Kart. 3)

Generalia 1903 – 1908: Handelskammererrichtung Smyrna 1 Konv. (Kart. 6); Varia (Konferenz sämtlicher Handelskammern Indiens 1904/05 1 Konv. (ebd.) – Handelskammern im Ausland: Chinesische Handelskammer in Kanton 1 Konv. (Kart. 7); Johannesburg 1 Konv. (ebd.);

Generalia 1909 – 1918: Handelskammern im Ausland: Alexandrien 1 Konv. (Kart. 18); Bangkok 1 Konv. (ebd.); Jerusalem 1 Konv. (Kart. 19); Schanghai 1 Konv. (Kart. 21); Smyrna 1 Konv. (ebd.); Täbris 1 Konv. (ebd.); Tripolis 1 Konv. (ebd.); – Handelsmuseen: Konstantinopel 1 Konv. (Kart. 22); Yokohama 1 Konv. (ebd.)

F 36 Schiffswesen, Krieg 1832 – 1919 (39 Bde., 744 Kart.)

In diesem Fach sind Schiffahrt (Schiffbrüche, Havarien, Matrosen), Seekrieg, Neutralität, Konflikte zur See sowie Akten, welche die europäischen und außereuropäischen Kriege von der Mitte des 19. Jahrhunderts bis zum Ende des Ersten Weltkrieges betreffen, zusammengefaßt.

Der umfangreiche Bestand Krieg Österreich-Ungarn von 1914 – 1918 besteht aus den Akten mehrerer Departements: Departement 7 (Völker- und Staatsrechtliches), Departement 8 (Schiffahrts-, Post-, Telegraphen- und Sanitätsangelegenheiten), Departement 9 (Handels- und Agrarpolitisches Departement), Departement 11 (Rechtsschutz und Paßwesen), Departement 15 (Angelegenheiten des Verkehrs und Finanzagenden), Departement 16 (Kommerzdepartement), Departement 17 (Auswanderungsangelegenheiten wirtschaftlicher Natur und sozialpolitische Fragen), die mit ihren Geschäftsbüchern (Indizes) hier aufgestellt sind.

Krieg: Frankreich – China 1885 1 Konv. (Kart. 9); China 1900 – 1913 3 Kart. (Kart. 11 – 13); Transvaal – Großbritannien (Burenkrieg) 1901 – 1902 (Kart. 15 – 23); Rußland – Japan 1904 (Akten bis 1906) 1 Konv. (Kart. 24); Italien – Türkei 1911 – 1913 (Kart. 25, 26)

Krieg Österreich – Ungarn 1914 – 1918

Ausfuhr und Durchfuhr: Java 1 Konv. (Kart. 68); Türkei 1 Konv. (Kart. 72)

Wirtschaftliche Bestimmungen und Maßnahmen (nach Staaten): Japan 1 Konv. (Kart. 90); Türkei 1 Konv. (Kart. 103)

Ausnahmsverfügungen (nach Staaten): Abessinien 1 Konv. (Kart. 109); Ägypten 1 Konv. (Kart. 114); Großbritannien I/3 (Liquidierung österreichischer Firmen in Britisch-Indien) 1 Konv. (Kart. 121); Indien 1 Konv. (Kart. 122)

Warenverkehr (nach Staaten): Türkei (Kart. 187)

Wirtschaftsangelegenheiten (nach Staaten): Japan 1 Konv. (Kart. 215); Kaukasus 1 Konv. (Kart. 216); Türkei 1 Konv. (Kart. 242)

Beschlagnahme und Freigabe von Waren (nach Staaten): Türkei 1 Konv. (Kart. 243)

Radio-Verkehr Türkei 1 Konv. (Kart. 260)

Schiffahrtsangelegenheiten (nach Staaten): Niederländisch-Indien 1 Konv. (Kart. 273)

Kriegs- und Verwundetenfürsorge, Sanitätswesen (nach Staaten): Tripolis 1 Konv. (Kart. 291); Türkei (Kart. 292)

Finanzangelegenheiten (nach Staaten): Türkei 1 Konv. (Kart. 320);

Finanzielle Maßnahmen in der Türkei (Kart. 325)

Auswanderungsangelegenheiten wirtschaftlicher Natur und sozialpolitische Fragen (nach Staaten): Türkei 1 Konv. (Kart. 331)

Völker-und staatsrechtliches Departement: Affaire Kolischer (1. Vorgeschichte bis 1902 – 2. Beantwortung der Interpellation Breitners – 3. Kompromiß und Titelfragen – 4. Reklamationen Kolischers wegen Nichterfüllung des Kompromisses – 5. Korrespondenz über Uniform- und Titelfragen, Zeitungen, Memoires etc. – 6. Verhandlungen, Prozeß) (Kart. 356 – 359)

Verträge mit der Türkei 1917 – 1918 1 Konv. (Kart. 360/61)

Abbruch der diplomatischen Beziehungen, Kriegserklärungen, Neutralitätserklärungen, Schutz österreichischer Interessen in feindlichen Ländern (Kart. 363, 364)

Behandlung von österreichisch-ungarischen Konsularfunktionären, Schutzübernahmen (Kart. 381, 382)

Österreichisch-ungarische Kriegsgefangene in China, Japan und Sibirien (Kart. 432); Österreichisch-ungarische Kriegsgefangene in Übersee 1 Konv. (Kart. 433); Tientsiner Hilfsaktion für österreichisch-ungarische Kriegsgefangene 1915 – 1918 2 Konv. (Kart. 472/473)

Rechtschutz unserer im feindlichen Ausland befindlichen Zivilgefangenen und Behandlung der in der Monarchie zurückgebliebenen feindlichen Zivilpersonen: Lageberichte aus den Internierungslagern in England und dessen Kolonien (Kart. 546 – 551) – Lage unserer Staatsangehörigen in Frankreich sowie Repatriierung derselben aus Madagaskar, Marokko, Tunis und Algier (Kart. 563) – Lage der österreichisch-ungarischen Staatsangehörigen in Ägypten 1 Konv. (Kart. 578) – Behandlung der in Österreich-Ungarn zurückgehaltenen Angehörigen feindlicher Staaten 1 Konv. (Kart. 582) – Behandlung, Lage und Unterstützung der in Japan internierten österreichisch-ungarischen Staatsangehörigen 1 Konv. (Kart. 586) – Übereinkommen mit Siam wegen gegenseitigen Austausches der Internierten 1 Konv. (Kart. 609) – Übereinkommen mit China wegen gegenseitigen Austausches der Internierten 1 Konv. (ebd.) – Unterstützung unserer Nationalen in China 1 Konv. (ebd.) – Chinesen in der Monarchie 1 Konv. (ebd.) – Lage und Behandlung unserer Staatsangehörigen in der Türkei 1 Konv. (ebd.) – Listen von nichtinternierten Ausländern, deren Staat sich nicht mit Österreich-Ungarn im Kriegszustand befindet 1 Konv. (Kart. 626) – Protokoll über Nachrichtenvermittlung und Auskunft von Internierten (Kart. 619) – Interniertenlisten von Ausländern in Ungarn (Kart. 620 – 623) – Österreichisch-ungarische Staatsbürger, die in England und dessen Kolonien interniert sind, 1 Konv. (Kart. 628); Index (Kart 629)

F 37 Flußverhandlungen (Binnenschiffahrt), Handelsverträge

1817 – 1918 (96 Kart.)

In diesem Fach sind bis Kart. 41 Akten, welche die Flußschiffahrt betreffen, hinterlegt, ab Kart. 42 folgt Aktenmaterial über den Abschluß von Handelsverträgen ab 1901.

Handelsverträge (nach Staaten) 1901 – 1908: Ägypten 1 Konv. (Kart. 43); China 2 Konv. (Kart. 44/45); Äthiopien 1 Konv. (Kart. 48); Japan 1 Konv. (Kart. 49); Marokko 1 Konv. (ebd.); Persien 1 Konv. (ebd.); Siam 1 Konv. (Kart. 60); Türkei (Kart. 66)

Handelsverträge (nach Staaten) 1909 – 1918: Ägypten 1 Konv. (Kart. 68); Korea 1 Konv. (Kart. 73); Japan 2 Konv. (Kart. 75/76); Persien 1 Konv. (Kart. 78); Türkei 2 Konv. (Kart. 86/87)

F 38 Dampfschiffahrt und Lloyd, Markenschutz 1831 – 1918 (26 Kart.)

Die Betreffe Dampfschiffahrt und Lloyd wurden in diesem Fach bis 1901 geführt (Kart. 1 – 12); ab 1901 folgt der Markenschutz, die Fortsetzung von Dampfschiffahrt und Lloyd liegt in F 68.

Lloyd 1833 – 1847 (1815, 1816) 1 Konv. (Kart. 7); 1843 – 1860 (Kart. 8); 1846 – 1862 (Kart. 10); Lloyd (österr.) 1859 – 1867 (Kart. 12)

Markenschutz (nach Staaten) 1901 – 1902: Japan 1 Konv. (Kart. 12)

Markenschutz 1903 – 1908: Gesetze Australien 1 Konv. (Kart. 15); China 1 Konv. (Kart. 15); Japan 1 Konv. (Kart. 16); Philippinen 1 Konv. (ebd.)

Publikationen Indien 1 Konv. (Kart. 16); Japan 1 Konv. (ebd.)

Markenschutz 1909 – 1918: Gesetze (nach Staaten) (Kart. 20, 21)

F 39 Sklavenhandel, Piraterie, Kaperei 1830 – 1909 (5 Kart.)

Generalia 1830 – 1847 (dabei Verhandlungen wegen Abschlusses eines gemeinschaftlichen Traktates zur Abschaffung des Handels mit Negersklaven) (Kart. 1); 1840 – 1856 (Kart. 2); 1857 – 1866 (dabei Kreuzungsvollmachten) (Kart. 3); 1867 – 1868 (Kart. 4); 1901 – 1908 (internationale Konferenzen, Antisklaverei, Sklavenhandel) (Kart. 4); ab 1909 (internationale Konferenzen) (Kart. 5)

F 42 Militärwesen 1861 – 1918 (112 Kart.)

Die Akten des Faches betreffen Militärpersonen, Waffen und Munition, die Kombattanten des Ersten Weltkrieges 1914 – 1918, Mobilisierung, Sanitätswesen und Genfer Konvention, aber auch französische Freiwillige (Fremdenlegion).

Französische Freiwillige 1871 – 1894 (Kart. 9); 1890 – 1900 (Kart. 10)

Generalia A – Z: Französische Freiwillige, 1 Akt (Kart. 14) Waffen und Munition 1908 – 1909: Türkei 2 Konv. (Kart. 15)

Weltkrieg 1914 – 1918:

China 1 Konv. (Kart. 45); Türkei 1 Konv. (ebd.)

Mobilisierung: Türkei 1 Konv. (Kart. 69); Persien 1 Konv. (ebd.); Großbritannien (mit Kolonien) 1 Konv. (ebd.); China 1 Konv. (Kart. 70); Japan 1 Konv. (ebd.); Siam 1 Konv. (ebd.)

F 44 **Marinewesen** 1860 – 1914 (1 Bd., 13 Kart.)

Kriegsschiffe (nach Staaten): Japan 1 Konv. (Kart. 13), Türkei 1 Konv. (ebd.)

F 46 **Orden, Auszeichnungen, Titel** 1848 – 1918 (355 Bde. und Kart.)

Die Akten dieses Faches betreffen Auszeichnungen (Orden, Medaillen), Titel und Würden. Sie enthalten Verleihungen inländischer Orden an Ausländer und Verleihung ausländischer Orden sowie Bewilligungen zum Tragen ausländischer Orden.

Akten bis 1870:
Verleihung österreichischer Orden an fremde Staatsangehörige und umgekehrt: Ägypten 1 Konv. (Kart. 42); Orden vom Hl. Grab 1 Konv. (Kart. 51); Persien 1 Konv. (Kart. 59); Tunis 1 Konv. (Kart. 72); Türkei 2 Konv. (Kart. 72/73)

Akten nach 1870:
Malteser Orden: Hospiz von Tantur 1 Konv. (Kart. 119)

Ordensangelegenheiten (nach Staaten): 1. Serie: Japan 1 Konv. (Kart. 221); Persien 1 Konv. (Kart. 233); Siam 1 Konv. (ebd.)

2. Serie: China 1 Konv. (Kart. 261); Ägypten 1 Konv. (Kart. 263); Heilig-Grab-Orden 1 Konv. (ebd.); Japan 1 Konv. (ebd.); Jahore 1 Konv. (ebd.); Korea 1 Konv. (Kart. 265); Persien 1 Konv. (Kart. 266); Siam 1 Konv. (ebd.); Tunis 1 Konv. (Kart. 269); Sansibar 1 Konv. (ebd.); Türkei (Kart. 271 – 273)

Sammlung von Ordensstatuten in- und ausländischer Orden 1906 – 1917: 9) Kgl. Orden von Kalakaua (Honolulu 1876) 1 Konv. (Kart. 297); 10) Kgl. Orden von Kamehameha (Honolulu 1874) 1 Konv. (ebd.); 17) Onderscheidingsteekenen by het Nederlands Indisch Leger (1880) 1 Konv. (ebd.); 30) Türkische Orden 1 Konv. (Kart. 298); 34) Verleihung chinesischer Orden in Europa 1 Konv. (ebd.); 59) Persische Orden 1 Konv. (Kart. 300)

F 47 **Paßwesen und Reisesachen** vor 1830 – 1918 (68 Kart.)

Die Generalia des Faches betreffen Paßwesen, Visasachen, Laissez-passer, sowie Fachstudien- und Vergnügungsreisen.

Staaten (bis 1860): Türkei 2 Konv. (Kart. 16, 22)
Forschungsreisen (Reise Andrea De Bonos an den Weißen Fluß in Zentralafrika 1862/63; Gian Giacomo Mianis Expedition zur Erforschung der Nilquellen 1863; Heuglins Expedition zur Aufhellung des Schicksals Vogels in Innerafrika; Bereisung der portugiesischen Kolonie Angola durch Dr. Friedrich Welitsch 1863; Bericht aus Kairo über dortige Archäologen aus Paris 1864; Forschungsreise Dr. Nachtigals in

Afrika; verschollener Afrikareisender Baron v. d. Decken; Forschungsreise Bany nach Afrika) 1862 – 1870 1 Konv. (Kart. 21)

Generalia 1861 – 1870: Zigeuner 1 Konv. (Kart. 23)

Generalia ab 1871: Forschungsreisen 1 Konv. (Kart. 31); Zigeuner 1 Konv. (Kart. 32)

Generalia ab 1901: Reise des Majors Paic nach Turkestan 1908 1 Konv. (Kart. 32)

Vor- und Anempfehlungsschreiben: Leo Waniek, Reise nach Ostasien 1903 1 Konv. (Kart. 32, Nr. 63); Dr. Hans Reichelt, Reise nach Persien 1903 1 Konv. (ebd. Nr. 69); Friedrich Tenner, Vertreter der „Zeit" in Ägypten 1913 (Kart. 33, Nr. 1487); Dr. Rudolf von Görgey, Studium der Salzlager von Damaskus und Aleppo 1914 (ebd. Nr. 1491) Paul Kulmer, Studienreise nach Colombo, Penang und Singapore 1914 (ebd. Nr. 1497); Geologenmission in die Minen Alaja und Pelefka, nach Samos, Adalia, Mersina und Adana zwecks geologischer Expertisen 1915 (ebd. Nr. 1515); Reise Ing. Paul Theodor Frankls nach Kobe, Tientsin und Schanghai 1914 (ebd. Nr. 1556); Reise des k.u.k. Finanzrats Dr. Theodor Wolf nach Algerien 1914 (ebd. 1569); Reise Professor Bernhard Hausners zu archäologischen Studien nach Jerusalem und Palästina 1914 (ebd. Nr. 1576)

Reise des Generalvizedirektors der kaiserlich ottomanischen Museen in die Schweiz 1916 1 Konv. (Kart. 35, Nr. 1863); Karl v. Klobassa, Direktor der österreichischen Petroleumindustrie AG, nach Konstantinopel und Kleinasien 1917 1 Konv. (Kart. 36, Nr. 2056)

Fachstudienreisen: I/45 Professor Sellin nach Ägypten 1901 – I/52 Dr. Wilhelm Hein für linguistisch-ethnologische Studien nach Aden und Marokko 1901, 1902 – I/97 Franz Sikora nach Madagaskar 1902 – 03, 1 Konv. (Kart. 38)

I/217 Fachstudienreise Direktor A. Steinackers nach China zum Studium der volkswirtschaftlichen, Handels- und Verkehrsverhältnisse im Fernen Osten 1 Konv. (Kart. 40)

I/441 Oberleutnant Blumenkron, Reise nach Kleinasien zu wirtschaftlichen Transaktionen und Aufschlußarbeiten für Silberbergwerke 1907 – 1910 – I/443 Professor Kraus, Studien über Cholera am Roten Meer 1908, 1 Konv. (Kart. 42)

I/517 Dr. E. Kirzl, naturwissenschaftliche Expedition nach Mesopotamien 1908 1 Konv. (Kart. 43)

Fachstudienreisen von Ausländern nach Österreich-Ungarn: 2/37 Studium des Wiener Polizeireglements und der Feuerwehr in Wien durch Japaner 1901 – 1902, 1 Konv. (Kart. 43) – 2/47 Studium des Verwaltungsgerichtshofes in Wien durch Mr. R. Watanabe, 1908 1 Konv. (ebd.) – 2/189 Durchreise einer chinesischen Studienkommission durch Österreich-Ungarn unter Li Ching 1905 1 Konv. (Kart. 45)

Vergnügungsreisen: 1/14 Reise des akademischen Gesangsvereins nach Tunis, Konzert, Empfang 1909 – 1/15 Gesellschaftsreisen aus Österreich-Ungarn in die Türkei 1910 – 1911 1 Konv. – 2/3 Reise der Jungtürken nach Österreich-Ungarn 1909 – 1910 1 Konv. (Kart. 48)

Laissez-passer: I/13 Gesandtschaft in Peking für Dr. Sun Yat Sen und weitere Personen zur Reise in die Österreichisch-Ungarische Monarchie, 1912 1 Konv. (Kart. 49)

Zigeuner (bis 1892) 2 Konv. (Kart. 52/53); (ab 1896) 1 Konv. (Kart. 53)

Paßvisaerteilung nach Staaten: Afrika 1 Konv. (Kart. 59); Türkei 1 Konv. (Kart. 61)

F 48 **Presse, Nachdruck** 1860 – 1918 (46 Kart.)

Die Generalia dieses Faches betreffen den Nachdruck, Schutz der Autorenrechte und des literarischen Eigentums, Gesetze, Pressegesetz sowie Eintragungen von Autoren (Autorenschutz).

Pressegesetz (nach Staaten) 1910 – 1914: Türkei 1 Konv. (Kart. 4)

Nachdruck (nach Staaten) 1871 – 1918: Australien 1 Konv. (Kart. 38); Ägypten 1 Konv. (ebd.); Japan 1 Konv. (Kart. 42)

F 49 **Postwesen** 1862 – 1918 (24 Kart.)

Die Generalia betreffen Postämter, Postgebühren, Postkonferenzen, Postkurse, Postsparkassen, Telefon, Telegraphie, Kabel, Tarife, Verordnungsblätter, Wertzeichen.

Levante bis 1879: Beraubung, Portogebühren, Begehren der Pforte wegen Schließung der dortigen fremden Postanstalten 1 Konv. (Kart. 3); Kleinasien 1 Konv. (Kart. 4); Ägypten 1 Konv. (ebd.); Levante 1862 – 1868 1 Konv. (Kart. 5)

Generalia 1903 – 1908: Anweisungsverkehr Indien 1906 1 Konv. (Kart. 5); Italien 1) Postanweisungsverkehr zwischen Italien und Ägypten 1906 – 1907 1 Konv. (ebd.); Transvaal 1 Konv. (ebd.); Türkei 1 Konv. (ebd.) – Gebühren Indien 1904 – 1907 1 Konv. (Kart. 6); Marokko 1 Konv. (ebd.); Türkei 1 Konv. (ebd.) – Gesetze Türkei 1908 1 Konv. (ebd.) – Postsparkassen Türkei 1904 1 Konv. (Kart. 8) – Tarife China 1 Konv. 1903 (ebd.); Ägypten 1906 1 Konv. (ebd.); Japan 1904 1 Konv. (ebd.); Indien 1905 1 Konv. (ebd.) – Varia China 1908 1 Konv. (Kart. 9)
Staaten 1901 – 1903: China 1 Konv. (Kart. 10); Ägypten 1 Konv. (ebd.); Italien (Bengasi 1901) 1 Konv. (ebd.); Marokko 1 Konv. (ebd.); Südafrika 1 Konv. (Kart. 11)

Verträge (nach Staaten) 1903 – 1908: Indien 1 Konv. (Kart. 11); Japan 1 Konv. (ebd.); Türkei 1 Konv. (Kart. 12)

Generalia 1909 – 1918: Anweisungsverkehr Türkei 1 Konv. (Kart. 13); Gebühren China 1911 1 Konv. (ebd.); Gesetze Türkei 1914 1 Konv. (Kart. 14); Kabel Ägypten 1911 – 1918 1 Konv. (ebd.); Frankreich (Marseille-Algier 1913) 1 Konv. (ebd.); Großbritannien (London-Hongkong 1913) 1 Konv. (ebd.); Japan 1 Konv. (ebd.); Türkei 1911 – 1913 1 Konv. (ebd.).

Postämter (nach Ländern): K.u.k. Postämter in China (Schanghai) 1911 – 1912 1 Konv. (Kart. 16); Türkei 1 Konv. (Kart. 17)

Postdienst (nach Staaten): China 1909 – 1911 1 Konv. (Kart. 18); Marokko 1 Konv. (ebd.); Türkei 2 Konv. (Kart. 17/18)

Publikationen: China 1 Konv. (Kart. 19); Türkei 1 Konv. (Kart. 20)

Varia: Persien 1 Konv. (Kart. 21); Südafrika 1 Konv. (Kart. 22); Türkei 1 Konv. (ebd.)

F 50 Sanitätswesen und Verpflegungskosten 1831 – 1918 (110 Kart.)

Die Generalia dieses Faches betreffen Apotheken, Arzneimittel, Cholera, Epidemien, Geisteskranke, Gesetze, Heilmittel, Kurorte, Lebensmittel, Lebensmittelfälschungen, Quarantäne, Sanitätsmaßregeln, Spitäler, Sträflinge, Verpflegungskosten, Wallfahrten und Mekkapilger.

Reform des türkischen Quarantänewesens 1850 1 Konv. (Kart. 1)

Spitalsverpflegung (nach Staaten) bis 1860: Türkei 1 Konv. (Kart. 12)

Verpflegungskosten 1871 – 1918: Türkei 1 Konv. (Kart. 36)

Generalia 1903 – 1908: Heilmittel Türkei 1 Konv. (Kart. 50); Sanitätsmaßregeln Türkei 1 Konv. (Kart. 53)

Generalia 1909 – 1918: Konferenzen international (Internationale Opiumkonferenz) 1 Konv. (Kart. 57); Tarife Türkei 1 Konv. (Kart. 59)

International 1901 – 1902: 3/1 – 3/3 Sanitäts-Conseil Konstantinopel (Kart. 62) – 4/1 – 4/3 Sanitäts-Conseil Alexandrien (Kart. 63/64) – 5 Blattern 1 Konv. (Kart. 64) – 6 Pestserum 1 Konv. (ebd.) – 7 Mekkapilger 1 Konv. (Kart. 65) – 10 Gelbes Fieber 1 Konv. (ebd.) – 12 Lepra-Krankheit 1 Konv. (ebd.) – 14 Hirnhautentzündung 1 Konv. (ebd.) – 16 Typhus 1 Konv. (ebd.)

Sanitätsmaßregeln 1903 – 1906: Afrika 1 Konv. (Kart. 75); Türkei 1 Konv. (Kart. 76)

Sanitätsmaßregeln 1907 – 1908: Tunis 1 Konv. (Kart. 81); Türkei (Kart. 82)

Publikationen 1903 – 1908: Ägypten 1 Konv. (Kart. 83); Indien 1 Konv. (Kart. 84)

Publikationen 1909 – 1918: Ägypten 1 Konv. (Kart. 86); Japan 1 Konv. (ebd.); Türkei 1 Konv. (Kart. 87)

Sanitätsberichte 1909 – 1918: Ägypten 1 Konv. (Kart. 92); China 1 Konv. (Kart. 93); Georgien 1 Konv. (ebd.); Indien 1 Konv. (Kart. 94); Japan 1 Konv. (ebd.); Marokko 1 Konv. (ebd.); Persien 2 Konv. (Kart. 94/95); Siam 1 Konv. (Kart. 96); Türkei (Kart. 96 – 98)

Sanitätsberichte 1914 – 1915: Ägypten 1 Konv. (Kart. 99)

Sanitätswesen 1901 – 1902: China 1 Konv. (Kart. 100); Ägypten 1 Konv. (ebd.); Japan 1 Konv. (Kart. 101); Marokko 1 Konv. (ebd.); Persien 1 Konv. (ebd.); Türkei 1 Konv. (ebd.)

Varia 1909 – 1918: Türkei 2 Konv. (Kart. 104/105)

Wallfahrten 1903 – 1914: Türkei 3 Konv. (Kart. 106 – 108)

Heilmittel 1909 – 1918: Türkei 1 Konv. (Kart. 109)

Personalia (Ägypten, Türkei, International) 1903 – 1908 (Kart. 110)

F 51 Statistik 1842 – 1918 (32 Kart.)

Die Generalis dieses Faches betreffen Auskünfte, spezielle Mitteilungen, Kongresse, Austausch (der Ergebnisse von Volkszählungen), Publikationen, Statistische Ämter.

Generalia 1859 – 1860: Internationale Kongrese 1 Konv. (Kart. 3)

Staaten 1860 – 1869: Ägypten 1 Konv. (Kart. 9)

Volkszählungen 1871 – 1918: Japan 1 Konv. (Kart. 14); Türkei 1 Konv. (ebd.); Austausch des Ergebnisses von Volkszählungen 1 Konv. (ebd.)

Staaten 1871 – 1911: Ägypten 1 Konv. (Kart. 17); Australien (ebd.); Türkei 1 Konv. (Kart. 19)

Publikationen 1903 – 1908: Japan 1 Konv. (Kart 20)

Staaten 1901 – 1902: Transvaal 1 Konv. (Kart. 32)

F 52 Sicherheitswesen, Polizei und Schub 1835 – 1919 (105 Kart.)

Die Generalia dieses Faches betreffen Anarchisten und Maßnahmen gegen den Anarchismus, Attentate, Auslieferungen, Ausweisungen und ausgewiesene politische Flüchtlinge, Eisenbahnpolizei, Exzesse und Unruhen, Gefängniswesen, Grenzsicherungsdienst, Identifizierungen, Polizeiwesen, Prostitution, Publikationen, Räuberunwesen, Schubtransporte, Schwindelfirmen, Spionage.

Staaten 1850 – 1860: Türkei 1 Konv. (Kart. 2)
Generalia 1860 – 1870: Kurrendierung in Österreich-Ungarn und im Ausland 1 Konv. (Kart. 6)

Staaten 1860 – 1870: Ägypten 1 Konv. (Kart. 7); Türkei 1 Konv. (Kart. 8)

Prostitution (nach Staaten) 1871 – 1918; China 1 Konv. (Kart. 45); Türkei (Kart. 46)

Staaten: China 1 Konv. (Kart. 58); China 1896 – 1918 1 Konv. (Kart. 59); Ägypten 2 Konv. (Kart. 58/59)

Staaten ab 1871: Marokko 1 Konv. (Kart. 89)

Staaten ab 1896: Japan 1 Konv. (Kart. 90); Madagaskar 1 Konv. (ebd.); Persien 1 Konv. (Kart. 92); Siam 1 Konv. (Kart. 93); Südafrika 1 Konv. (ebd.); Tunis 1 Konv. (ebd.); Sansibar 1 Konv. (ebd.); Türkei (Räuberunwesen) 2 Konv. (Kart. 104/105); Türkei (Mißhandlungen) 1 Konv. (Kart. 105)

F 53 Stiftungen, Stipendien, Fonds 1870 – 1918 (17 Kart.)

Die Akten dieses Faches betreffen Fideikommisse und Stifungen verschiedener Natur (= fromme Stiftungen, Invalidenstiftungen, Judenstiftungen, Kollegienstiftungen, Militärstiftungen, Missionsstiftungen, Privatstiftungen).

Stiftungen bis 1860: Heilig-Grab-Stiftung 1 Konv. (Kart. 4); Missionsstiftungen 1 Konv. (Kart. 5)
Stiftungen ab 1871: Judenstiftungen (Lämmel-Stiftung) 1 Konv. (Kart. 11)
Privatstiftungen ab 1871: Österreichisch-Ungarische Wohltätigkeitsgesellschaft in Konstantinopel 1 Konv. (Kart. 16, Nr. 48c); Deodat Ritter von Czunt für armenisch-orthodoxe Studenten 1901 1 Konv. (ebd. Nr. 50)

F 54 Verträge 1861 – 1910 (8 Kart.)

Varia 1859 – 1890: Recueil des traités (Kart. 2 – 5)
Verträge II: Annexion Koreas durch Japan 1910 1 Konv. (Kart. 8, Nr. 46)

F 56 Unterrichtswesen 1835 – 1918 (30 Kart.)

Die Generalia dieses Faches betreffen Ausbildung, Austausch, Besuche, Doktorate, Gesetze, Kollegiengelder, Kollekten, Konferenzen, Kongresse, Lehramtskandidaten, Lehranstalten, Nostrifikationen, Prüfungszeugnisse und Fälschungen, Publikationen, Studierende, Subventionen, Theologen, Titelerwerbung, Universitäten, Vereine, Volksschulen, Zeugnisfälschungen.

Türkei 1861 – 1870: Kleinasien 1 Konv. (Kart. 3)

Generalia 1909 – 1918: Lehranstalten Türkei 1 Konv. (Kart. 13); Studierende Türkei 1 Konv. (Kart. 20)

Staaten 1901 – 1902: Türkei 1 Konv. (Kart. 23)

Publikationen 1903 – 1908: Türkei 1 Konv. (Kart. 29)

F 57 Untertanen, Staatsangehörigkeit 1830 – 1918 (86 Kart.)

Die Generalia dieses Faches betreffen Adoption, Anempfehlung, Ausgewiesene, Besitzfähigkeit, Eide, Einbürgerung Fremder, Indigenat, Legitimationen unehelicher Kinder, Namensänderung, Naturalisation, Religionswechsel, Schutzerteilung, Schutzgenossenschaft, Staatsangehörigkeit und Staatsbürgerschaft, unbekannte Individuen, Unterstützungen und Vorschüsse, Untertanen und Untertänigkeitsverhältnisse, Zuständigkeitseruierungen.

Staatsangehörigkeit: Generalia bis 1860: Türkei 1 Konv. (Kart. 3)
Generalia 1861 – 1870: Untertanenverzeichnisse Türkei 2 Konv. (Kart. 4/5)

Staaten 1861 – 1870: Türkei (Provinzen I: Türkisches Nationalitätsgesetz) 1 Konv. (Kart. 9); Türkei I/8 (Besitzergreifung) 1 Konv. (Kart. 10)

Schutzerteilung 1871 – 1895: Türkei 2 Konv. (Kart. 11/12); Konferenzen in Madrid wegen Regelung des Konsularschutzes in Marokko 2 Konv. (Kart. 12/13)

Besitzfähigkeit 1875 – 1918: Türkei 1 Konv. (Kart. 19)
Staaten 1871 – 1918: China 1 Konv. (Kart. 48); Deutsch-Ostafrika 1 Konv. (Kart. 60); Ägypten 1 Konv. (Kart. 64); Japan 1 Konv. (Kart. 65); Marokko 1 Konv. (ebd.); Türkei (Kart. 82-85); Türkei (Ägypten) 1 Konv. (Kart. 86); Siam 1 Konv. (ebd.); Südafrika 1 Konv. (ebd.); Tunis 1 Konv. (ebd.)

F 58 **Verlassenschaften und Legate** 1830 – 1918 (233 Kart.)

Die Generalia des Faches betreffen Gebühren, Legate, Testamente, Verlassenschaften.

Staaten 1830 – 1860: Türkei 2 Konv. (Kart. 4/5)

Staaten 1861 – 1870: Türkei 1 Konv. (Kart. 8)

Staaten 1871 – 1895: Ägypten 1 Konv. (Kart. 10); Tunis 1 Konv. (Kart. 14); Türkei 1 Konv. (ebd.); Sansibar 1 Konv. (Kart. 15)
Staaten 1871 – 1918: Afrika 1 Konv. (Kart. 25); China 1 Konv. (ebd.); Ägypten 1 Konv. (Kart. 29); Japan 1 Konv. (Kart. 31); Marokko 1 Konv. (ebd.); Persien 1 Konv. (Kart. 33); Transvaal 1 Konv. (Kart. 37); Türkei 1 Konv. (ebd.)

Staaten 1871 – 1918: Australien (Kart. (109/10); Ägypten (Kart. 123); Großbritannien (Südafrika) 1 Konv. (Kart. 126); Hawai 1 Konv. (Kart. 129); Indien 1 Konv. (ebd.); Japan 1 Konv. (ebd.); Madagaskar 1 Konv. (ebd.); Marokko 1 Konv. (ebd.); Niederländisch-Indien 1 Konv. (ebd.); Ostasien 1 Konv. (Kart. 130); Persien 1 Konv. (Kart. 214); Siam 1 Konv. (Kart. 229); Türkei (Kart. 230-233); Transvaal 1 Konv. (Kart. 233); Smyrna 1 Konv. (ebd.); Sansibar (ebd.)

F 60 **Miszellen** 1841 – 1918 (24 Bde. und 197 Kart.)

Die Generalia dieses Faches betreffen Adel, Astronomie, Ausstellungen, Arbeiterwohnungen, Archäologie; Brände, Briefe und Pakete; Diamanten; Ehen (Bigamie, Ziviltrauungen), Elementarereignisse (Erdbeben), Erfindungen, Erfindungsprämien; Fabriken, Feierlichkeiten, Flaggen, Friedhöfe; Geburts-, Tauf-, Trau- und Totenscheine, Geld, Gewerbe, Gradmessung, Grabstätten; Hydrographie; Industrie, Interpellationen; Karten, Kollekten, Kolonien, Kongresse, Kunst und Wissenschaft; Leichen, Leichenpässe, Leichentransporte, Leichenverbrennungen, Leuchttürme, Lo-

se, Lotterien; Majestätsgesuche, Matriken, Maschinen, Maße und Gewichte, Meteorologie; Nivellierungen; Olympische Spiele, Orchesterstimmung; Patente, Pensionen, Postporto, Postreklamationen, Privilegien, Preisausschreiben, Preisschießen; Schematismen, Scheibenschießen und Schützenfeste, Sparkassen, Spenden, Spielbanken, Stipendien; Tabak, Taxen, Theater; Waffen, Zeremoniell (Eisenbahn-, Kirchen- und Seezeremoniell), Zustellungen.
Kollekten für die Christen in Syrien 1841 – 1860 (Kart. 25); 1848 – 1860 1 Konv. (Kart. 26)
Kollekten nach Orten und Ländern A – K 1861 – 1870: Algier, für Überschwemmte 1870 1 St. (Kart. 32)
Kollekten nach Orten und Ländern O – W 1861 – 1870: Katholische Kollekten a) Zentralafrika b) Orient 1 Konv. (Kart. 33); Jerusalem 1 Konv. (ebd.); Rhodos 1 Konv. (ebd.); Syrien 2 Konv. (ebd.)
Ehen 1853 – 1870 (Vorschriften für die Konsularämter in der Türkei in Untertanschaftsverhältnissen, Bigamie nach Ländern 1. Teil) 1 Konv. (Kart. 33); 2. Teil 1 Konv. (Kart. 34)

Kongresse I: 1902 – 1914: Konvention zur Bekämpfung des Mädchenhandels 1901 – 1913 (Kart. 62, Nr. 54); Interparlamentarische Union für Internationale Schiedsgerichte 1 Konv. (Kart. 95, Nr. 234); Internationale Schiedsgerichtskonferenz 1908 – 1909 (Kart. 96-100, Nr. 245); Internationale Konvention zur Bekämpfung des Mädchenhandels 1909 – 1916 und 1904 (Kart. 103-105, Nr. 254)

Pensionen ab 1871 (nach Staaten): Österreich-Ungarn (I dabei: Pensionsstiftung für die Beamten der orientalischen Bahnen) 1 Konv. (Kart. 210)

F 63 **Staatsrechtliches** 1901 – 1918 (8 Kart.)

Die Akten dieses Faches betreffen vor allem staatsrechtliche Angelegenheiten zwischen den im Reichsrat vertretenen Königreichen und Ländern einerseits, und den Ländern der Ungarischen Krone andererseits, aber auch staatsrechtliche Angelegenheiten fremder Staaten.

Österreichisch-Ungarisches Settlement in Tientsin (ab 1901) (Kart. 1-5)

F 65 **Viehzucht** 1903 – 1918 (4 Kart.)

Die Generalia des Faches betreffen Ankäufe, Auskünfte, Einfuhr, Export und Import, Gesetze, Märkte sowie Berichte.

Berichte ab 1909: Großbritannien/Südafrika 1 Konv. (Kart. 2); Marokko 1 Konv. (Kart. 4); Sansibar 1 Konv. (ebd.)

F 66 **Binnenschiffahrt** 1883 – 1918 (27 Kart.)

Die Generalia des Faches betreffen Berichte, Beschwerden, Eichung, Flüsse und Seen, Gebühren, Gesellschaften, Gesetze, Häfen, Konferenzen, Konkursausschreiben, Publikationen, Schiffahrt, Subventionen, Tarife, Verträge, Vorschriften, Werften.

Flüsse und Seen 1903 – 1908: Euphrat 1 Konv. (Kart. 5); Haiho 1 Konv. (Kart. 6); Nil 1 Konv. (ebd.); Peiho 1 Konv. (ebd.); Tigris 1 Konv. (ebd.)

Flüsse und Seen ab 1909: Euphrat und Tigris 1 Konv. (Kart. 7); Wang-Po 1 Konv. (Kart. 8); Haiho 1 Konv. (Kart. 9); Liaoho 1 Konv. (ebd.); Sussurlu 1 Konv. (Kart. 11); Urmia-See 1 Konv. (ebd.); Zogaj-See 1 Konv. (ebd.)

F 67 **Seeschiffahrt** 1903 – 1908 (41 Kart.)

Die Generalia des Faches betreffen Agentenposten, Auskünfte, Berichte, Beschwerden, Eichungen, Fahrbegünstigungen, Fahrpläne, Gebühren, Gesellschaften, Häfen, Kartelle, Konferenzen, Konflikte, Kohlenstationen, Konkursausschreibungen, Lotsen, Matrosen, Rettungsdienst, Schiffspapiere, Seefrachtenberichte, Subventionen, Tarife, Trusts, Unfälle, Vereine, Vorschriften.

Gesetze ab 1909 (nach Staaten): Türkei 1 Konv. (Kart. 15)
Häfen ab 1909 (nach Staaten): China 1 Konv. (Kart. 16); Türkei 1 Konv. (Kart. 18)

Internationale Konferenzen ab 1909: 1) Internationale Seerechtskonferenz in Brüssel (Kart. 19); 9) Internationale Konferenz für die Sicherheit des Lebens zur See in London (Kart. 20/21)
Publikationen 1903 – 1908 (nach Staaten): Türkei 1 Konv. (Kart. 22)
Staaten 1901 – 1902: Afrika 1 Konv. (Kart. 25); Türkei 1 Konv. (Kart. 28);

Verkehrslinien 1903 – 1908 (nach Staaten): Afrika 1 Konv. (Kart. 34); Türkei 1 Konv. (Kart. 35)

Verkehrslinien ab 1909 (nach Staaten): Türkei 1 Konv. (Kart. 38)

F 68 **Schiffahrt-Lloyd** 1899 – 1918 (8 Kart.)

Die Generalia betreffen Beschwerden, Fahrbegünstigungen, Fahrpläne, Gebühren, Lloydagentenposten, Matrosen, Publikationen, Schiffspapiere, Tarife, Verkehrslinien.

Beschwerden über den Österreichischen Lloyd 1896 – 1908 1 Konv. (Kart. 2)

F 70 **Bergbau** 1903 – 1918 (15 Kart.)

Die Generalia des Faches betreffen Aluminium, Asbest, Asphalt, Anthrazit, Auskünfte, Beschwerden, Blei, Edelmetalle, Eisen, Erdwachs, Gesellschaften, Gesetze, Glimmer, Gold, Graphit, Kohle, Kongresse, Konzessionen, Kupfer, Magnesit, Manganerz, Marmor, Minen, Nickel, Petroleum, Phosphor, Phosphat, Platin, Publikationen, Quecksilber, Radium, Schwefel, Silber, Unfälle, Zinn.

Generalia ab 1909 Minen: Großbritannien 1 (Uranerzbergbau in Südaustralien) 1 Konv. (Kart. 5); Rußland 1 (Kupferminen im Kaukasus bei Batum) 1 Konv. (ebd.); Tunis 1 Konv. (ebd.); Konzessionen Türkei 2/1 (Phosphate in Bergwerken in der Türkei und in Palästina) 1 Konv. (ebd.); Marokko 1 Konv. (Kart. 6); Türkei 1 Konv. (ebd.); Marokko ab Ende 1910 (Kart. 11)
Publikationen 1903 – 1908: Südafrika 1 Konv. (Kart. 11)
Publikationen ab 1909: Türkei 1 Konv. (Kart. 12)

Sammelfaszikel F 70 – F 76 1901 – 1902 (2 Kart.)

Schiffslisten (nach Staaten): Türkei 1 Konv. (Kart. 1)

F 71 **Schiffslisten, Leuchtfeuer, Seesignale** 1903 – 1918 (5 Kart.)

Leuchtfeuer 1903 – 1908 (nach Staaten): Algier 1 Konv. (Kart. 1); China 1 Konv. (ebd.); Ägypten 1 Konv. (ebd.); Japan 1 Konv. (ebd.); Marokko 1 Konv. (ebd.); Sansibar 1 Konv. (ebd.)

Seesignale 1903 – 1908: Türkei 1 Konv. (Kart. 3)

F 72 **Kanäle** 1903 – 1918 (6 Kart.)

Die Generalia des Faches betreffen Auskünfte, Gesetze, Konkursausschreibungen, Publikationen.

Generalia 1903 – 1908: Suezkanal (Akten auch von 1884 – 1889) 1 Konv. (Kart. 2)
Generalia ab 1909: Suezkanal 1 Konv. (Kart. 4); Schwarzes Meer-Devna-See-Kanal 1 Konv. (Kart. 5); Wolga-Ob-Kanal 1 Konv. (ebd.)

F 73 **Ernteberichte** 1903 – 1918 (3 Kart.)

Staaten 1903 – 1908: Türkei 1 Konv. (Kart. 1)
Staaten ab 1909: Türkei 1 Konv. (Kart. 2)

F 74 **Wissenschaftliche Expeditionen und Arbeiten** 1903 – 1918 (16 Kart.)

Die Generalia des Faches betreffen Arbeitsplätze, Archäologie, Auskünfte, Ehrenmitglieder, Expeditionen, Institute, Kommissionen, Konferenzen, Kongresse, Publikationen, Verträge, Werke, wissenschaftliche Stationen.

Generalia 1903 – 1908:
Expeditionen: Deutsches Reich 2 (Nubien) 1 Konv. (Kart. 1); Österreich-Ungarn 9 (Studienreise des Dr. Karl Donin nach Java) 1 Konv. (ebd.)
Archäologie: Ägypten 1 Konv. (Kart. 1); Türkei (Lydische Expedition des k.k. österreichischen Archäologischen Instituts: Ephesus) 1 Konv. (ebd.)
Generalia ab 1909: Kongresse (nach Staaten): Ägypten 1 Konv. (Kart. 4)

Publikationen (nach Staaten) 1903 – 1908: Neuseeland 1 Konv. (Kart. 8)

Staaten 1901 – 1902: Türkei 1 Konv. (Kart. 9)

Varia 1903 – 1908: Türkei 1 Konv. (Kart. 9)
Varia ab 1909: Türkei 1 Konv. (Kart. 11)

Werke ab 1909: Türkei 1 Konv. (Kart. 16)

F 77 **Ackerbau und Landwirtschaft** 1903 – 1918 (19 Kart.)

Die Generalia des Faches betreffen Auskünfte, Fachberichterstatter, Gesellschaften, Gesetze, Getreide, Hopfen, Kongresse, Lagerhäuser, Landeskultur, Landwirtschaft, Märkte, Maschinen, Pachtungen, Publikationen.

Pachtungen ab 1909: Türkei 1 Konv. (Kart. 9)

Landeskultur 1901 – 1902: Indien 1 Konv. (Kart. 11)

Publikationen ab 1909: Türkei 1 Konv. (Kart. 14)

Varia ab 1909: Südafrika 1 Konv. (Kart. 18); Türkei 1 Konv. (Kart. 19)

F 78 **Ausstellungen** 1909 – 1918 (7 Kart.)

Staaten ab 1909: Japan 1 Konv. (Kart. 4); Türkei 1 Konv. (Kart. 6)

F 79 **Veterinärwesen** 1901 – 1918 (58 Kart.)

Die Generalia des Faches betreffen Ausfuhr, Auskünfte, Aus- und Einladestationen, Beschwerden, Durchfuhr, Einfuhr, Geflügelcholera, Gesetze, Grenzbezirke, Grenzsperren, Heilmittel, Hühnerpest, Kongresse, Kontrolltage, Märkte, Publikationen, Rohprodukte, Schlachthäuser, Seuchen, Ursprungszertifikate, Vieheinbruchsstationen, Viehpässe.

Staaten 1901 – 1902: Türkei 1 Konv. (Kart. 5); Österreich-Ungarn 9-11 (Sperre gegen Afrika, Rußland, Serbien) 1 Konv. (Kart. 9)

Grenzsperren 1903 – 1908: Österreich-Ungarn gegen fremde Staaten (Türkei) 1 Konv. (Kart. 23)

Ausfuhr ab 1909: Türkei 1 Konv. (Kart. 34)

Gesetze ab 1909: Türkei 1 Konv. (Kart. 39)

Grenzsperren ab 1909: fremde Staaten gegen Österreich-Ungarn: Türkei 1 Konv. (Kart. 40); Österreich-Ungarn gegen fremde Staaten: Türkei 1 Konv. (Kart. 45)
Rohprodukte ab 1909: Türkei 1 Konv. (Kart. 51)

Seuchenberichte ab 1909: Türkei 1 Konv. (Kart. 51)

Varia ab 1909: Türkei 1 Konv. (Kart. 54)

F 81 **Tabak** 1903 – 1918 (5 Kart.)

Die Generalia des Faches betreffen Auskünfte, Einfuhr, Export, Gesetze, Import, Monopole, Publikationen, Steuern, Vorschriften, Zoll.

Monopole ab 1909: Türkei 1 Konv. (Kart. 3)

Varia ab 1909: Türkei 1 Konv. (Kart. 5)

F 87 **Holz** 1903 – 1918 (4 Kart.)

Die Generalia des Faches betreffen Auskünfte, Berichte, Gesellschaften, Gesetze, Export und Import, Konferenzen, Kongresse, Publikationen, Reklamationen, Tarife.

Varia ab 1909: Türkei 1 Konv. (Kart. 3)

F 88 **Pflanzenkrankheiten** 1901 – 1918 (10 Kart.)

Die Generalia des Faches betreffen Berichte, Diaspis, Einfuhr, Gesetze, Kongresse, Konventionen, Nonne, Oelfliege, Peronospora (Schmarotzerpilze), Phylloxera (Reblauskrankheit), Publikationen.

Phylloxera 1901 – 1902: Türkei 1 Konv. (Kart. 1)

Internationale Konventionen: Phylloxera-Konvention 1903 – 1908 1 Konv. (Kart. 8)

F 90 Zucker 1902 – 1918 (15 Kart.)

Die Generalia des Faches betreffen Ausfuhr, Auskünfte, Beschwerden, Einfuhr, Gesetze, Konferenzen, Konventionen (Internationale Zuckerkonvention) Monopole, Steuern, Zölle.

Varia ab 1909: Indien 1 Konv. (Kart. 14); Türkei 1 Konv. (Kart. 15)

F 91 Spiritus und Alkohol 1903 – 1918 (5 Kart.)

Die Generalia des Faches betreffen Auskünfte, Bier, Durchfuhr, Export und Import, Fabriken, Kongresse, Monopole, Publikationen, Spiritus, Steuern, Verträge, Zölle.

Generalia ab 1909: Bier Japan 1 Konv. (Kart. 3); Türkei 1 Konv. (ebd.)

F 92 Industrie 1903 – 1918 (11 Kart.)

Die Generalia des Faches betreffen Alkali, Auskünfte, Baumwolle, Berichte, Beschwerden, Blech, Diamanten, Durchfuhr, Eisen, Fabriken, Flechtindustrie, Gesetze, Glas, Glyzerin, Gummi, Handschuhe, Hopfen, Jute, Kerzen, Kongresse, Kunststeine, Leder, Magnesit, Maschinenspitzen, Papier, Publikationen, Schwefel, Seide, Seifen, Spitzenpapier, Stickerei, Subventionen, Torf, Waffen, Wolframdraht, Zink, Zündwaren.

Gesetze ab 1909: Türkei 1 Konv. (Kart. 6)

F 93 Fischerei 1903 – 1918 (4 Kart.)

Die Generalia des Faches betreffen Auskünfte, Beschwerden, Gesellschaften, Gesetze, Kongresse, Konzessionen, Konventionen, Korallenfischerei, Perlen- und Perlmutterfischerei, Publikationen, Vereine, Verträge.

Varia ab 1909 (nach Staaten): Türkei 1 Konv. (Kart. 4)

F 94 Offerte und Lieferungen
(vor allem Waffenlieferungen) 1901 – 1918 (40 Kart.)

Generalia 1901 – 1908: Russisch-japanische Kriegslieferungen 1 Konv. (Kart. 3, II/97)

Staaten I ab 1909: Afrika 1 Konv. (Kart. 8); China 1 Konv. (ebd.) Japan 1 Konv. (ebd.); Marokko 1 Konv. (Kart. 9); Türkei 1 Konv. (ebd.)
Staaten ab 1909 (nach Nummern): Abessinien 1 Konv. (Kart. 14); China 1 Konv. (Kart. 16); Ägypten 1 Konv. (Kart. 17); Indien 1 Konv. (ebd.); Japan 1 Konv. (Kart.

18); Marokko 1 Konv. (Kart. 20); Persien 1 Konv. (Kart. 28); Siam 1 Konv. (Kart. 29); Südafrika 1 Konv. (Kart. 30); Türkei 1 Konv. (Kart. 31); Kart. 32-40 nach Nummern: Lieferungen für die orientalischen Eisenbahnen 2 Konv. (Kart. 39, 40)

F 95 Schiffahrt Adria 1901 – 1915 (1 Kart.)

Die Generalia des Faches betreffen Agenten, Beschwerden, Fahrtbegünstigungen, Tarife, Varia, Verkehrslinien.

Varia: 1) Marokko 1 Konv. (Kart. 1); 3) Verbindung der Adria mit Tripolis 1 Konv. (ebd.); 4) Verbindung zwischen Triest, Fiume und Tunis 1 Konv. (ebd.)

F 96 Fremdenverkehr
(1901 – 1902: Ursprungszertifikate) 1901 – 1918 (5 Kart.)

Staaten ab 1909: Australien 1 Konv. (Kart. 1); Ägypten 1 Konv. (Kart. 2); Indien 1 Konv. (ebd.); Niederländisch-Indien 1 Konv. (ebd.); Türkei 1 Konv. (Kart. 3)

F 97 Einzelne Handelsartikel im internationalen Verkehr
1901 – 1918 (11 Kart.)

Die Generalia des Faches betreffen Agrumen, Baumwolle, Benzol, Koks, Malz, Öl, Petroleum, Reis, Sacharin, Salpeter, Schafwolle, Zündhölzer, Zyankali.

Generalia ab 1909: Baumwolle (nach Nummern): Ägypten betr. Nr. 24, 39 2 St. (Kart. 2); Tiflis Nr. 45 1 St. (ebd.); China betr. Nr. 46 1 St. (ebd.); Japan betr. Nr. 51 1 St. (ebd.); Ägypten betr. Nr. 52 1 St. (ebd.); Persien betr. Nr. 55 1 St. (ebd.); Mombassa betr. Nr. 56 1 St. (ebd.); Niederländ.-Indien betr. Nr. 57 1 St. (ebd.)

Baumwolle (nach Staaten): Türkei 1 Konv. (Kart. 3); Turkestan 1 Konv. (ebd.)
Zement (betr. Türkei Nr. 23, 24) 2 St. (Kart. 3) – Indigo (indisches) 1 St. (ebd.) – Kautschuk (Ägypten betr. Nr. 7) 1 Konv. (ebd.) – Naphta (Kubangebiet, Kaspisches Meer) 1 Konv. (Kart. 4) – Öl: Türkei (Anatolien, Smyrna) 1 Konv. (Kart. 5) – Wolle: Persien 1 Konv. (Kart. 5)

Petroleum ab 1909 (nach Nummern): z.B.: Nr. 76 Tunesien 1 Konv. (Kart. 8); Nr. 93 Niederländisch-Ostindien 1 Konv. (ebd.); Nr 97 Ostasien 1 Konv. (ebd.); Nr. 103, 108 Südafrika 1 Konv. (ebd.); Nr. 111 Japan 1 Konv. (ebd.); Nr. 115 China 1 Konv. (ebd.); Nr. 121 Syrien 1 Konv. (ebd.)
Petroleum ab 1909 (nach Staaten): Türkei 1 Konv. (Kart. 9)

F 100 Autos und Motorräder 1901 – 1918 (5 Kart.)

Die Generalia des Faches betreffen Auskünfte, Automobillinien, Beschwerden, Exporte, Gesetze, Kongresse, Publikationen, Vorschriften, Wettfahren.

Varia ab 1909: Türkei 1 Konv. (Kart. 9)

F 101 Versicherungswesen 1903 – 1918 (12 Kart.)

Die Generalia des Faches betreffen Arbeitslosenversicherung, Auskünfte, Assoziations- und Koalitionswesen, Beschwerden, Gesellschaften, Gesetze, Kongresse, Lizenzen, Publikationen, Verträge.

Varia ab 1909: Türkei 1 Konv. (Kart. 11)

F 104 Waffen 1909 – 1918 (12 Kart.)

Staaten ab 1909: Äthiopien 1 Konv. (Kart. 1); China 1 Konv. (Kart. 3); Ägypten 1 Konv. (ebd.); Italien (Tripolis betreffend) 1 Konv. (ebd.); Japan 1 Konv. (ebd.); Marokko 1 Konv. (ebd.); Persien 1 Konv. (ebd.); Siam 1 Konv. (Kart. 7); Türkei (Kart. 8)

Waffen und Munition (nach Nummern): z.B. Waffen 5 (Verbot der Waffeneinfuhr aus Hongkong) 1 Konv. (Kart. 9); Waffen 17 (Waffen- und Patronensendungen nach Mombassa) 1 Konv. (Kart. 11); Waffen 34 (Waffen- und Munitionssendungen von Triest nach der Türkei) 1 Konv. (Kart. 12)

F 106 Studienreisen ab 1909 (11 Kart.)

Die numerierten Akten des Faches betreffen 1.) Studienreisen österreichisch-ungarischer Staatsbürger in das Ausland 2.) Studienreisen fremder Staatsbürger nach Österreich-Ungarn 3.) Reisen fremder Staatsangehöriger in das Ausland (nicht nach Österreich-Ungarn).

Linienschiffsleutnant Ing. Bruno Leinweber, Reise nach Baku zur Erprobung seines Petroleumförderungssystems 1 Konv. (Kart. 1, Nr. 1/20); Afrikaforscher Otto Caesar Artbauer und Oberleutnant Kraft v. Helmhack, Reise nach Mursuk (ebd. Nr. 1/23)
Schriftsteller August Pásztor nach Japan (Kart. 2, Nr. 1/87); Privatdozent Dr. Senfelder nach Ägypten (ebd. Nr. 1/90); Dr. Fritz Machacek, geographisch-archäologische Forschungen in Russisch-Turkestan (ebd. Nr. 1/11)
Eugen Binder-Kriegelstein, Reise nach Ostasien und Amerika (Kart. 3, Nr. 1/137); Dr. Viktor Pietschmann, zoologische Sammel- und Studienreise nach dem Schwarzen und Kaspischen Meer (Kart. 4, Nr. 1/224); Dr. Heinrich Ficker und Dr. Raimund von Klebelsberg nach Russisch-Asien (ebd. Nr. 1/287); Leutnand Roland Strunck nach Indien, China (ebd. Nr. 1/290)

Professor Dr. Karl Diener nach Japan (Kart. 5, Nr. 1/298); Dr. Seeböck und Dr. Schulz, Forschungsreise nach Zentralasien (ebd. Nr. 1/325); Reise der „Wiener Urania" nach Ägypten, in den Sudan (ebd. Nr. 1/359); Professor Dr. Franz Werner, zoologische Forschungsreise in den ägyptischen Sudan (ebd. Nr. 1/361); Dr. Horaz Sonnenthal, Forschungsreise nach Zentralafrika (ebd. Nr. 1/372); Erste Wiener Universitätsreise nach Kreta, Korfu, Alexandrien (ebd. Nr. 1/373); Österreichischer Ingenieur- und Architektenverein, Reise nach Ägypten (ebd. Nr. 1/375)
Professor Dr. Alois Musil, Reise nach dem Orient (Kart. 6, Nr. 1/440); Studienreise eines Vertreter der „Mitsui Bussan Kaisha" nach Wien (ebd. Nr. 2/1); Europareise einer chinesischen Marinemission (ebd. Nr. 2/4)
Sano S., Ingenieur im japanischen Eisenbahnministerium, Besuch der Heizhäuser und Werkstätten der k.k. Staatsbahnen (Kart. 7, Nr. 2/18); Vicomte Foukouko, japanischer Hofgartendirektor, Besichtigung der kaiserlichen Gärten und sonstigen Parkanlagen in Wien (ebd. Nr. 2/33); Besuch des Ackerbauministers von Natal in Wien (ebd. Nr. 2/43); Chinesische Militärmission in Wien (ebd. Nr. 2/52)
Ibrahim Behaeddin Bey, Studien in der Polizeidirektion in Wien (Kart. 11, Nr. 2/435); Saadi Bey, Studienreise betreffend die Einrichtungen des Erkennungsdienstes der Wiener Polizei (ebd. Nr. 2/448); Türkische Kommission zum Studium der Gemeindeverwaltung Wiens (ebd. Nr. 2/459)

AF **Arbeiterfragen** (3 Kart.)

Publikationen, ausländische (nach Staaten): Indien 1 Konv. (Kart. 3); Türkei 1 Konv. (ebd.)

AS **Antisklaverei** 1898 – 1900 1 Konv. (liegt bei AL – Aus- und Durchlieferung Kart. 1)

BH **Berg- und Hüttenwesen** (2 Kart.)

Ausländische Staaten: Afrika 1 Konv. (Kart. 2); China 1 Konv. (ebd.); Japan 1 Konv. (ebd.); Marokko 1 Konv. (ebd.); Neuseeland 1 Konv. (ebd.); Rußland (Baku Naphtaquellen betr.) 1 Konv. (ebd.); Spanien (Philippinen) 1 Konv. (ebd.); Türkei 1 Konv. (ebd.)

EC **Eisenbahnen und Kommunikationen** (6 Kart.)

Betrieb, Anschlüsse, ausländische Eisenbahnen (nach Staaten): Afrika 1 Konv. (Kart. 3); Australien 1 Konv. (ebd.); Ägypten 1 Konv. (Kart. 4); Großbritannien (Unterseetunnel bei Gibraltar mit Anschluß an die marokkanischen Bahnen) 1 Konv. (ebd.); Indien 1 Konv. (ebd.); Sibirische Eisenbahn 1 Konv. (ebd.); Türkei 1 Konv. (ebd.); Sansibar 1 Konv. (ebd.)

FW Finanzwesen (8 Kart.)

Die Generalia des Faches betreffen Anleihen, Banken, Börsen, Geldinstitute, Lose, Lotterien, Medaillen, Monopole, Münzen, Publikationen, Valuten.

Valutenfragen in fremden Staaten: Indien 1 Konv. (Kart. 2); Japan 1 Konv. (ebd.)

Banken, im Ausland (nach Staaten): Ägypten 1 Konv. (Kart. 2); China 1 Konv. (ebd.); Indien 1 Konv. (ebd.); Japan 1 Konv. (ebd.); Marokko 1 Konv. (Kart. 3); Persien 1 Konv. (ebd.); Spanien (Philippinen) 1 Konv. (ebd.); Türkei 1 Konv. (ebd.)

Anleihen: China 1 Konv. (Kart. 4); Ägypten 1 Konv. (ebd.); Transvaal 1 Konv. (Kart. 5); Türkei 1 Konv. (ebd.)

Fremde Börsen: Japan 1 Konv. (Kart. 4)

Fremde Monopole: Ägypten (Sudan) 1 Konv. (Kart. 5); Japan 1 Konv. (ebd.); Tunis 1 Konv. (ebd.)

Fremde Publikationen: Ägypten 1 Konv. (Kart. 6); China 1 Konv. (ebd.); Türkei 1 Konv. (ebd.)

Finanzwesen in fremden Staaten: Japan 1 Konv. (Kart. 7); Indien 1 Konv. (ebd.); Ägypten 1 Konv. (Kart. 8); Kapland 1 Konv. (ebd.); Türkei 1 Konv. (ebd.)

HP Handelspolitik (28 Kart.)

Die Generalia des Faches betreffen einzelne Artikel, Eich- und Vermessungswesen, Elektrische Meßgeräte, Export, Gewerbelegitimationen, Handel, Handelsberichte, Handelskammern, Handelsmuseen, Handelsverträge, Handlungsreisende, Kongresse, Konventionen, Lieferungen, Markenschutz, Offerte, Publikationen, Reklamationen, Zuckerprämien, Zulassung zum Gewerbebetrieb.
Handelsverträge mit fremden Staaten: Handelsvertrag Österreich-Ungarns mit Japan 1. Teil 1 Konv. (Kart. 1); 2. Teil (Kart. 2); Österreich-Ungarns mit Oranje-Freistaat 1 Konv. (Kart. 1); Österreich-Ungarns mit Tunis 1 Konv. (ebd.)
Verträge und Konventionen zwischen fremden Staaten: China – Korea 1 Konv. (Kart. 3); Japan mit fremden Staaten 1 Konv. (ebd.); Marokko mit fremden Staaten 1 Konv. (ebd.); Niederlande-Oranje-Freistaat 1 Konv. (ebd.); Rumänien-Türkei 1 Konv. (ebd.); Serbien-Türkei 1 Konv. (ebd.)

Österreichisch-ungarische Handelskammern im Ausland: Alexandrien 1 Konv. (Kart. 11); Konstantinopel 1 Konv. (ebd.); Port Elizabeth 1 Konv. (ebd.)

Auswärtiger Handel und Industrie: China 1 Konv. (Kart. 28); Ägypten 1 Konv. (ebd.); Indien 1 Konv. (ebd.); Marokko 1 Konv. (ebd.); Deutschland (Ostasien betr.) 1 Konv. (ebd.); Niederlande (Sudan betr.) 1 Konv. (ebd.);
Rußland (Kaukasus und Zentralasien betr.) 1 Konv. (ebd.).

HS **Handelsschiffahrt** (7 Kart.)

Die Generalia des Faches betreffen Eichungen, Finanzielles, Gesellschaften, Hafenbauten, Hafengebühren, Hafenkapitanate, Kongresse, Schiffahrtsausweise, Schiffsunfälle, Schiffszölle, Seegesetze.

Österreichisch-Ungarischer Lloyd 2 Konv. (Kart. 1/2)

LS **Leuchttürme, Seesignale** (2 Kart.)

LW **Landwirtschaft** (8 Kart.)

Die Generalia des Faches betreffen Ackerbau, Ackerbaufachberichterstatter, Feldpolizei, Fruchtkrankheiten, Gartenbauanlagen, Kongresse, Landwirtschaft, Märkte, Publikationen, Samen, Schildlaus, Tabak, Verträge, Internationale Vogelschutzkonvention, Wein- und Obstbau (Phylloxera).

PT **Post- und Telegraphenwesen** (3 Kart.)

Staaten (Statistik, Postordnungen): China 1 Konv. (Kart. 2); Großbritannien (orientalische Post) 1 Konv. (ebd.); Indien 1 Konv. (ebd.); Japan 1 Konv. (ebd.); Jaffa-Jerusalem 1 Konv. (ebd.); Marokko 1 Konv. (ebd.); Südafrika 1 Konv. (ebd.); Tunis 1 Konv. (ebd.); Türkei 1 Konv. (ebd.)

ST **Statistik** (1 Kart.)

Fremde Staaten: China 1 Konv. (Kart. 1)

SW **Sanitätswesen** (10 Kart.)

Die Generalia des Faches betreffen Arzneitaxen, Ärzte, Epidemien, Grenzübereinkommen, Influenza, Kongresse, Konventionen, Kranken- und Irrenanstalten, Lebensmittelverkehr, Leichentransporte, Medikamente, Pest, Publikationen, Quarantäne.

Fremde Staaten: Ägypten 1 Konv. (Kart. 1); Frankreich (Algerien betr.) 1 Konv. (ebd.)

Sanitätsconseil in Alexandrien, Berichte 1. Teil 1 Konv. (Kart. 3); 2. Teil 1 Konv. (Kart. 4)

Sanitätsconseil in Konstantinopel, Berichte 1 Konv. (Kart. 4)
Publikationen: China 1 Konv. (Kart. 10); Ägypten 1 Konv. (ebd.)

UW **Unterrichtswesen** (10 Kart.)

Die Akten des Faches betreffen Akademien und Schulen, Besichtigungen, Bibliotheken, Galerien, Kongresse, Museen, Studienreisen von Inländern in das Ausland sowie von Ausländern nach Österreich-Ungarn, Stipendien, Studienwesen, Subventionen, Verträge.

Einzelne wissenschaftliche Zweige: Asiatischer Sprachenunterricht (in chinesischer, japanischer, koreanischer, mongolischer Sprache) in Österreich-Ungarn 1 Konv. (Kart. 9); Karte des Sudan 1 St. (ebd.); Artur von Rosthorn, Elaborat über die chinesische Sprache 1898/99 1 St. (ebd.); Ausgrabungen in der Regentschaft Tunis 1 Konv. (ebd.); Ausgrabungen in Ephesus 1 Konv. (ebd.)

Fremde Staaten: Ägypten 1 Konv. (Kart. 10); Japan 1 Konv. (ebd.); Java 1 Konv. (ebd.); Niederlande (betr. Niederländ.-Ostindien) 1 Konv. (ebd.); Siam 1 Konv. (ebd.)

VV **Veterinärwesen** (9 Kart.)

Die Generalia des Faches betreffen Durchfuhr, Gestüte, Grenzsperren, Kontumazanstalten, Pferdehandel, Pferdekrankheiten, Pferdezucht, Publikationen, Reklamationen, Rennpferde, Spitäler, Tierärzte, Veterinärausweise, Viehhandel, Viehmärkte, Viehzucht.

Durchfuhr, Grenzsperren: Afrika 1 Konv. (Kart. 1); Australien 1 Konv. (ebd.); Türkei 1 Konv. (Kart. 4)

Viehzucht und Veterinärwesen in fremden Staaten: China 1 Konv. (Kart. 8); Ägypten 1 Konv. (Kart. 9); Griechenland (betr. syrische Küstenstriche) 1 Konv. (ebd.); Indien 1 Konv. (ebd.); Singapur 1 Konv. (ebd.); Südafrika 1 Konv. (ebd.); Sansibar 1 Konv. (ebd.)

ZW **Zollwesen** (4 Kart.)

Die Akten betreffen Beschwerden, Prinzipielles, Publikationen, Zollerleichterungen, Zollstationen, Zolltarife.

Fremde Publikationen: Japan 1 Konv. (Kart. 2)

Zolltarife: Japan 1 Konv. (Kart. 3); Natal 1 Konv. (ebd.); Rußland (betr. Ob und Jenissei) 1 Konv. (ebd.)

LITERARISCHES BÜRO (PRESSELEITUNG, PRESSEDEPARTEMENT)

1864 – 1918 (32 Bde u. 327 Kart.)

Die in dieser Abteilung zusammengefaßten Akten entstammen zum überwiegenden Teil der Präsidialsektion des Ministeriums des Äußern, dem die 1864 errichtete und dem Staatsministerium unterstellte Presseleitung seit 1867 als Departement III und seit 1877 als Departement V angehörte. Als Pressedepartement hatte das Literarische Büro wie die älteren Behörden dieser Art, die Aufgabe, die Angelegenheiten der Monarchie in den Zeitungen des In- und Auslandes zu fördern sowie Presseschauen in- und ausländischer Zeitungen für den Kaiser und für Beamte des Ministeriums des Äußern vorzubereiten. Den diplomatischen Vertretungen der Monarchie oblagen pressepolitische Aktivitäten ebenso wie ein pressepolitischer Informationsdienst für die Zentralleitung.
Bis etwa 1900 wurden die Akten in einer Zahlenregistratur hinterlegt, ab diesem Zeitpunkt gab es auch Hinterlegung nach Staaten (A – W). Der Bestand besitzt ferner Personalakten und Privatbriefe der Korrespondenten, Telegramme und Informationsberichte.

Lit.: Bittner, *Gesamtinventar* Bd. 1, S. 465 – Paupié K., *Handbuch der Österreichischen Pressegeschichte* Bd. 2, Wien 1966, S. 58-125.

Japanische Presse 1909 – 1914 (Kart. 150)
Türkische Presse 1908 – 1916 (Kart. 190); 1917 – 1918 (Kart. 191)
Türkei 1907 – 1918 (Kart. 192)
Pressedotation Konstantinopel (Kart. 205)
Informativberichte aus Konstantinopel 1915 – 1917 (Kart. 314)

ZEITUNGSARCHIV (192 Kart. u. Nachträge)

Im Departement V des Ministeriums des Äußern (Pressedepartement) entstand in den Jahren 1908 – 1918 eine Sammlung von Zeitungsausschnitten aus- und inländischer Blätter, die den heutigen Bestand Zeitungsarchiv bildet und zeitlich, da in den Dreißigerjahren noch eine weitere Sammlung hinzukam, weit über den Zeitraum von 1918, aber auch hinter 1908 zurückreicht.
Die Zeitungsausschnitte sind nach Staaten und Ereignissen (Balkankrieg, Erster Weltkrieg) zusammengefaßt.

Abessinien 1909 – 1921 1 Konv. (Kart. 1)

Afghanistan 1909 – 1922 1 Konv. (ebd.)

Afrika, Diverses 1910 – 1913 1 Konv. (ebd.)

Ägypten 1912 – 1913 1 Konv. (ebd.)

Belgien, Kongostaat 1910 – 1919 1 Konv. (Kart. 5)

China Diverses 1908 – 1909 1 Konv. (Kart. 10); Revolution 1912 1 Konv. (ebd.); Republik China 1 Konv. (ebd.); Armee 1909 – 1916 1 Konv. (ebd.); Marine 1909 – 1916 1 Konv. (ebd.); Parteikämpfe 1917 – 1922 1 Konv. (ebd.); Anleihen 1910 – 1921 1 Konv. (ebd.); Auslandsvertretungen 1910 – 1922 1 Konv. (Kart. 11); Beziehungen zu Japan, Mandschurei, Mongolei, Österreich-Ungarn, Tibet, Vereinigte Staaten von Amerika 1 Konv. (ebd.)

England, Südafrika 1910 – 1913 1 Konv. (Kart. 21); Beziehungen zur Türkei 1 Konv. (Kart. 24)

Frankreich, Kolonien: Allgem. 1911 – 1922 1 Konv. (Kart. 28); Algerien, Tunis 1910 – 1922 1 Konv. (ebd.); Fremdenlegion 1 Konv. (ebd.); Äquatorialafrika 1910 – 1914 1 Konv. (ebd.)

Griechenland, Samos 1912 – 1914 1 Konv. (Kart. 30)

Italien, Kolonien (Cyrenaika, Erithrea, Tripolis) 1910 – 1919 1 Konv. (Kart. 32); Tripoliskrieg 1911 – 1912 (samt Blätterstimmen aus Ägypten, Türkei (Kart. 35)

Japan 1910 – 1922 1 Konv. (Kart. 36); Beziehungen u.a. zu Korea 1910 – 1920 1 Konv. (ebd.); zur Türkei 1910 – 1911 1 Konv. (ebd.); Mandschureivertrag 1910 1 Konv. (ebd.)

Marokko, Wirren 1909 – 1912 1 Konv. (Kart. 39); Beziehungen zu Deutschland 1 Konv. (ebd.); Beziehungen zu diversen Staaten 1911 – 1914 (Kart. 40)

Österreich-Ungarn, fremde Missionen und Konsulate: China 1910 – 1927 1 Konv. (Kart. 66); Orientpolitik Österreich-Ungarns und Italiens 1912 1 Konv. (Kart. 68); Beziehungen zu Japan 1910 – 1922 1 Konv. (Kart. 69); zu Persien 1910 – 1919 1 Konv. (ebd.); zu Siam 1911 – 1914 1 Konv. (Kart. 71); Türkei 1918 1 Konv. (ebd.)

Persien, Dynastie 1908 – 1911 1 Konv. (Kart. 72); Thronwechsel 1911 1 Konv. (ebd.); Krönung Schah Ahmeds 1916 1 Konv. (ebd.); Unruhen 1908 – 1911 1 Konv. (ebd.); Anleihe 1910 – 1913 1 Konv. (ebd.); Bahnen 1911 1 Konv. (ebd.); Beziehungen zu fremden Staaten 1910 – 1914 (Kart. 73)

Rußland, Beziehungen zu China und Mongolei 1911 – 1920 1 Konv. (Kart. 80); zu Japan (Krieg 1904 – 1913) 1 Konv. (Kart. 82)

Türkei, Enver Pascha 1914 – 1922 1 Konv. (Kart. 86); Izzet Pascha 1910 – 1922 1 Konv. (ebd.); Talaat Pascha 1910 – 1922 1 Konv. (ebd.); Ermordung Mahmut Schefkats 1919 1 Konv. (ebd.); Umsturz in Konstantinopel 1913 1 Konv. (ebd.); Ministerien und Kabinettskanzlei 1912 1 Konv. (ebd.); Kammer, Senat, Thronrede 1912 1 Konv. (ebd.); Dezentralisation und Reformakten 1912 1 Konv. (ebd.); Armee 1909 – 1914 1 Konv. (Kart. 87); Deutsche Militärmission in Konstantinopel und Tripolitanien 1913 1 Konv. (ebd.); Flotte 1910 – 1918 1 Konv. (ebd.); Orientbahnfrage 1908 1 Konv. (ebd.); Bagdadbahn 1910 – 1920 1 Konv. (ebd.); Hedschasbahn 1922 1 Konv. (ebd.); Arabien, Kleinasien 1910 – 1919 1 Konv. (ebd.); Orientalische Frage allgemein 1883 – 1906 (ebd.);

Türkei 1 Konv. (Kart. 88); Kapitulationen 1910 – 1918 1 Konv. (ebd.); Dardanellenfrage 1 Konv. (ebd.); Asiatische Türkei, Arabien, Mesopotamien, Yemen 1909 – 1922 1 Konv. (ebd.)

Petroleumfrage 1910 – 1912 1 Konv. (Kart. 90)

Epidemien, Cholera, Pest 1 Konv. (Kart. 91)

Weltkrieg 1914 – 1918: Deutsches Reich, Kolonialkrieg 1914 1 Konv. (Kart. 132); Indien 1910, 1919 1 Konv. (ebd.); Marokko 1914 – 1919 1 Konv. (Kart. 159); Türkei 1914 – 1919 (Kart. 170, 171)

GESANDTSCHAFTS- UND KONSULATSARCHIVE

Die heute im Haus-, Hof- und Staatsarchiv verwahrten Gesandtschafts- und Konsulatsarchive enthalten nur einen Teil des bei den diplomatischen und konsularischen Vertretungen Österreich(-Ungarns) entstandenen Schriftmaterials.

Infolge kriegerischer Verwicklungen gingen Archive diplomatischer und konsularischer Vertretungen am Entsendungsort häufig in die Verwahrung fremder, meist neutraler diplomatischer oder konsularischer Vertretungen über und gelangten von dort aus nicht immer und vor allem nicht geschlossen in das Haus-, Hof- und Staatsarchiv.

Die von den Vertretungen nach Wien eingelieferten Archivalien wurden im 19. Jahrhundert häufig zum Auffüllen fehlender Reihen von Berichten und Weisungen in den Staatenabteilungen benützt. Archive von Honorarkonsulaten gelangten nicht zur Einlieferung.
Lit.: Bittner, *Gesamtinventar* Bd. 1, S. 469 – 510.

Vizekonsulatsarchiv Adalia 1913 – 1915 (1 Reservatexhibitenprotokoll)

Konsulatsarchiv Aleppo 1897 – 1918 (5 Bde., 4 Kart.)

Übersicht über das türkische Militär im Vilayet Damaskus 1894 1 Konv. (Kart. 1)

Konsulatsarchiv Alexandrien 1875 – 1918 (4 Bde., 5 Kart.)

Gesandtschaftsarchiv Athen 1834 – 1918 (38 Bde., 119 Kart.)

Schutz der österreichischen Untertanen in Saffed 1835 – 1836 1 Konv. (Kart. 29)

Gesandtschaftsarchiv Bangkok 1909, 1913 – 1917 (6 Bde., 3 Kart.)

Politische, handelspolitische und Reservatakten: Kriegsausbruch und Mobilisierung 1914 – 1917 1 Konv. (Kart. 1)

Politische Zeitungsausschnitte 1915 – 1917 1 Konv. (ebd.)

Korrespondenz mit der belgischen Gesandtschaft in Bangkok 1913 – 1914 1 Konv. (ebd.)

Konsulatsarchiv Bangkok 1885 – 1913 (5 Bde., 5 Kart.)

Freundschafts-, Handels- und Schiffahrtsvertrag mit Siam 1885 1 Konv. (Kart. 1)

Geheimakten, Korrespondenz mit dem Ministerium des Äußern und mit der Botschaft in Tokio 1909 – 1911 1 Konv. (ebd.)

Administrative Akten: Prozesse, Testamente, Standesurkunden (nach Personen und Firmennamen) (Kart.2 – 5)

Konsulatsarchiv Barcelona 1758 – 1913 (127 Bde., 127 Kart.)

Akten, die Indienfahrt des Kapitäns v. Braicich betreffend, 1798 1 Konv. (Kart. 3)

Generalkonsulatsarchiv Beirut 1842 – 1917 (67 Bde., 5 Kart.)

Firmen-, Gesellschafts- und Prokurenregister 1 Bd. (Nr. 57)

Untertanenverzeichnis für den Amtsbereich von Beirut vom Stand 1894 Jänner 30 1 Bd. (Nr. 59)

Verzeichnis der in der Konsularagentie Saffed wohnhaften Untertanen 1894 1 Bd. (Nr. 60)

Waisenbuch des Generalkonsulates ab 1894 1 Bd. (Nr. 61)

Geburtsmatrikel ungarischer Staatsbürger ab 1908 1 Bd. (Nr. 67)

Politische Korrespondenz Varia: a) Hauranbewegung 1910 1 Konv. (Kart. 3) – b) Militärberichte der unterstehenden Konsularämter 1910 – 1912 1 Konv. (ebd.)

Libanon-Akten: a) Libanon-Reglement, 1844, 1859 – 1861 1 Konv. (Kart. 4) – b) Libanon-Akten 1862 – 1869, 1878, 1879, 1896 – 1897, 1902, 1907, 1908 – 1912, s.d. 1 Konv. (ebd.) – c) Reglement des Libanon und dessen Überwachung durch die Konsuln der Signatarmächte 1860 – 1863 1 Konv. (Kart. 5) – d) Untersuchung gegen die Führer der Libanon-Revolution 1851 1 Konv. (ebd.) – e) Affäre Moassara 1871 – 1875, s.d. 1 Konv. (ebd.) – f) Rustem Pascha, Gouverneur des Libanon 1872, 1888 1 Konv. (ebd.) – g) Wassa Pascha, Gouverneur des Libanon, 1883 – 1892 1 Konv. (ebd.) – h) Horeischa-Angelegenheit im Libanongebirge 1886 1 Konv. (ebd.)
Lit.: Benigni, *Botschaftsberichte* (wie oben S. 24) S. 96ff.

Konsulatsarchiv Bengasi 1885 – 1915 (2 Bde., 2 Kart.)

Amtskorrespondenz 1903 – 1911 (Kart. 1); 1912 – 1914 (Kart. 2)

Varia: Österreichisch-Ungarische Handelsschiffe 1908 – 1914 1 Konv. (ebd.)

Botschaftsarchiv Berlin 1743 – 1918 (42 Bde., 204 Kart.)

Kongo-Konferenz 1884 – 1885 (Kart. 189)

Separatfaszikel I: Meerengenfrage (Kart. 195)

Separatfaszikel II: Intervention in Tokio 1895 1 Konv. (Kart. 196)

Ägyptische Gerichte (Tribunaux mixtes) 1899 1 Konv. (ebd.)

Separatfaszikel IV: 1) Orientbahnen 1908 – 1916 1 Konv. (Kart. 198) – 2) Kleinasien 1914 1 Konv. (ebd.) – 3) Persien 1907 – 1911 1 Konv. (ebd.) – 5) China-Anleihe 1912 1 Konv. (ebd.) – 6) Conseil sanitaire in Marokko 1907 – 1908 1 Konv. (ebd.) – 7) Übernahme der Jesuitenmissionen in Portugiesisch-Ostafrika (Boroma-Tete) durch eine andere Missionsgesellschaft 1911 1 Konv. (Kart. 199)

Separatfaszikel VII (Krieg): 2) Türkei 1916 – 1918 1 Konv. (Kart. 202) – 8) Kaukasus II: Transkaukasien, Georgien, Armenien 1918 1 Konv. (ebd.) – 10a) Republik Georgien 1918 1 Konv. (ebd.)

Gesandtschaftsarchiv Bern 1804 – 1919 (21 Bde., 103 Kart.)

Türkei 1916 – 1918 1 Konv. (Kart. 82); Ägypten 1916 – 1918 1 Konv. (ebd.)

Jüdische Bewegung 1916 – 1919 1 Konv. (Kart. 87)

Gesandtschaftsarchiv Brüssel 1829 – 1918 (23 Bde., 30 Kart.)

Administrative Akten: Konferenzen und Kongresse: CXXII Antisklavereikongreß in Brüssel 1889 – 1899 (Kart. 23) – CVb Congrès international pour la révision du régime des spiritueux en Afrique 1911 – 1912, 1 Konv. (Kart. 25)

Konsulatsarchiv Funchal 1814 – 1896 (3 Bde., 6 Kart.)

Statistik (Hafen) 1896 – 1897 1 Konv. (Kart. 6)

Vizekonsulatsarchiv Jaffa 1821 – 1917 (5 Bde., 32 Kart.)

Zirkulare den Handel betr. 1903, 1 Konv. (Kart. 12)

Schiffahrt 1911, 1 Konv. (Kart. 19)

Überfall auf österreichische Postwagen, 1 Konv. (Kart. 20)

Österreichischer Flottenverein 1 Konv. (ebd.)

Postangelegenheiten 1 Konv. (Kart. 21)

Schiffahrt, Lloyd, Handel 1913, je 1 Konv. (ebd.)

Postangelegenheiten, Handel, Schiffahrt 1914 (Kart. 23)

Postangelegenheiten, Lloyd 1915, je 1 Konv. (Kart. 25);

Lloyd 1916 1 Konv. (Kart. 26); Cholera 1916 1 Konv. (ebd.)

Postangelegenheiten 1917 1 Konv. (Kart. 27); Evakuierung 1917 1 Konv. (ebd.)

Varia: Korrespondenz mit der Lokalregierung 1883 – 1911 1 Konv. (Kart. 27); Firma Wilhelm Groß 1904 – 1905 1 Konv. (ebd.); Pilgerzüge, Karawanen 1904 – 1914 1 Konv. (ebd.)

Varia: Sanitätssachen 1905 – 1909 1 Konv. (Kart. 28); Türkische Gesetze 1 Konv. (ebd.)

Varia: Handelsreferat 1906 – 1909 1 Konv. (Kart. 29); Postangelegenheiten 1906 – 1909 1 Konv. (ebd.); Lloyd 1906 – 1912 1 Konv. (ebd.); Diverses (Zement) 1906 – 1913 1 Konv. (ebd.); Vagabundage 1906 – 1914 1 Konv. (ebd.)

Varia: Tierseuchen 1907 – 1909 1 Konv. (Kart. 30); Boykott 1907 – 1911 1 Konv. (ebd.)

Varia Reservatakten: Ankunft fremder Kriegsschiffe 1907 1 Konv. (Kart. 31); Situationsberichte 1907 – 1912 1 Konv. (ebd.); Ausladung der österreichischen Paketpost 1 Konv. (ebd.); Truppenbewegungen 1909 – 1912 1 Konv. (ebd.); Boykott gegen griechische Schiffe 1910 1 Konv. (ebd.); Vorfall im k.u.k. Postamt Jaffa 1911 1 Konv. (ebd.); Postzwischenfälle 1914 1 Konv. (ebd.); Kaimakanwechsel 1908 – 1917 1 Konv. (ebd.); Erntestatistik 1908 – 1915 1 Konv. (ebd.); Firma Wilhelm Groß 1909 – 1916 1 Konv. (ebd.)

Varia: Akten betreffend die Mobilisierung 1912 – 1914 1 Konv. (Kart. 32); Jesaias Stern 1 Konv. (ebd.)

Konsulatsarchiv Jerusalem 1843 – 1917 (182 Fzz.)

Das Archiv, das nach der Eroberung Jerusalems durch englische Truppen im ersten Weltkrieg in die Verwahrung des italienischen Konsulats in Jerusalem gelangt war, kam in zwei Teilen 1921 und 1939 in das Haus-, Hof- und Staatsarchiv. Der erste Teil umfaßte 27 Faszikel und war nach Sachgruppen geordnet, der weitaus größere zweite weist eine Zahlenregistratur auf. Nach der im Gang befindlichen Neuordnung wird der Bestand künftig in die Gruppe der Reservat- und administrativen Akten sowie eine Gruppe Sachbetreffe gegliedert sein, von denen die letzteren im folgenden verzeichnet sind. Eine Konkordanz wird es ermöglichen, die neuen Kartonnummern festzustellen.
Lit.: Carmel A., Documentary Material in Austrian and German Archives relating to Palestine during the period of Ottoman rule, *Studies on Palestine during the Ottoman period*, Jerusalem 1975, S. 568ff. – Eliav M., Das österreichische Konsulat in Jerusalem und die jüdische Bevölkerung, *Studia Judaica Austriaca* 10, 1984, S. 31 – 72.

Österreichisches Spitalsprojekt 1852 1 Konv. (Fz. 16) – Österreichische Buchdruckerei 1852 – 1867 1 Konv. (ebd.) – Österreichisch-Ungarische Pilgerhäuser 1853 – 1870 1 Konv. (ebd.) – Affari di Terra Santa 1856 1 Konv. (ebd.) – Rothschildspital in Jerusalem 1856 – 1911 1 Konv. (ebd.) – Israelitisches Pilger- und Armenhaus Neweh Scholem 1858 – 1867 1 Konv. (ebd.)

Lämmelstiftung 1862 – 1917 1 Konv. (Fz. 17)

Gründung Tantur 1869 – 1881 1 Konv. (ebd.)

Kirchenbauten in Jerusalem und Bethlehem 1869 – 1895 1 Konv. (ebd.)

Israelitisches Armen- und Pilgerhaus 1869 – 1916 1 Konv. (ebd.)

Kirchenprotektorat 1870 – 1890 1 Konv. (Fz. 18)

Tanturakten 1882 – 1894 1 Konv. (ebd.); 1896 – 1914 1 Konv. (Fz. 19)

Akten über die politische und wirtschaftliche Lage Palästinas 1895 1 Konv. (ebd.)

Rothschildsteuer 1902 – 1910 1 Konv. (ebd.)

Französisches Protektorat 1905 – 1913 1 Konv. (ebd.)

Ungarische Juden in Jerusalem 1906 1 Konv. (ebd.)

Lämmelschule in Jerusalem 1906 – 1916 1 Konv. (ebd.)

Israelitischer Kultusverein 1907 – 1912 1 Konv. (ebd.)

Beduinenaufstand im Ostjordanland 1910 1 Konv. (Fz. 20)

SMS „Szigetvar“ 1910 – 1911 1 Konv. (ebd.)

Rothschildspital 1911 – 1918 1 Konv. (ebd.)

Orientreise des Erzherzogs Hubert Salvator 1917 1 Konv. (Fz. 21)

Sephardische Gemeinde 1917 1 Konv. (ebd.)

Amerikanische Spenden 1915 – 1916 1 Konv. (ebd.)

Gaza 1915 – 1917 1 Konv. (ebd.)

Kriegsspitalschiffe 1916 1 Konv. (ebd.); Reservespital Jerusalem 1916 1 Konv. (ebd.)

Schulknaben nach Österreich 1917 1 Konv. (Fz. 23); Hilfsaktion für Palästina 1914 – 1917 1 Konv. (ebd.)

Jüdische Emigration und Aufenthaltsbewilligungen in Palästina 1894 – 1906 1 Konv. (Fz. 132)

Cholera in Palästina 1908 1 Konv. (ebd.)

Volkszählung 1890, 1900, 1910 1 Konv. (Fz. 133)

Postangelegenheiten 1910, 1911 1 Konv. (ebd.); Überfälle auf österreichische Postwagen 1907 – 1912 1 Konv. (ebd.)

Unterstützungen in Jaffa 1 Konv. (ebd.)

Ärzte und Apotheker, Berufsausübung in Jerusalem und Jaffa 1908 – 1914 1 Konv. (Fz. 134)

Pilgerzüge und Fahrten 1898 – 1915 1 Konv. (Fz. 135)

Spenden des Maria-Empfängnisvereins in Wien 1895 – 1917 1 Konv. (Fz. 136); Österreichisch-Ungarische Kriegsfilme 1916 – 1917 1 Konv. (ebd.)

Akten des italienischen Konsulats Jerusalem (Fz. 138)

Konsulatsarchiv Kairo 1898 – 1914 (7 Einheiten)

Politische Berichte 1910 – 1914 (2 Fzz.)
Varia: Slatin Pascha (1 Fz.)

Konsulatsarchiv Kalkutta 1914/15 (1 Einheit)

Konsulatsarchiv Kapstadt (1 Einheit)

Botschaftsarchiv Konstantinopel 1794 – 1918 (638 Fzz.)

Der Bestand ist in zwei Gruppen gegliedert:

Gruppe A)
Berichte und Weisungen 1794 – 1848 Fzz. 41 – 141 (Fzz. 1 – 40 verblieb bei Staatenabteilung Türkei VII)

Gruppe B)

I. Administratives Archiv 1850 – 1918 (Bd. 1 – 45, Fz. 46 – 271)

Kanzleibücher 1809ff. (Bd. 1 – 45)

Listen österreichischer Untertanen in den Konsulaten (Fz. 47)

Specialia A – W:
A) Auslieferung 1 Konv. (Fz. 50) – B) Berate für Bischöfe 1 Konv. (ebd.)
C) Konkurse, gerichtliche Kompetenz 1 Konv. (ebd.)
D) Dragomane, Kompetenzkonflikt 1 Konv. (ebd.)
G) Konsulargebühren, türkische Gesetze 1 Konv. (ebd.)
H) Hukukgerichte 1 Konv. (ebd.)
J) Kirchliche Immobilienangelegenheiten, Jurisdiktion des Staatsrates 1 Konv. (ebd.)
K) Kirchen, Klöster (Zollfreiheit, Schutzverhältnisse) 1 Konv. (Fz. 51)
O) Türkische Zensur der Postsendungen 1 Konv. (ebd.)
P) Postinzidenzfälle, Polizeiliches 1 Konv. (ebd.)
R) Rechtshilfe 1 Konv. (ebd.)
S) Türkische Strafgerichtsbarkeit, Schullizenzen 1 Konv. (ebd.)
T) Immobiliar, Testamente, Temjez, Tidjaret, Türkische Post 1 Konv. (ebd.)

U) Untertanen 1 Konv. (Fz. 52)
V) Untertanen 1 Konv. (ebd.)
W) Kirchen, Glocken, Dragomane 1 Konv. (ebd.)
Z) Post- und Zollsachen 1 Konv. (ebd.)

Österreichische Schule in Pera (Fz. 53,54)

Österreichisches Spital in Pera (Fz. 55)

Suezkanal (Fz. 61)

Polizei und Religion betreffende Akten 1862 – 1881 (Fz. 62)

Neuere Verwaltungsakten 1881 – 1918:
B VI/2 K.u.k. Gesandtschaft: Palais, Dragomanat 1860 f 1 Konv. (Fz. 68)
C I Klimatische Verhältnisse der k.u.k. Konsularämter in der Türkei 1 Konv. (Fz. 69); Berate 1914 – 1915 1 Konv. (ebd.); Gerichtsbarkeit der k.u.k. Konsularämter in der Türkei 1 Konv. (Fz. 70); Polizeiagenten und Kavassen 1 Konv. (ebd.)
C II Legitimierung des Kindes des Grafen Szechenyi Pascha 1905 – 1912 1 Konv. (Fz. 75)
C III Religiöse Angelegenheiten – Kultusanstalten 1 Konv. (ebd.)
C VIII Türkische Gerichtsbarkeit 1 Konv. (Fz. 76)
C IX Cabotage 1 Konv. (ebd.)
C XI Konkurse 1 Konv. (ebd.)
D I Exterritorialität 1 Konv. (Fz. 77)
E I Eisenbahnen im Orient 1 Konv. (ebd.)
E III Empfehlungen für Forscher und Reisende 1 Konv. (Fz. 81)
F I Finanz und Handel betreffende Akten (Statistische Bulletins, Tabak, Ottomanische Staatsschuld) 1 Konv. (Fz. 83)
G I – V: Türkische Gesetze und Rechtsprechung, Verträge und Erbrecht betreffende Akten 1 Konv. (Fz. 84); Kirchlicher Grundbesitz in der Türkei 1 Konv. (ebd.)
H I Handelsvertragsreservatakten 1916 – 1918 1 Konv. (Fz. 85)

H II – IX Handel, Zoll und Handelskammern betreffende Akten, Handelsvertrag, Aus- und Einfuhr, Konkurse, Einfluß kriegerischer Ereignisse in der Türkei (Fz. 86 – 91)
J A Sefergesetz 1 Konv. (Fz. 92)

J I – 3a Volkszählung in der Türkei 1 Konv. (Fz. 92)
Ägyptische Justizreform 1 Konv. (ebd.); Ausscheidung des Kaza Nazareth 1 Konv. (ebd.)
J I – 3b – e Armeniermassaker, Raubüberfälle bei Smyrna-Lombardo 1 Konv. (Fz. 93)

J I 3b – e Bergbau und Handel in der Türkei 1 Konv. (ebd.)
J II 3 – 3b Justizangelegenheiten, Gerichtswesen, Gefängnis 1 Konv. (Fz. 94)

J II 3d – e Justizangelegenheiten – Hukukgerichte 1 Konv. (Fz. 96)

J II 3f Juden in der Türkei 1 Konv. (Fz. 97); Türkische Justizreform 1 Konv. (ebd.)

K Kirchen, Schutz für Kultusanstalten 1 Konv. (Fz. 98); Katholiken 1 Konv. (ebd.)
Türkisch-italienischer Krieg 1912 1 Konv. (ebd.); Spenden für türkische Verwundete und Kriegsgefangene 1 Konv. (ebd.)
Friedensvertrag 1913 – 1914 1 Konv. (ebd.)
Lämmelschule 1 Konv. (ebd.)
Küstenaufnahmen 1 Konv. (ebd.)
Baumwollkulturen in Adana 1 Konv. (ebd.)

M Stationsschiffe 1 Konv. (Fz. 99)
Ermordung Schefkaat Paschas 1 Konv. (ebd.)
Muster und Markenschutz 1 Konv. (ebd.)
Miss 3a – 4c Botschaft Konstantinopel: Botschaftsdragomanat 1 Konv. (Fz. 101); Botschaftsgeistlichkeit und Personal 1 Konv. (ebd.); Kanzleipersonal (Kavassen) 1 Konv. (ebd.); Münzen- und Medaillensendung nach Smyrna 1 Konv. (ebd.)
Miss 5b – 12b Botschaftspersonal (Kavassen) 1 Konv. (Fz. 102)
Botschaftspalais Pera 1 Konv. (ebd.)
N Normalien: Tel-Verkehr 1 Konv. (Fz. 103)
Exterritorialität der österreichisch-ungarischen Handelsschiffe 1 Konv. (ebd.)
Religionswechsel 1 Konv. (ebd.)
Anerkennung ausländischer Honorarkonsuln 1 Konv. (ebd.)
Türkisches Recht (Eherechte und Konsularbefugnis) 1 Konv. (ebd.)
Institut der Schutzgenossen 1 Konv. (ebd.)
P I Presse 1 Konv. (Fz. 105)
Erschleichung türkischer Pässe für Judeneinwanderung nach Palästina 1 Konv. (ebd.)

P II Mädchenhandel 1 Konv. (Fz. 107a)
Lämmelstiftung 1 Konv. (ebd.)
Österreichisch-Ungarische Schule in Pera 1 Konv. (ebd.)
Österreichisch-Ungarische Wohltätigkeitsgesellschaft in Konstantinopel 1 Konv. (ebd.)
P II – III Petites sœurs des pauvres 1 Konv. (ebd.)

P III 3f Stiftung für Judengemeinden in Syrien und Palästina 1 Konv. (ebd.)

P IV Levantepost 1 Konv. (Fz. 107b)
Überfall auf die österreichische Post Jerusalem-Haifa 1 Konv. (ebd.)
Postwesen (Fz. 108 – 109)
Türkische Post 1 Konv. (Fz. 110)
Türkisches Zeitungswesen 1 Konv. (ebd.)
Französische Post in Haifa 1 Konv. (ebd.)
Fremdes Postwesen 1 Konv. (ebd.)

P VI Ökumenischer Patriarch in Konstantinopel 1 Konv. (Fz. 111)
Verbotene Bücher – Zeitschriften 1 Konv. (ebd.)
Zeitungsverbote – Einfuhr verbotener Zeitschriften 1 Konv. (ebd.)
Verzeichnis der fremden Postanstalten in der Türkei 1 Konv. (ebd.)

II. Politisches Archiv, ältere Reihe 1867 – 1887

(Berichte, Weisungen 1848 – 1866 erliegen im Politischen Archiv XIII Kart. 1 – 49)

Berichte, Weisungen 1867 – 1887 (Fzz. 272 – 305)

Politische Sonderfaszikel A – V: Ägypten, Londoner Konferenz 1879 – 1885 (Fz. 312) – Türkei 1877 – 1886 (Fz. 371)

III. Konsularberichte an die Internuntiatur und Weisungen an die Konsulate 1853 – 1918:

1. Ältere Serie 1853 – 1880 (Fzz. 319 – 368)

Berichte und Weisungen aus bzw. nach: Alexandrien, Beirut, Chios, Dardanellen, Gallipoli, Jerusalem, Kairo, Konstantinopel, Port Said, Rhodos, Rodosto, Smyrna, Syra, Tripoli di Barberia, Tunis (chonologisch nach Jahren). Außerdem:

Sanitätsconseil in Konstantinopel 1866 1 Konv. (Fz. 324)

Ankunft des Herzogs von Modena in Ägypten 1868 1 Konv. (Fz. 331)

Publikation eines Werkes über den Bau des Suezkanals 1871 1 Bd. (Fz. 341)

Errichtung von meteorologischen Stationen im Orient 1874, 1 Konv. (Fz. 347)

Beschwerden der armenischen Katholiken über die türkischen Behörden 1 Konv. (Fz. 347)

2. Jüngere Serie A – V ca. 1880 – 1918 (Fzz. 369 – 410)

Adalia 1913 – 1915 3 Konv. (Fz. 369a, 370a, 370b)

Aleppo 1897 – 1914 1 Konv. (Fz. 371)

Bagdad 1909 – 1913 1 Konv. (Fz. 372)

Beirut 1881 – 1894, 1895 – 1896, 1897 – 1914 2 Konv. (Fz. 372/73)

Brussa 1901 – 1919 2 Konv. (Fz. 373/74)

Damaskus 1914 1 Konv. (Fz. 381)

Dardanellen 1883, 1885, 1888, 1895 – 1899, 1900, 1903, 1911, 1914 1 Konv. (ebd.)

Ismid 1889 1 Konv. (ebd.)

Jaffa 1887 – 1890, 1897, 1905 – 1909 1 Konv. (ebd.)

Jerusalem 1891 – 1914 3 Konv. (Fz. 383/84)

Kairo (Alexandrien) 1880 – 1887 (Fz. 376/77)

Smyrna 1880 – 1894 (Fz. 403); Smyrna (Chios, Mytilene, Rhodos, Samos, Rodosto) 1891 – 1898 (Fz. 404); Smyrna (Mytilene, Rhodos, Samos) 1899 – 1914 (Fz. 405)

Trapezunt 1880 – 1894, 1898 – 1914 (Fz. 406/7)

Tripolis (Tripoli di Barberia) 1880, 1885, 1889, 1896 – 1905, 1909, 1911, 1914 1 Konv. (Fz. 408)

Tunis 1880 – 1888 1 Konv. (ebd.)

IV. Politisches Archiv, jüngere Reihe (nach Betreffen) ca. 1880 – 1918 (Fzz. 411 – 537)

A 1a	Armenisches Patriarchat 1883 – 1913 1 Konv. (Fz. 412)
A 1b	Armenische Frage und Reformen 1879 – 1913 1 Konv. (ebd.)
A 1c	Armenische Unruhen 1895 – 1912 (Fz. 413)
A 1d	Nachrichten aus Armenien 1900 – 1912 1 Konv. (Fz. 414)
A 2	Ägypten 1867, 1899 1 Konv. (ebd.)
A 3	Abessinien 1880 – 1908 1 Konv. (ebd.)
A 6	Arabien, Vorkommnisse 1891, 1913 1 Konv. (Fz. 435)
B 2	Batum 1886 1 Konv. (Fz. 438)
B 4	Meerengen 1880 – 1909 1 Konv. (Fz. 446)
C 1	Türkische Konstitution 1908 – 1912 2 Konv. (Fz. 449/50) Zentralasien: englisch-russische Grenzdemarkation 1884 – 1887 1 Konv. (Fz. 449) Kurdeneinfall 1880 – 1882 1 Konv. (ebd.) Persische Frage etc. 1873 – 1891 1 Konv. (ebd.)
C 3	Kongo 1884 – 1894 1 Konv. (Fz. 458)
C 6	Korea (chinesisch-japanischer Konflikt) 1894 1 Konv. (ebd.)
C 7	Konzessionen (Eisenbahnen) 1899 – 1906 1 Konv. (ebd.)
F 2	Finanzen 1886 – 1914: Wirtschaftsabkommen zwischen der Türkei und Frankreich 1913 – 1914 1 Konv. (Fz. 461)
G 16	Gesetze 1909 – 1912 (Fz. 462)
H	Handelspolitische Angelegenheiten 1900 – 1913 1 Konv. (Fz. 466)
J 1	Italien ab 1911 (Fz. 469)
K 1b	Kopten 1867 – 1900 1 Konv. (Fz. 472)
K 1c	Franziskanerkirche in Smyrna 1879 – 1911 1 Konv. (ebd.)
K 1e	Franziskanerschule in Smyrna, Kirchliche Varia 1874 – 1913 1 Konv. (ebd.)
K 1f	Kultusprotektorat 1902 – 1906 1 Konv. (ebd.)
K 2	Aufhebung der Kapitulationen 1914 – 1917 (Fz. 473)
K 3	Kleinasien 1892 – 1914 (Fz. 474)
L 1	Libanon 1860 – 1892 (Fz. 475); 1897 – 1915 (Fz. 476)
M 2	Marokko 1884 – 1913 1 Konv. (Fz. 477)
M 4	Türkische Minister 1882 – 1912 (Fz. 488)
M 6	Mesopotamien 1901 – 1904, 1910 – 1912 1 Konv. (Fz. 496)
P 1	Presse 1879 – 1910 1 Konv. (Fz. 498)
P 2	Polizei 1879 – 1909 1 Konv. (ebd.)
P 3	Ökumenisches Patriarchat 1878 – 1913 (Fz. 499)
P 4	Pforte 1888 – 1894, 1907 – 1913 1 Konv. (Fz. 500) Postkonflikt 1901 1 Konv. (ebd.)
P 5	Parlament 1908 – 1912 1 Konv. (ebd.)

P 7	Persien 1894 – 1914 1 Konv. (ebd.)
P A	Indemnitäten anläßlich der armenischen Massaker 1896 – 1907 1 Konv. (Fz. 501)
R 7a	Reformen 1895, 1897 (Fz. 506)
R 7b	Reformen 1902 – 1903 (Fz. 508)
R 7c	Reformen (seit Mürzsteg) 1903 – 1908 (Fz. 508 – 511)
R 7c/f	Finanzen 1903 – 1907 (Fz. 512 – 514)
R 7c/g	Gendarmerie 1904 – 1909 (Fz. 515 – 517)
R 7c/a3	Interpretation von Art. III des Mürzsteger Programms 1907 1 Konv. (Fz. 518)
R 7/c/i	Konsularintervention, Polizeireform 1907 – 1908 1 Konv. (Fz. 518)
R 7c/p	Reformpublikationen 1904 – 1905 1 Konv. (ebd.)
R 7c/z	Zehentreform 1904 – 1907 1 Konv. (ebd.)
R 7c/j	Justiz 1906 – 1910 (Fz. 519)
R 7c/3	3% Zollerhöhung 1906 – 1908 (Fz. 520)
S 2	Suezkanal 1887 – 1891 1 Konv. (Fz. 523)
S 3	Samos 1897 – 1913 1 Konv. (ebd.)
S 4	Sultan und Palais 1881 – 1914 (Fz. 524)
S 6	Schulen in der Levante 1888 – 1895 1 Konv. (Fz. 525)
S 7	Politische Situation 1891 – 1914 1 Konv. (ebd.)
S 11	Syrien 1894 – 1913 (Fz. 527)
T 1	Tripolis 1881 – 1912 1 Konv. (Fz. 528)
T 2	Jungtürken 1896 – 1913 1 Konv. (ebd.)
	Tunis 1881 – 1890 1 Konv. (ebd.)
Z	Zanzibar (!) 1888 – 1889 1 Konv. (Fz. 531)
	Türkische Zeitungen 1912 (Fz. 535)

Gesandtschaftsarchiv Lissabon 1760 – 1918 (78 Einheiten)

Konsulat Lourenço Marques 1901 (Kart. 45)
Dahomey 1885 – 1886 (Kart. 46)
Reorganisation der Konsulate 1869 – 1895 (Kart. 54)
Lourenço Marques 1908 – 1916 (Fz. 69)

Botschaftsarchiv London 1813 – 1914 (247 Einheiten)

Der Bestand zerfällt in mehrere Reihen (Berichte, Weisungen, Noten, Varia, Administrative Akten) und enthält Material zur englischen und europäischen Kolonialpolitik in Asien und Afrika. Die folgenden Einzelbeispiele beziehen sich ausschließlich auf die Reihe der administrativen Akten.

F8 Konsularwesen, Agentien in Indien 1906ff., 1 Konv. (Kart. 5) – Südafrikanische Kolonien 1907, 1 Konv. (ebd.)

Urlaubsreisen in Ostasien 1900, 1 Konv. (Kart. 6)

China 1901, Indien 1901 – 11, 1 Konv. (Kart. 7)

Deutsch-Südwestafrika 1906 – 1907; Reorganisation des Konsularwesens in Südafrika 1889 – 1890, 1 Konv. (ebd.)

F91 Hongkong: Alkoholzoll 1909 – 1911, 1 Konv. (Kart. 16)

F92 Industrie, Absatzförderung, Münzenlieferung für Afghanistan 1910 – 1911, 1 Konv. (Fz. 17); detto für Indien (Krupp 1904 – 1905), 1 Konv. (ebd.)

Chinesische Marinemission – U-Boot Export 1909, 1 Konv. (ebd.)

Botschaftsarchiv Paris 1806 – 1914 (615 Einheiten)

Der Bestand enthält Material zur französischen und europäischen Kolonialpolitik in Asien und Afrika,

z.B.:
Kongokonferenz 1884 – 1885, 1 Konv. (Fz. 173)

Gesandtschaftsarchiv Peking 1900 – 1917 (234 Einheiten)

Behelfe:

Verzeichnisse kaiserlicher chinesischer Edikte, Protokolle des chinesischen Archivs in deutscher Sprache 1909 – 1917, Exhibitenprotokolle des chinesischen Archivs in chinesischer Sprache (20 Hefte)

Akten:

Originale in chinesischer Sprache 1901 – 1917 (Fz. 2 – 4)
Administrationsrechnungen, Anleihen 1906 – 1916 (Fz. 5)
Bankanleiheakten (Fz. 7)
Boxerindemnität (Fz. 8)
Akten der Konsularämter: Wladiwostok (Fz. 11, 12)
Sitzungsprotokolle des diplomatischen Korps in Peking (Fz. 17)
Edikte, Eisenbahnen (Fz. 18)
Gesandtschaftspalais (Fz. 20)
Handelsverträge (Fz. 22)
Handelsberichte: Schanghai 1902 – 1912 1 Konv. (Fz. 25); 1912 – 1915 (Fz. 26) – Hongkong 1902 – 1912 1 Konv. (Fz. 25) – Tientsin 1902 – 1917 (Fz. 27 – 29)
Kriegsakten 1914 – 1917 (Fz. 32)
Mandschurei (Fz. 37)
Personalakten der Gesandtschaft, Pläne (Fz. 42,43)
Quartier diplomatique 1 Konv. (Fz. 43)
Revolution 1911 – 1912, Republik China, provisorische Regierung (Fz. 44)
Skodawerke, Stationäre Kriegsschiffe (Fz. 45 – 46)

Settlement Tientsin (Fz. 47 – 51)
Taku Barro (Haiho-Regulierung) (Fz. 52)
Unruhen und Aufstände (Fz. 53)
Wangpo-Regulierung (Fz. 55)
Berichte des Konsulats Tientsin (Fz. 57,58)

Druckwerke in chinesischer Sprache:

Chinesische Rotbücher 8 Bde.
Edikte, Gesetze etc. 65 Bde.
Verschiedene Druckwerke 1 Bündel und 3 Bde.
Chinesische Amtszeitung bis 1912 61 Bde., 1912 – 1917 in Heften.

Botschaftsarchiv Rom (Quirinal) 1859 – 1921 (58 Bde., 617 Fzz.)

II. Neues Archiv 1897 – 1915: Administrative Akten

Konsulate: Addis Abeba 1 Konv. (Fz. 316); Tripolis 1 Konv. (Fz. 333)
Handel Italiens mit dem Ausland (Fz. 379)
Handel fremder Staaten in Italien 1 Konv. (Fz. 384)
Handel Italiens in fremden Staaten 1 Konv. (ebd.)

III. Spanisches Archiv 1915 – 1921

M I 1a 1915 – 1920 Konsulate: Tripolis 1 Konv. (Fz. 517)

Botschaftsarchiv Rom (Vatikan) 1700 – 1920 (1441 Einheiten)

III. Administrative Akten A – V 1860 – 1892:

A 20 Bischof von Syra und seine beabsichtigte Versetzung nach Smyrna 1862 1 Konv. (Fz. 53)
A 44 August Michael, angeblicher Professor der chaldäischen Sprache zu Bodit in Syrien, 1869 1 Konv. (Fz. 54)

C 12 Kanonisierung der japanischen Märtyrer 1862 1 Konv. (Fz. 59)
C 32 Einsetzung der Kongregation für die geistlichen Angelegenheiten des Orientalischen Ritus 1862 1 Konv. (Fz. 61)
C 46 Khartum, katholische Mission, Asylrechtsfrage 1864 – 1865 1 Konv. (ebd.)
C 61 Kairo, Projekt einer koptisch-katholischen Kirche 1 Konv. (Fz. 62)

D 36 Darauni, Maronitenabt 1869 1 Konv. (Fz. 64)

J 1 Johanniterhospiz in Jerusalem 1860 – 1891 1 Konv. (Fz. 73)
J 16 Isciai, Koptischer Bischof, Zollangelegenheit 1870 1 Konv. (ebd.)

K 8 Matthäus Kirchner, Provikar für Zentralafrika (Darlehen von 15.000 Frcs.) 1860 1 Konv. (Fz. 75)

M 2 Melchiten-Gemeinde in Syrien 1859 – 1861 1 Konv. (Fz. 78)

N 2 Negerkinder in Ägypten 1860 1 Konv. (Fz. 79)

S 16 Smyrna, Mechitaristenseminar 1859 – 1860 1 Konv. (Fz. 89)

S 50 Suez: Bau einer katholischen Kirche und eines Hospizes 1865 1 Konv. (Fz. 90)

S 61 Smyrna Kirchenbau 1865 1 Konv. (Fz. 91)

S 70 Spital San Antonio in Smyrna 1867 – 1875 1 Konv. (ebd.)

T 4 Terra Santa, kirchliche Verhältnisse; Zerwürfnis zwischen k.u.k. Konsul und Patriarch; Streit zwischen den Franziskanern und dem Patriarchen 1852 – 1860 1 Konv. (Fz. 92)

T 8 k.u.k. Konsulat Tripolis 1860 1 Konv. (ebd.)

V 50 Apostolisches Vikariat in Konstantinopel 1868 1 Konv. (Fz. 95)

IV. Politisches Archiv 1893 – 1915:

A III 1) Französisches Protektorat in Afrika, Kardinal Lavigerie 1888 1 Konv. (Fz. 19) – 2) Erzbischof von Alexandrien 1888 – 1889 1 Konv. (ebd.) – 3) Armenische Patriarchatskrise 1912 – 1914 1 Konv. (ebd.)

C China, politische Berichte betreffend 1898 1 Konv. (Fz. 20)

E Ägypten, Schutzverhältnisse in Ägypten 1892 – 1900 1 Konv. (Fz. 22); Mission in Oberägypten, Zentralafrikanische Mission 1886 – 1889 1 Konv. (ebd.)

I Jesuitenmission am Sambesi, deren Übernahme durch die Gesellschaft des Göttlichen Wortes 1 Konv. (Fz. 24)

M Maroniten und Melchiten im Libanon 1883 – 1884 1 Konv. (Fz. 25)

P Protektoratsverhältnisse im Orient (Abschrift des Notenwechsels zwischen der italienischen Regierung und der französischen Botschaft 1 Konv. (Fz. 27)

S Herstellung der Franziskanerkirche S. Salvatore in Jerusalem, Widmung von 60.000 fl. 1883 – 1885 1 Konv. (Fz. 30)

T Türkei a) Protektorat über die Katholiken b) Schutz der Katholiken c) Beziehungen zwischen Rom und Konstantinopel 1914 – 1915 1 Konv. (Fz. 31)

V. Akten 1915 – 1919

Missionswesen im Orient 1915 – 1917 1 Konv. (Fz. 10)

Botschaftsarchiv St. Petersburg 1804 – 1914 (261 Bde. und Fzz.)

Zuwachs 1893:
Berichte, Weisungen, Notenwechsel: Russisch-türkischer Krieg, griechischer Befreiungskampf 1827/28 1 Konv. (Fz. 63)
Militärisches; Kolonisation in Rußland 1 Konv. (Fz. 71)

Zuwachs 1923:
Jungtürkische Bewegung 1908 1 Konv. (Fz. 13)
Politische Reisen 1909 – 1914 (Fz. 19)
Dardanellen 1911 (Fz. 23)
Armenien 1913 – 1914 (Fz. 33)

Gesandtschaftsarchiv Stockholm 1720 – 1919 (278 Bde. und Fzz.)

Administrative Akten, ältere Serie 1852 – 1895:

Fach E 9 Ägypten, Regelung der Finanzen 1 Konv. (Fz. 43)

Fach J 3 Japan, Revision der Verträge mit europäischen Staaten 1 Konv. (Fz. 44)

Fach S 6 Suezkanal 1 Konv. (Fz. 49)

Administrative Akten, neuere Serie 1898 – 1919:

Fach K 9 Kriegsakten: England und seine Kolonien 1917 – 1918 (Fz. 66)

Konsulatsarchiv Suez 1871 (2 Fzz.)

Administrative Konsulatsakten 2 Fzz.

Konsulatsarchiv Tiflis 1897 – 1919 (1 Fz.)

Gesandtschaftsarchiv Tokio 1914 – 1914 (13 Einheiten)

Palaisadministration 1910 – 1915 1 Bd.

Konsulatsarchiv Tripolis 1733 – 1915 (45 Bde., 28 Fzz.)

Konsulatsarchiv Yokohama s.d. (1 Einheit)

REICHSHOFRAT

Der Reichshofrat war seit der zweiten Hälfte des 16. Jh. eine der zentralen kaiserlichen Behörden für Judizial- und Gratialangelegenheiten des gesamten Heiligen Römischen Reiches Deutscher Nation. Unter den Akten der Gratialregistratur befinden sich auch zahlreiche Paß- und Geleitbriefe für Diplomaten und Reisende.

Paßbriefe 1474 – 1806 (18 Fzz.)
Lit.: Bittner, *Gesamtinventar* Bd. 1, S. 309.

Abaisi Elias, libanesischer Fürst, Bewilligung für eine Almosensammlung s.d. – Abaisi Johann Georg, libanesischer Prinz, Reise von Wien in die Schweiz 1795 – Azarias di S. Giovanni, Dominikaner, Heimreise aus Rom über Polen und Rußland nach Persien 1674 (Fz. 1)

Bekheman Georg aus Holstein, zur Aufbringung des Lösegeldes aus maurischer Gefangenschaft 1615 – Borgogna Franciscus de, Superior der Einsiedler im Libanon, Sammlungserlaubnis für Reich und Erblande 1670 – Breuing Joachim, nach Persien wegen Freilassung der dort seit fünf Jahren festgehaltenen kaiserlichen Gesandten 1618 (Fz. 2)

Carmeliter, P. Ildefonso, Rückkehr zur Mission in Malabar durch Italien, Frankreich, Spanien und Portugal 1771 (Fz. 3)

Dembinski Johann und Stanislaus Lewicz, Wallfahrt nach Santiago, Jerusalem und anderen Orten 1629 – Dominikaner P. Leopold Soldini, Missionsreise nach Persien 1657 – Emanuel, Juan und Asvadur, Armenier, Wallfahrt nach Rom und Santiago 1603 – Erelmann Cornelius, Wallfahrt nach Jerusalem 1630 (Fz. 4)

Fontana P. Antonius, aus Irland, zur Sammlung von Almosen für die Erhaltung der heiligen Stätten in Palästina 1662 – Franziskaner zu Jerusalem, Fr. Andreas Husden, Sammlung für das Hl. Land 1614 (Fz. 5)

Ganozy Franz X.Alexander, polnischer Hauptmann, Wallfahrt nach Rom, Livorno, Jerusalem 1754 – Gramay Johann Baptist, Bestätigung als Leiter einer Gesandtschaft zum Loskauf von in der Türkei und den Barbareskenstaaten gefangenen Christen 1623, 1625 (Fz. 6)

Habaitsch Johann Georg (s. Abaisi), libanesischer Prinz, Rückkehr in seine Heimat 1793 (Fz. 7)

Jakobowitz Valentin, Wallfahrt ins Hl. Land 1629, 1630 (Fz. 8)

Lassareis Jeremias, griechischer Diakon, aus Chalzedon geflüchtet 1629 – Logau Gotthard von, ins Hl. Land und nach Ägypten 1569 – Lopez Emanuel, Kanonikus am Kollegiatstift St. Hieronymus in Tanger, Heimkehr nach Spanien 1628 – Lubomirski Johann, Wallfahrt zum Heiligen Grab 1629 (Fz. 10)

Mercurius Fr., Prokurator des Katharinenklosters am Berge Sinai, Rückreise 1565 (Fz. 11)

Neimi Gf. Joseph, aus Syrien, nach Frankreich 1788 (Fz. 12)

Perger von Perge Georg, Wallfahrt nach Rom und zum Hl. Grab anläßlich des Heiligen Jahres 1600 – Persischer Botschafter Zeinet Han Beg, Rückreise 1605 – Petter Armeni, kaiserlicher Gesandter nach Persien 1602 – Piry Francesco Coste, persischer Adeliger (?), Heimreise nach Georgien nach einer Europareise 1676 – Porecki Michael, litauischer Adeliger, zur Sammlung des Lösegeldes aus moskowitischer bzw. tatarischer Gefangenschaft 1674 (Fz. 13)

Ribinski Sigmund, Sammlung des Lösegeldes aus tatarischer Gefangenschaft s.d. – Rodde Michael u.a., Handelsleute zu Lübeck, für die Entsendung eines Schiffes unter Kapitän Tilman Wilckens und Steuermann Lorenz Floer an die Westküste Afrikas bis Angola sowie nach Westindien und Amerika 1656 (Fz. 14)

Sanguineto Augustinus und Baptista Boggiano, aus Genua, zur Sammlung des Lösegeldes für ihre in Algier gefangenen Brüder nach Italien 1733 (Fz. 15)

Sinzer Georg, Obristleutnant, Wallfahrt ins Hl. Land s.d. (17. Jh.) – Stryionski Paul Daniel, ruthenischer Adeliger, Sammlung des Lösegeldes zur Befreiung aus tatarischer Gefangenschaft 1660 (Fz. 16)

Tettauer Johannes, von Tettau in Wolfsberg, nach Malta und Jerusalem 1570 (Frz. 17)

Wagner Marcellianus P., Generalkommissär des Hl. Landes, Almosensammlung 1780 – Weizmann Ferdinand Matthias, Patrizier aus Hagenau, Wallfahrt zum Hl. Grab nach Jerusalem 1655 – Warner Ambrosius, englischer Priester, Wallfahrt nach Jerusalem 1629 – Wirz Johannes Severin, ehem. Soldat, Rückkehr aus Jerusalem s.d. – Wisentin Fr. Bartholomäus, Augustiner-Eremit, Wallfahrt nach Jerusalem 1629 – Wolff Jakob, aus Ungarn, Wallfahrt nach Köln, Santiago, Jerusalem s.d. – Zapetino Johannes Antonius, Priester, und Andreas Prato, Sammlung des Lösegeldes für ihre in Algier gefangenen Brüder 1733 – Zetinski Felix, aus Preußen, Wallfahrt nach Santiago und Jerusalem 1628 (Fz. 18)

Geleitbriefe 1473 – 1760 (8 Fzz.)

Joseph und Johannes Nimmer, Angehörige des Augustinerklosters am Libanon, Reichssammelpatent 1729, 1 Konv. (Fz. 5)

Patente und Steckbriefe 16. – 18. Jh. (2 Fzz.)

P. Humilis Ermblich, Kustos der österreichischen Franziskanerprovinz und Generalkommissär für das Heilige Land, Almosen 1771 1 Konv. (Fz. 1)

Franziskaner in Palästina, Sammlung von Almosen 1664, 1753, 1755, 1770, 1773, 1777 1 Konv. (Fz. 1)

P. Simon Garcia, Franziskaner, Sammlung für das Heilige Land 1667 1 Konv. (Fz. 2)

Josaphat und Molitus, Mönche des Katharinenklosters am Berge Sinai, Rückgabe der ihnen vom Zöllner zu Tarnowitz (Herzogtum Jägerndorf) abgenommenen gesammelten Gelder und weiterer sicherer Transport derselben 1606 1 Konv. (Fz. 2)

P. Caesarius Marc, Generalkommissär für das Heilige Land, Sammlungspatent 1757 1 Konv. (Fz. 3)

Luthi Nasciu, Handelsmann aus Damaskus, von den Maltesern auf dem Meer seiner Waren beraubt, Heimreise 1720 1 Konv. (Fz. 3)

Joseph und Johannes Nimmer, Prinzen vom Berg Libanon, Sammlung für das Augustinerkloster am Libanon, s.d. 1 Konv. (Fz. 3)

P. Cyprian Palm, Generalkommissär für das Heilige Land, Sammlung 1762 1 Konv. (Fz. 3)

P. Joseph a Jesu Maria aus dem Trinitarierorden (de redemptione captivorum) Sammlung für Gefangenenloskauf 1712 1 Konv. (Fz. 3)

P. Deodatus Sailler, Generalkommissär für das Heilige Land, 1751 1 Konv. (Fz. 4)

Scidid Habaisci, Maronit, Sammlungspatent 1725 1 Konv. (Fz. 4)

Promotoriales 1526 – 1760 (4 Fzz.)

Peter Paul de Palma, Erzbischof von Ancyra, an die Generalstände von Belgien wegen einer Reise nach Ostindien 1699 1 Konv. (Fz. 1)

Nikolaus Calath, Hofkaplan ehrenhalber, Pfarrer zu Tripoli di Soria, Empfehlung an den Kaiser durch Kurmainz und den König von Polen 1705 1 Konv. (Fz. 1)

REICHSKANZLEI

Die Reichskanzlei, im Mittelalter in erster Linie für die Ausstellung kaiserlicher Diplome zuständig, wurde seit dem ausgehenden Mittelalter und der frühen Neuzeit zur wichtigsten Behörde für die Beziehungen des Kaiserhofes mit den Reichsständen und den auswärtigen Mächten. Ein Großteil der diplomatischen Korrespondenz der Reichskanzlei, vor allem soweit er außerdeutsche Staaten betrifft, erliegt allerdings zusammen mit den Akten der Staatskanzlei in der Staatenabteilung (s. oben S. 24 ff.)

Lit.: Bittner, *Gesamtinventar* Bd. 1, S. 316 – 375 – Groß L., *Die Geschichte der deutschen Reichshofkanzlei von 1559 bis 1806,* Wien 1933 (Inventare österreichischer staatlicher Archive V/1).

Reichsregister, ältere Serie 1400 – 1519 (35 Bde.)

Ab 1400 beginnt die bis 1806 geschlossen erhaltene Reihe der Reichsregister der Römischen Könige und Kaiser des Mittelalters und der Neuzeit, deren ältere Serie mit der Herrschaft Maximilians I. endet.

Die Reichsregister überliefern abschriftlich – unter Kürzung der formelhaften Urkundenteile – die in den römisch-königlichen bzw. römisch-kaiserlichen Kanzleien ausgestellten Privilegien verschiedenster Art, sowie in der älteren Serie auch Abschriften politischer Korrespondenzen, die sich vor allem mit der Westexpansion des Osmanischen Reiches befassen.
Lit.: Bittner, *Gesamtinventar* Bd. 1, S. 314 – 323 – Seeliger G., Die Registerführung am deutschen Königshof bis 1493, *MIÖG* Erg. Bd. 3, 1890, S. 293 f. – Grill H., Die ältesten „Turcica" des Haus-, Hof- und Staatsarchivs, *MÖSTA* 3, 1950, S. 127 – 142.

Kg. Sigmund teilt den Prinzen Theodor und Konstantin, Brüdern des griechischen Kaisers, mit, er habe mit Sultan Murad II. einen dreijährigen Waffenstillstand geschlossen, um den Venetianern besser Widerstand leisten zu können, 1429 Mai (Bd. D, fol. 55v)

Kg. Sigmund beglaubigt Benedetto Folchi aus Forli bei Papst Martin V., der unter anderem auch über den unter seiner Vermittlung abgeschlossenen Frieden zwischen Sigmund und Murad II. berichten soll, 1429 Oktober 30, Preßburg (ebd. fol. 56 rv)

Kg. Sigmund beauftragt den in Avignon weilenden Patriarchen Johann von Antiochien und mehrere Bischöfe mit der Unterstützung seines Kämmerers Thomassin de Narduchio gegen den in Avignon wohnhaften Florentiner Antonius de Circulis im Rechtsstreit um verpfändete Kleinodien, 1425 September 1, Buda (Bd. H, fol. 102 rv)

Schreiben K. Friedrichs III. an Sultan Mehmed II., in dem er diesen auffordert, die gegenüber der Stadt Konstantinopel von ihm erbaute Festung zu zerstören und von einem Sturm auf die Stadt Abstand zu nehmen. 1453 Jänner 22, Wiener Neustadt (Bd. P, fol. 150v – 151r)

Paßbrief K. Friedrichs III. für Patriarch Ludwig von Antiochien, seinen Rat und Gesandten, „ad varios tam orientales quam alios reges et principes in negotiis imperatoris et imperii", 1466 Juli 1, Wiener Neustadt (Bd. Q, fol. 50)

Lizenz für Genua und Caffa, in den folgenden zwölf Jahren, ihre Waren, Güter und vor allem Sklaven sowie Leibeigene beiderlei Geschlechts zoll- und mautfrei durch das gesamte Gebiet des Römischen Reiches ein-, durch- und auszuführen, 1466 Juli 1, Wiener Neustadt (Bd. Q fol. 50)

Befehl K. Maximilians I. an Laurenz Saurer, Vizedom in Österreich unter der Enns, dem erkrankten König von Cypern eine Geldsumme, die dieser in Wien seinem Wirt und der Apotheke schuldete, zu bezahlen und ihn für seine Reise an den kaiserlichen Hof zu versorgen, 1514 November 11, Innsbruck (Bd. QQ, fol. 336)

Auftrag an Laurenz Saurer, Vizedom in Österreich unter der Enns, dem König von Cypern am Hof in Wien mit vier Personen und zwei Pferden Unterhalt zu gewähren, 1516 Februar 8, Füssen und Juni 10, Imst (Bd. Z, fol. 36 v und 82 r)

Kaiserlicher Befehl, von den Einnahmen des von ihm verwesten Vizedomamtes dem König von Cypern für Kleidung 100 fl. zu Händen des kaiserlichen Finanzsekretärs Petrus Stoß zu senden, 1517 Dezember 16, Linz (Bd. Z, fol. 233 r)

Befehl an Jörg Sigharter, Vizedom im Land ob der Enns, dem König von Cypern von der bewilligten Landessteuer 100 fl. zu übergeben, 1517 Juli 23, Augsburg (Bd. AA, fol. 79 r)

KRIEGSAKTEN 15. – 19. Jh. (549 Fzz.)

Die Kriegsakten bestehen zum überwiegenden Teil aus Akten der Reichskanzlei, die sich mit der Verteidigung des Hl. Römischen Reiches befassen und schon seinerzeit als Kriegsakten bezeichnet wurden, ferner aus Akten der Staatskanzlei und anderer Behörden. Sie enthalten Gutachten des Geheimen Rates, der Geheimen Konferenz, Korrespondenzen, Akten, die aus der diplomatischen Tätigkeit von Reichshofräten beim Abschluß von Präliminarien erwuchsen, Akten über Reichskontributionen, Einbringung der Römermonate, aber auch Akten über die militärische und diplomatische Seite der Kriegsführung.
Lit.: Bittner, Bd. 1, S. 596 – 600 – Heydendorff, W., Die Kriegsakten im Haus-, Hof- und Staatsarchiv, *MÖStA* 4, 1951 S. 251 – 256; 5, 1952, S. 356 – 363; 6, 1953, S. 410 – 415; 8, 1955, S. 322 – 328.

Berichte des Marcantionio Colonna über die gegen die Türken bestimmte Flotte 1570 – 71, 1 Konv. (Fz. 27b)

Meldung an den Kaiser über das Einlaufen zweier holländisch-ostindischer Schiffe in die Elbe, 1637 September 26, Hamburg, 1 Stk. (Fz. 120)

Audienz einer tatarischen Gesandtschaft in Stockholm, 1637 November 25, Stockholm – Plan des Fürsten Rákóczi, mit den Tataren in die Erblande einzufallen, 1637 November 28, Stockholm (Fz. 121)

Schlacht- und Belagerungspläne aus dem Türkenkrieg 1787 – 1791: Karte der Belagerung von Otchakov (1 St.) (Fz. 444)
Karte des am 10. Oktober 1787 vorgefallenen Treffens zwischen den Russen und Tataren am Kubanfluß (1 St., farbig) (Fz. 444)

COLLECTION DIPLOMATIQUE 1605 – 1726 (40 Kart.)

Diese Sammlung von Abschriften und Originalen aus verschiedenen europäischen Archiven der Zeit von 1640 – 1725 wurde vermutlich von dem kaiserlichen Hofhistoriographen und Verfasser des *Corps diplomatique universel*, Jean Dumont von Carlscroon (1666 – 1727), als Materialsammlung zu einer Staatsgeschichte Kaiser Karls VI. zusammengetragen. Sie gelangte schon in der 2. Hälfte des 18. Jahrhunderts in das Haus-, Hof- und Staatsarchiv.
Lit.: Bittner, Bd. 1, S. 594 – 596 – Verosta St., Jean Dumont und seine Bedeutung für das Völkerrecht, *Zeitschrift für öffentliches Recht* 14, 1936, S.371ff. – Coreth A., *Österreichische Geschichtsschreibung in der Barockzeit*, Veröffentlichungen der Kommission für neuere Geschichte Österreichs 37, Wien 1950, S. 61, 65, 80, 82.

Pièces détachées, 1610 – 1614: c) Négociations de la Hollande avec la Porte Ottomane (Kart. 34)

Pièces détachées appartenantes à diverses négociations: c) Affaires de Hollande avec Alger, Tunis et Tripoli, 1659 – 64 – d) Importance du commerce de la Levante (Venezianischer Handel, Ostindische Kompagnie) 1664 (Kart. 36)

HABSBURGISCH-LOTHRINGISCHES FAMILIENARCHIV

Mitte des 19. Jahrhunderts wurde durch Ausscheidung zahlreicher das kaiserliche Haus betreffenden Archivalien aus Beständen des Haus-, Hof- und Staatsarchivs ein eigenes Hausarchiv gebildet. Dieses umfaßt außer den Familienurkunden, den Familienakten, der Familienkorrespondenz, den Sammelbänden und den Hofreisen eine Reihe kleinerer das Haus und seine Mitglieder betreffende Archivkörper. Dazu kamen Nachlässe von Mitgliedern des kaiserlichen Hauses, Ministern und Beamten.
Lit.: Bittner, *Gesamtinventar* Bd. 2, S. 2–61.

Familienurkunden

Diese Abteilung entstand 1858 durch Ausscheidung sämtlicher das kaiserliche Haus und seine Mitglieder betreffenden Urkunden aus den im Haus-, Hof- und Staatsarchiv bestehenden Urkundenreihen, die in einer eigenen chronologischen, mit fortlaufender Zählung versehenen Urkundenreihe vereinigt wurden.
Lit.: Bittner, *Gesamtinventar* Bd. 2, S. 9–12.

Geleitbrief des Dogen von Venedig Francesco Foscari für Herzog Friedrich V. von Österreich und dessen Begleitung auf der Reise in das Heilige Land, 1436 Juni 16 (Orig.) (Nr. 496)

Geleitbulle Papst Eugens IV. für Herzog Friedrich V. von Österreich und hundert Personen Gefolge für seine Wallfahrt nach Jerusalem. Der Papst gestattet dem Herzog, die Abzeichen des Ordens vom Heiligen Grab nach vollendeter Pilgerfahrt zu tragen, 1436 Juli 11 (Orig.) (Nr. 498)

Schreiben eines Sohnes Meneliks II. an Kaiser Franz Joseph, 1912 Juni 4 (Orig.) (Nr. 2963)

Familienakten

Diese Abteilung entstand ebenfalls durch Ausscheidung relevanter Archivalien aus Beständen des Haus-, Hof- und Staatsarchivs. Sie enthält Archivalien, die Haus- und Familiengesetze, Krönungen, Titel und Wappen, Vermögensangelegenheiten, Hofsachen sowie Kunstgegenstände betreffen. Dazu kommen noch Bittschriften, Aufzeichnungen wie etwa das 1886 dem Archiv von einem Beamten des Ministeriums des Äußern geschenkte Tagebuch Kaiser Maximilians II. aus den Jahren 1566/67.
Lit.: Bittner, *Gesamtinventar* Bd. 2, S. 13–21.

Tagebuch Kaiser Maximilians II. mit Plänen für eine Koalition mit Spanien, Venedig, Persien und Moskau gegen das Osmanische Reich, 1566 August 5 – 1567 Juni 16 (Kart. 88 Heft 1–3, fol. 1–28, 1–34, 1–30)
Lit.: Neck (wie oben S. 44), S. 76 Anm. 81.

Familienkorrespondenz A

Den Grundstock dieser Abteilung bildet die Korrespondenz der Habsburger ab dem 15. Jahrhundert. Sie reicht zeitlich bis in die Mitte des 19. Jahrhunderts und enthält Korrespondenzen der Kaiser und Kaiserinnen, Erzherzoge und Erzherzoginnen mit Familienmitgliedern, Angehörigen fürstlicher Häuser sowie mit Privatpersonen. Der Einlauf besteht meist aus eigenhändigen Stücken oder Originalen, der Auslauf aus Konzepten oder Abschriften.
Lit.: Bittner, *Gesamtinventar* Bd. 2, S. 21 – 26.

König Emanuel I. von Portugal berichtet Maximilian I. von der Öffnung des Seeweges um Afrika, 1499 August 26, Lissabon (Kart. 1)
Lit: Krendl P., Ein neuer Brief zur ersten Indienfahrt Vasco da Gamas, *MÖStA* 33, 1980, S. 10 – 21.

Erzherzog Ferdinand Maximilian berichtet Kaiser Franz Joseph I. über seinen Besuch Griechenlands, Jerusalems und Ägyptens, 1855 Juli 25 (Kart. 52)

Sammelbände

Aus dem Handarchiv Kaiser Franz' I. von Österreich, dem Kabinettsarchiv und dem Archiv des Staatsrates gelangten die in dieser Abteilung vereinigten Korrespondenzen der Habsburger aus dem 16. und vor allem dem 18. und 19. Jahrhundert in diese Abteilung des Haus-, Hof- und Staatsarchivs, die wegen ihrer aus der ersten Hälfte des 19. Jahrhunderts stammenden äußeren Gestalt die Bezeichnung Sammelbände erhalten hatte. Außer Korrespondenzen von Mitgliedern des kaiserlichen Hauses, beginnend mit zwei Kopialbüchern der Korrespondenz Kaiser Maximilians II. aus den Jahren 1557 – 1576, dem Briefwechsel Maria Theresias mit ihren Kindern, Kaiser Josephs II., Kaiser Leopolds II. (= Großherzog Peter Leopold von Toskana) und vor allem Kaiser Franz' I. von Österreich mit Familienangehörigen, enthält der Bestand auch Denkschriften und Nachlässe von Ministern und Beamten.
Lit.: Bittner, *Gesamtinventar* Bd. 2, S. 26 – 29.

Briefwechsel Kaiserin Maria Theresias mit Großherzog Peter Leopold von Toskana über Angelegenheiten der Ostindischen Kompagnie: Lettres sur les affaires de Bolts et Proli, 1776 – 1780, 4 Konv. (Kart. 10: Fz. 28/4a; Fz. 29/6; Fz. 30/1b und 2b)

Handschreiben

Bis 1908 wurden die beim Ministerium des Äußern einlaufenden Notifikations- und Zeremonialschreiben fremder Staatsoberhäupter an den Kaiser von Österreich in der Administrativen Registratur des Ministeriums des Äußern F 2 hinterlegt. Ab 1909 wurden sie dem Haus-, Hof- und Staatsarchiv zur Verwahrung übergeben und bilden dort die Abteilung Handschreiben des Familienarchivs.
Lit.: Bittner, *Gesamtinventar* Bd. 2, S. 29.

Abessinien (Kart. 5 Nr. 410) – China (Kart. 2 Nr. 84; Kart. 5 Nr. 401, 402; Kart. 9 Nr. 694) – Japan (Kart. 1 Nr. 27, 59, 63, 64, 76; Kart. 3 Nr. 171, 218; Kart. 4 Nr. 238, 241, 283, 318; Kart. 5 Nr. 361; Kart. 6 Nr. 442, 465, 467, 468) – Persien (Kart. 1 Nr. 52, 68, 69; Kart. 2 Nr. 113, 121ab; Kart. 3 Nr. 176, 223; Kart. 4 Nr. 320abc; Kart. 5 Nr. 377) – Siam (Thailand) (Kart. 2 Nr. 89, 92; Kart. 5 Nr. 373, 402) – Türkei (Kart. 2 Nr. 93; Kart. 4 Nr. 253; Kart. 6 Nr. 439, 490; Kart. 7 Nr. 529, 570; Kart. 8 Nr. 626, 648; Kart. 9 Nr. 692, 720; Kart. 10 Nr. 807, 808, 823)

Hofreisen

Dieser Bestand enthält Aktenmaterial über die Reisen Josephs II., Leopolds II. und Franz' I. Es gelangte mit dem Handarchiv Kaiser Franz I. in das Haus-, Hof- und Staatsarchiv und besteht hauptsächlich aus Informationen der Zentralbehörden über die zu bereisenden Länder, Berichten, Bittschriften sowie eigenhändigen oder nach Diktat von Sekretären geschriebenen Aufzeichnungen der Monarchen.
Lit.: Bittner, *Gesamtinventar* Bd. 2, S. 35, 36.

Reise Kaiser Josephs II. nach Rußland (1780): Reise nach Cherson (Kart. 11, Konv. 4, fol. 46 – 129) (mit Kartenbeilage)

Posch-Akten

Johann Adam Freiherr von Posch (1722 – 1803) gehörte zu den engsten Vertrauten Kaiser Franz' I. Stephan. Kaiser Joseph II. beließ ihn in seiner Stellung als oberster Leiter der Finanzen der Güter und der kaiserlichen Kassen und machte ihn 1782 zum Präsidenten der vorderösterreichischen Regierung. Sein umfangreicher Aktennachlaß, eine Fundgrube für die Wirtschaftsgeschichte Österreichs im 18. Jahrhundert, gelangte über das Kabinettsarchiv in das Haus-, Hof- und Staatsarchiv und wurde dem Habsburgisch-Lothringischen Familienarchiv einverleibt.
Lit.: Bittner, *Gesamtinventar* Bd. 2, S. 41 – 43 – Mikoletzky H.L., *Kaiser Franz I. Stephan und der Ursprung des Habsburgisch-Lothringischen Familienvermögens* (Österreich Archiv), Wien 1961, S. 52.

Akten über das Kommerzwesen, vor allem den ostindischen und afrikanischen Handel betreffend, 18. Jh. (Jüngere Serie Kart. 5 Nr. 2)

François Delon über den Handel zwischen Livorno und Ostindien, 1753 August 8, Angelo Savanti an Posch, 1777 Dezember 6 (Jüngere Serie Kart. 7 Nr. 28)

Bemerkungen über die türkische Staatsverwaltung, 18. Jh. (Jüngere Serie Kart. 33 Nr. 62) – Türkischer Handel, 1763 (ebd. Nr. 65)

Sammlung Kronprinz Rudolf

Noch vor dem Tod des Kronprinzen (1889) übernahm das Haus-, Hof- und Staatsarchiv Akten über dessen Jugend und Erziehung sowie die Tagebücher seines Flügeladjutanten. Einige Jahrzehnte später wurden auch die aus seinem Nachlaß stammenden Korrespondenzen und Denkschriften mit diesem Material vereinigt.
Lit.: Bittner, *Gesamtinventar* Bd. 2, S. 48 – Mitis O.v., *Das Leben des Kronprinzen Rudolf mit Briefen und Denkschriften aus dessen Nachlaß*, Leipzig 1926 – Hamann B., *Rudolf. Kronprinz und Rebell*, Wien 1978; Rudolf, Kronprinz von Österreich, *„Majestät, ich warne Sie..."* Hg. von Brigitte Hamann, Wien 1979.

Reiseaufzeichnungen: Ägypten, Reisebilder, Orientreise, 1881 (Kart. 14)
Lit.: Kronprinz Rudolf, *Eine Orientreise 1881*, 2 Bde., Wien 1885.

Schriften politischen Inhalts: Promemoria betreffend die türkische Eisenbahnfrage/Politischer Bericht über die Orientreise 1884 (Kart. 15)
Lit.: Mitis, S. 286–301; Kronprinz Rudolf, *„Majestät, ich warne Sie..."* S. 315f.

Archiv Maximilian von Mexiko

Erzherzog Ferdinand Maximilian von Österreich (1832–1867), der jüngere Bruder Kaiser Franz Josephs I., der vor seiner Erhebung zum Kaiser von Mexiko (10. April 1864) als Oberkommandant der österreichischen Kriegsmarine (1854–64) und als Generalgouverneur des Lombardo-Venezianischen Königreiches (1857–59) fungierte, besaß in seinem Schloß Miramare bei Triest ein wohlgeordnetes, aus Korrespondenzen, Reisenotizen, Tagebüchern und Akten bestehendes Archiv. Teile davon ließ er, noch bevor er selbst mexikanischen Boden betrat, dorthin verbringen. Zusammen mit Teilen seiner Kabinettskanzlei und anderen wichtigen Geschäftsstücken wurden diese Bestände noch vor seinem gewaltsamen Ende nach Miramare zurückgeschickt und schließlich an das Haus-, Hof- und Staatsarchiv abgeliefert. Das Miramararchiv enthält Aufzeichnungen, Notizen und Tagebücher von Maximilians zahlreichen Reisen, die ihn in den Fünfzigerjahren von Triest aus nach Griechenland, Kleinasien, in das Heilige Land, nach Ägypten, Algier, auf die Kanarischen Inseln und schließlich 1860 auch nach Brasilien führten, ferner zahlreiche Korrespondenzen, vor allem mit Naturforschern, Reisenden, mit dem österreichischen Konsul in Khartum Dr. Theodor Heuglin, mit Admiral Wilhelm von Tegetthoff, mit Dr. Karl von Scherzer in Zusammenhang mit der Weltumsegelung der „Novara" (1859) und mit der Planung der Ostasien- und Südamerikaexpedition (1867).
Lit.: Bittner, *Gesamtinventar* Bd. 2, S. 44–48 – Corti E.C., *Maximilian und Charlotte von Mexiko*, 2 Bde., Zürich 1924; *Die Tragödie eines Kaisers*, Wien 1948 – Haslip J., *Maximilian Kaiser von Mexiko*, München 1971.

Simon von Reinisch an Kaiser Maximilian, die ägyptischen Sammlungen in Miramare betreffend, 1865 Jänner 29 – Karl Richard Lepsius an Kaiser Maximilian, das ägyptische Museum in Miramare betreffend, 1860 Mai 12 Alexandrien (Kart. 46)

Dr. Karl von Scherzer, die geplante Ostasienexpedition betreffend, 1866 Mai 30, Juni 10, – Patriarch Valerga von Jerusalem an Kaiser Maximilian, 1865 Jerusalem (Kart. 47)

Mohamed Saud, Vizekönig von Ägypten, an Erzherzog Ferdinand Maximilian, 1855 – 60 (Kart. 64)

Theodor Heuglin über Vorbereitungen zu einer Reise nach Abessinien, 1856 Februar 2, Wien – Heuglin an Minister des Äußern Rechberg über die Ereignisse in Abessinien, 1856 März 13 (Abschrift) – Heuglin an den erzherzoglichen Rat Sebastian Scherzenlechner über eine Expedition zu den Nilquellen 1856 Juli 17, August 15, Oktober 7, Dezember 29 – Heuglin an Generalkonsul Huber in Alexandrien, 1856 Dezember 29 Khartum (Abschrift) – Heuglin an Scherzenlechner, 1857 Jänner 12 Khartum; März 17 Kairo – Minister des Äußern Rechberg an Erzherzog Ferdinand Maximilian über die von diesem beantragte Wiederanstellung Heuglins, der 1858 von seinem Amt als Konsul enthoben wurde, 1860 Mai 9 – Graf Hadik, Adjutant Erzherzog Ferdinand Maximilians, an Minister Rechberg über die Enthebung Heuglins, 1860 Mai 24 (Konzept) (Kart. 65)

Bernhard Graf von Rechberg, Minister des Äußern, an Erzherzog Ferdinand Maximilian, die Pension für die Witwe des Generalkonsuls in Jerusalem Pizzomano betreffend, 1860 September 5 – Minister Rechberg an Erzherzog Ferdinand Maximilian die Eingabe des Bischofs von Kolophon und Apostolischen Vikars von Niederländisch-Indien um allerhöchste Anerkennung seiner Dienste anläßlich des Besuches der „Novara" betreffend, 1863 März 25 – Schreiben des Direktors der christlichen Schule in Kairo, 1860 Jänner 21 – Heuglin an Admiral Hadik, 1859 Mai 16, Juli 16, August 9 – Generalkonsul Huber an Erzherzog Ferdinand Maximilian die Reiseskizzen und Aphorismen betreffend, 1862 Okotber 2 – Ferdinand von Hochstetter an Erzherzog Ferdinand Maximilian Neuseeland betreffend, 1862 Mai 24 – Alexander von Humboldt an Erzherzog Ferdinand Maximilian die Expedition der „Novara" betreffend, 1857 Jänner 4, April 11 – Erzherzog Ferdinand Maximilian an Humboldt, 1857 Mai 2, Mailand (Konzept) (Kart. 67)

Korrespondenz mit Dr. Karl von Scherzer über das Reisewerk „Novara", 1860 Mai 27, 1862 Juli 3, 1863 Februar 6, April 13, Juli 25 (mit Beilage: A.Petermann, Österreich und die Nilquellen), Juli 5 (mit Kartenbeilage) – Politische Berichte des Schiffskapitäns Wilhelm von Tegetthoff aus Griechenland, Kleinasien und aus der Levante; Arbeiten über den Suezkanal, 1862 – 1864 – Berichte aus Smyrna, 1863 Oktober 9, aus Alexandrien, 1864 Jänner 2, aus Jaffa, 1864 Februar 1 – Kartenbeilage: Isthmus von Suez und Durchschnitt durch das Mittelmeer (Kart. 111)

Reisenotizen Maximilians: Reise nach Jerusalem und in die terra sancta (Kart. 97) – Pilgerstunden im gelobten Land, 1855 Juni 28 – Juli 1 (Kart. 100)

Tagebücher: Tagebuch einer Reise von Griechenland nach Kleinasien, 1850 September 1 – September 12 (mit lavierten Federzeichnungen) Nr. 1 – Reiseskizzen Madeira 1852, Galloafrica 1852, Algier, Über die Linie (Kart. 99)

Druck: Erzherzog Ferdinand Maximilian von Österreich, *Aus meinem Leben. Reiseskizzen, Aphorismen, Gedichte* Bd. 3 – 5, Leipzig 1867.

LOTHRINGISCHES HAUSARCHIV

Als Herzog Franz Stephan von Lothringen nach den Wiener Präliminarien gegen die Anwartschaft auf Toskana auf Lothringen verzichtete, nahm er auch das Archiv des herzoglichen Hauses in die neue Heimat mit sich. Noch vor seinem Tode wurden diese Archivalien aus Florenz nach Wien gebracht und nach seinem Tode (1765) dem geheimen Hausarchiv übergeben. Der Bestand enthält nicht nur Urkunden, Familiensachen und Korrespondenzen des Herzogshauses aus der Zeit vor 1736, sondern auch Archivalien bis zum Tod Franz I. Stephans, die Lothringen, Toskana, das Römische Reich und Österreich und vor allem die Beziehungen Toskanas zu afrikanischen und asiatischen Staaten betreffen.
Lit.: Bittner, *Gesamtinventar* Bd. 2, S. 65 – 112 – Seidl J., Das lothringische Hausarchiv als Geschichtsquelle, *Historische Blätter* 7, 1937, S. 33 – 43.

Beziehungen Lothringens zu mohammedanischen Staaten, s.d. (Kart. 29, Nr. 27)

Berichte und Memoranden über türkische und persische Angelegenheiten, 1746 – 1748 (Kart. 137, Nr. 523a)

Handelsvertrag zwischen der Türkei und Sizilien, 1740 (Abschrift) (Kart. 189, Nr. 145)

Politische Verhältnisse in Konstantinopel, s.d. (Kart. 190, Nr. 191)

Friedens- und Handelsverträge zwischen Kaiser Franz I. Stephan als Großherzog von Toskana mit der Türkei (1747), mit Algier (1748), mit Tunis (1748), mit Tripolis (1749) (Kart. 196, Nr. 320 – 323)

Druckschrift, in welcher auf die Gefahren der österreichischen Handelskompanie in den Niederlanden für den englischen und holländischen Handel hingewiesen wird, 1725 (Kart. 205, Nr. 621)

Aufsatz über die ostindische und westindische Handelskompanie, 18. Jh. (Kart. 206, Nr. 685)

ESTENSISCHES HAUSARCHIV

15. Jh. – 1866 (783 Kart. und Fzz.)

Nach dem Tod des letzten Herzogs Franz V. von Modena, Chefs der habsburgischen Tertiogenitur, die 1859 in Italien entthront worden war, fiel deren Hausarchiv mit der übrigen Erbmasse an den späteren Thronfolger Erzherzog Franz Ferdinand und wurde nach dessen Ermordung (1914) dem Haus-, Hof- und Staatsarchiv übergeben. Es besteht aus dem Archiv der Estensischen (Modena) Linie der Habsburger, Archiven kleinerer italienischer Adelsfamilien, Akten der modenensischen Güterverwaltung, sowie einigen Nachlässen, darunter dem des jüngsten Sohnes Kaiser Franz' I. Stephan und Kaiserin Maria Theresias, Erzherzog Maximilian Franz, Kurfürst und Erzbischof von Köln, Hoch- und Deutschmeister (1756 – 1801).
Lit.: Bittner, *Gesamtinventar* Bd. 2, S. 58 – 61.

M. von Bargun über die Expedition einer Fregatte nach China, s.d. (Kart. 150, Nachlaß Erzherzog Maximilian Franz, Miscellanea Nr. 4)

KABINETTSARCHIV

Dieses umfaßt sämtliche in der Kabinettskanzlei erwachsenen und von ihr übernommenen Bestände. Die Entwicklung der Kabinettskanzlei ging von den Kabinetten Maria Theresias und Josephs II. aus. In den Fünfzigerjahren des 19. Jh.s wurden die Akten aus der Zeit von 1802–1848 protokolliert und indiziert und als Kabinettskanzleiakten zusammengefaßt. Außer der Bearbeitung der an den Kaiser gerichteten Bittschriften oblag dem Kabinett seit 1858 die Bearbeitung der Vorträge der Minister für den Kaiser, eine Tätigkeit, die von 1848–52 von der Ministerrats- und von 1852–58 von der Ministerkonferenzkanzlei besorgt wurde. Das Kabinettsarchiv enthält außer den Archiven der Ratsgremien (älterer und jüngerer Staatsrat, Staatskonferenz) und den Kabinettskanzleiakten zahlreiche Denkschriften und Memoranden, die an die Monarchen gerichtet worden waren und im Falle des Kaisers Franz als geschlossener Bestand aus seinem Handarchiv übernommen wurden, ferner den Bestand Gendarmeriedepartement, aber auch zahlreiche Nachlässe von Kabinettsreferenten und hohen Staatsbeamten, die nach deren Ableben eingezogen wurden, ferner Korrespondenzen Kaiser Franz Josephs I. mit Staatsoberhäuptern und Angehörigen fremder Herrscherhäuser sowie die Akten des Kongresses von Berlin (1878).
Lit.: Bittner Bd. 2, S. 115–272 – Coreth A., Das Schicksal des k.k. Kabinettsarchivs seit 1945, *MÖStA* 11, 1958, S. 514–525 – Reinöhl F., *Geschichte der k.u.k. Kabinettskanzlei*, Wien 1963, S. 8f, 31f, 65, 77, 297f (MÖStA-Ergbd. 7)

Alte Kabinettsakten

Den Grundstock dieser Abteilung, der durch die Verlagerung am Ende des Zweiten Weltkrieges Verluste erfahren hat, bilden Aktenstücke und Beilagen aus dem Kabinett Maria Theresias. Die Akten betreffen Angelegenheiten der österreichischen Erblande, Finanzen und Handel (u.a. auch den Seehandel von Triest in die Levante und nach Ostasien).
Lit.: Bittner, Bd. 2, S. 121–127 – Coreth a.a.O. S. 546.

Patent Maria Theresias für die Triestiner Handelsgesellschaft Urban u. Comp. 1750 Oktober 1 – Plan einer Levantinischen Kompagnie in Triest, 1755 – Paßbrief für den Levantehändler Levi Grassinvita, 1753 Juli 23 (Abschrift) (Kart. 20)

Schreiben des Domenico Francesco Belletti über die Orientalische Handelskompagnie, s.d. – Die Triestiner Handelskompagnie, s.d. – Vortrag des Obersten Böhmischen Kanzlers Grafen von Chotek und verschiedener Räte über das Gesuch der Fiumaner Handelskompagnie um Verlängerung, s.d. – Über die Beendigung des Octrois der Triestiner und Fiumaner Handelskompagnie, s.d. – Waren, mit denen das heurige Schiff nach Ägypten beladen wird, s.d. (Kart. 21)

Instruktion für die kaiserlich-königlichen Konsuln, nach 1762 (Kart. 32)

Octroi-Patent für die niederländische Indien-Kompagnie, 1723 (Abschrift) – Gesuch des Kapitäns der Grenadiere im flandrischen Regiment Chouzelliers, der mit der

Handelskompagnie in Indien gewesen und von den Holländern eingesperrt worden war, um Aufnahme in die kaiserliche Armee in Europa, 1748 nach Oktober – Essai d'observations sur le commerce interne qu'externe des Pays-Bas, 1753 Jänner 15 – Memorandum über den Import und den Export in den österreichischen Niederlanden, nach 1754 – Gegenüberstellung der von der Kompagnie vorgelegten Artikel, der Antworten der Rechenkammer und der Bemerkungen des Rates über die Verpachtung des Zolles und dessen Übergabe an die Ostindische Kompagnie, s.d. (Kart. 36)

Staatskanzler Kaunitz über die niederländische Handelskompagnie, 1763 August 15 – Bericht Chouzelliers über die bedrängte Lage des europäischen Handels in Indien infolge der feindlichen Politik des Nabobs von Bengalen, s.d. – Ladung des Schiffes „Prince de Kaunitz" von Kanton kommend, s.d. (Kart. 37)

Anmerkungen über die Kommerzialtabellen des Litorale für 1761 (Kart. 39)

Kaiser Franz-Akten

Die Archivalien dieses Bestandes stammen überwiegend aus dem Handarchiv Kaiser Franz' I. von Österreich, das dieser zeitlebens in seinem Arbeitszimmer verwahrte. Bei der Aufteilung (1865) wurden die Korrespondenzen des Kaisers und anderer Mitglieder des Kaiserhauses, Reisenotizen und Audienzsachen dem Familienarchiv einverleibt, die Akten über Einrichtung der Länder, Staatsverwaltung, zahlreiche Denkschriften und Berichte von hohen Beamten blieben als eigener Bestand beisammen.
Lit.: Bittner Bd. 2, S. 127 – 141.

Karl Graf von Zinzendorf über Handel und Industrie (Kart. 96, alt Fz. 86)

Progetto economico sull' commercio degli Stati Austriaci colla Porta Ottomanna, 1790, (Kart. 146, alt Fz. 149 Nr. 4)

Progetto del agente Raicevich sul commercio con i Turchi, 1790 August 14 (ebd. Nr. 5)

Relazione sul commercio dello stato attuale della città e porto di Trieste, verfaßt von Graf von Künigl, 1793 (Kart. 156, alt Fz. 160, Nr. 65)

Schrift eines Anonymus über den Ostindischen Handel, 1794 (Kart. 162, alt Fz. 166 Nr. 3)

Geheimakten

Diese aus dem Kabinettsarchiv stammende Reihe enthält Korrespondenzen Kaiser Franz Josephs I. mit fremden Staatsoberhäuptern und Angehörigen fremder Herrscherhäuser, den Nachlaß des Ministerpräsidenten Felix von Schwarzenberg, die Akten des Berliner Kongresses von 1878, Tagesberichte an den Kaiser, sowie Akten der Kabinettskanzlei, die sich auf die Ministerwechsel von 1862 – 1918 beziehen, ferner zahlreiche Denkschriften und Memoranden, die dem Kaiser überreicht wurden. Lit.: Bittner Bd. 2, S. 178 – 183.

Korrespondenzen Kaiser Franz Josephs I.:
Schreiben Franz Josephs an den Khedive von Ägypten anläßlich der Verleihung des St. Stephansordens, 1881 März 23 – Dankschreiben des Khedive, 1881 April 4 – König Leopold II. der Belgier an Kaiser Franz Joseph über den Kongostaat, 1884 November 23 – Antwortschreiben Kaiser Franz Josephs, 1884 Dezember – Deutscher Kaiser Wilhelm II. an Kaiser Franz Joseph u.a. über China und die Ermordung christlicher Missionare, 1898 Jänner 8 – Antwortschreiben Kaiser Franz Josephs an den Deutschen Kaiser, 1898 Jänner 11 (Kart. 2)

Akten des Berliner Kongresses, 1878 Jänner 3 – Dezember 31 (ebd.)
Auf diesem Kongreß wurden außer den Friedensverhandlungen zwischen Rußland und dem Osmanischen Reich, der Räumung der europäischen und der asiatischen Türkei von russischen Truppen, der Grenzziehung zwischen Rußland und dem Osmanischen Reich auch die Frage der Zulassung Persiens zum Kongreß, der Abtretung Koturs an Persien, die Stellung Batums als Freihafen, die Fragen von Reformen in Armenien, der Durchfahrt durch die Dardanellen, die Stellung der Heiligen Stätten in Jerusalem, der Juden im Orient und Zulassung von Angehörigen aller Konfessionen zu öffentlichen Ämtern im Osmanischen Reich erörtert.
Lit.: Novotny A., *Quellen und Studien zur Geschichte des Berliner Kongresses* 1: Österreich, die Türkei und das Balkanproblem im Jahre des Berliner Kongresses, Graz 1957, S. 72 – 135 Nr. 1 – 409, S. 360 (Veröffentlichungen der Kommission für Neuere Geschichte Österreichs 44)

Programm für die Reise Kaiser Franz Josephs I. nach Konstantinopel, Athen, Palästina und Ägypten, 1869 (Kart. 4)

Erzherzog Ferdinand Maximilian an Kaiser Franz Joseph über die Besitzrechte Dänemarks auf die Nikobarischen Inseln, 1856 November 14 (Kart. 6)

Schreiben des Bey von Tunis an Kaiser Franz Joseph I., 1849 Dezember 26 (samt Übersetzung), 1851 November 16 (samt Übersetzung) – Zeitungsartikel, die Kaiser Franz Joseph mit Erläuterungen vorgelegt wurden: Nr. 6) Pester Lloyd 1874 Nr. 243 über die Aufhebung der Konsulargerichtsbarkeit in Ägypten – Nr. 9) Pester Lloyd 1874 Nr. 129, 131, 195 über die Jurisdiktionsverhältnisse persischer Untertanen (Kart. 16)

Denkschriften: Bernhard Graf von Caboga, Promemoria über die Gründung eines Spitals des Malteserordens in Jerusalem, 1868 November 21, 25; Schreiben an den Kabinettsdirektor, 1870 Jänner 29; Schreiben an den Kabinettsdirektor über den Kirchenbau in Jerusalem, die Aufstellung der vom Kaiser gespendeten Uhr im Hospiz, dessen innere Zustände sowie über den Spitalbau am Tantur, 1871 Mai 26 (Kart. 17)

Anton Graf von Montfort bittet um eine kaiserliche Auszeichnung für den persischen Prinzen Nayeb-ol-Saltané Emir-e-Kebir, 1880 September 1 (Kart. 18)

Emil Holub, Forschungsreisen und Ausstellungen, nach 1893 – Gustav Graf von Kalnoky, Minister des Äußern, über eine Unterredung mit den Verwaltungsräten der türkischen Eisenbahnen, 1883 Mai 6 – Kronprinz Rudolf von Österreich berichtet über seine Orientreise, 1884 (Kart. 19)

Friedrich Hey, Volksvertretung, Kolonisation und Kolonialpolitik der Monarchie nach dem Kriege. Praktische Anregungen nach einschlägigen Erfahrungen in drei Weltteilen, Broschüre 1916, übersendet 1918 Februar 7, „Die Auswanderung und ihre eminente Bedeutung für das Wirtschaftsleben", Wien-Leipzig 1913 – Kolonialgesellschaft. Denkschrift über die Richtlinien einer künftigen Kolonialpolitik und einen außereuropäischen Kolonialbesitz 1916 – A. Schulze, Erwägungen zu den Denkschriften der österreichisch-ungarischen Kolonialgesellschaft, verfaßt von den Vorstandsmitgliedern Dr. Richard Seyfert und Dr. Adolf Mahr, Wien 1916, und des Regierungsrates Friedrich Hey über Volksvertretung 1916 (Kart. 20)

Nachlaß Leopold Kolowrat

Der Nachlaß des Grafen Leopold von Kolowrat (1727 – 1809), eines der einflußreichsten und höchsten Beamten Österreichs, der seit 1782 das Amt des Obersten Böhmischen Kanzlers, seit 1792 eines Obersten Direktorialministers des Directoriums in cameralibus et publico-politicis, seit 1796 eines dirigierenden Staatsministers in inländischen Geschäften und seit 1801 eines Staats- und Konferenzministers bekleidete, enthält den Großteil der an ihn ergangenen kaiserlichen Handschreiben, Noten und Vorträge sowie Eingaben von Privaten und Behörden. Er gelangte im Wege des Kabinettsarchivs an das Haus-, Hof- und Staatsarchiv.
Lit.: Bittner Bd. 2, S. 200 – 201.

Plan des Grafen von Proli, des Chevalier Benkens und Dominik Nagels zur Gründung einer Aktiengesellschaft für den Handel mit China, 1780 (Kart. 10, Nr. 659)

Auswahl von Geschenken für den Kaiser von Marokko. Note Kolowrats an Kaiser Joseph II., 1783 Februar 14 (ebd. Nr. 709)

Verzeichnis der Waren, welche nach der Türkei einen Verschleiß finden, s.d. (Kart. 23, Nr. 1577)

Nachlaß Zinzendorf

Auch der Nachlaß des Grafen Karl von Zinzendorf (1739 – 1813) gelangte nach seinem Tode in das kaiserliche Kabinett und im Wege des Kabinettsarchivs schließlich in das Haus-, Hof- und Staatsarchiv. Zinzendorf, der nach Studien in Jena (1757 – 61) in den österreichischen Staatsdienst trat, die Funktionen eines Gouverneurs von Triest (1776 – 82), eines Präsidenten der Hofrechenkammer (seit 1782), eines Staatsministers (seit 1792) und eines dirigierenden Staats- und Konferenzministers (seit 1808) bekleidete, war ein hervorragender Fachmann in Finanz- und Wirtschaftsfragen. Seine zahlreichen Reisen führten ihn in fast alle Teile Europas.
Lit: Bittner Bd. 2, S. 220 – 233 – Coreth a.a.O S. 522 – Pettenegg G. von, *Ludwig und Karl Grafen und Herren von Zinzendorf, Minister unter Maria Theresia, Joseph II.,*

Leopold II. und Franz I. Ihre Selbstbiographien nebst einer kurzen Geschichte des Hauses Zinzendorf, Wien 1879 – *Wien von Maria Theresia bis zur Franzosenzeit. Aus den Tagebüchern des Grafen Karl von Zinzendorf*, hg.v. H. Wagner, Wien 1972 (s. Register) – Pagnini C., Impressioni di vita Triestina (1776 – 1777) dal diario inedito del conte Carlo di Zinzendorf primo governatore di Trieste, *Quaderni della società di Trieste* 11, 1978.

Akten:
Triest, Handel und Wirtschaft, Orienthandel (Kart. 2)

Handschriften:
Karl Graf von Zinzendorf, Sammlungen über Handel und Schiffahrt des Seehafens Triest im Jahre 1771: Handel in der Levante, Transithandel (Bd. 169) – im Jahre 1777: Fremde Konsuln, Merkantiltabellen (Bd. 172) – im Jahre 1778: Schiffahrt, fremde Konsuln (Bd. 174) – im Jahre 1779: Verhandlungen mit den afrikanischen Raubrepubliken, Octroi pour les vaisseaux impériaux, „Le prince de Kaunitz" venant de Bombay á Canton en Chine, Handelstabellen (Bd. 176) – im Jahre 1780: Erleichterungen des Wechselhandels zwischen Spanien und seinen Besitzungen in Asien und Amerika, Ostindienfahrt des Schiffes „Kaunitz", Merkantiltabellen (Bd. 178) – im Jahre 1780: Beilage Nr. 64 Zinzendorf über den Prolischen Vorschlag einer Asiatischen Handelsgesellschaft, 1780 September 3; Nr. 66 Ladung des Schiffes „Kaunitz" aus Kanton (Bd. 179) – im Jahre 1781: Skizze eines Berichtes des Triestiner Gouverneurs Karl Grafen von Zinzendorf über die Führung der Geschäfte u.a., Privilegien der Mechitaristen, Flaggenpatente (Bd. 180) – Register über die den Seehafen Triest betreffenden Nachrichten aus den Jahren 1771, 1776 – 1781 (Bd. 181) – im Jahre 1782: Schreiben des Internuntius Herbert Rathkeal über die der österreichischen Flagge verschaffte Sicherheit gegen afrikanische Raubstaaten; Venezianischer Handelsmann Rossetti wünscht österreichischer Generalkonsul in Kairo zu werden; Verkehr des Seehafens Triest mit Ägypten; Korrespondenz Wilhelm Bolts; Plan Prolis zum Ankauf einer Fregatte; Schreiben Kaunitz' über Zurückweisung des als Botschafters Tripolis' nach Wien reisenden Aga Hadschi Ibrahim; Observations sur l'empire de Maroque, 1782 Dezember 23, Wien; Plan einer Handelskompagnie des Zollikofer 1782; Handelsbilanz Triests 1782 (Bd. 182 a)
Triest 1782 – 1794: Schreiben des Konsuls Pelgrom, 1784 März 31, Isle de France (Bd. 182 b)
Triest 1782 – 1800:
Konvention die Entsendung des Schiffes „Kobenzl" von Triest nach Ostindien und China betreffend, 1782 Dezember 20; Schreiben Pelgroms, 1783, Isle de France; Schreiben des Engländers Reid an Zinzendorf, 1785 Jänner Kanton; Abgesegelte und eingelaufene Schiffe in Triest in den Jahren 1784 – 1785; Employés dans l'Inde au service de la compagnie Asiatique de Trieste à la côte de Malabar sur le territoire du Nabob Tippoo Sultan Bahadar, Handel mit Ägypten 1786; Handel mit Syrien; Aus- und Einfuhrtabellen 1795; Schreiben der Deputierten des afrikanischen Handels zu Triest, 1799 Oktober 24 (Bd. 182 c)

HOFARCHIVE

Die Hofarchive enthalten das Schriftgut aller jener Behörden, die für die Gerichts- und Verwaltungsangelegenheiten des kaiserlichen Hofes zuständig waren. An der Spitze des Hofstaatsdienstes standen die vier obersten Hofämter (Obersthofmeisteramt, Oberstkämmereramt, Obersthofmarschallamt, Oberststallmeisteramt), denen zahlreiche Unterämter zugeordnet waren. Mit der Liquidierung der Hofämter nach dem Ende der Monarchie gelangten deren Registraturen fast zur Gänze an das Haus-, Hof- und Staatsarchiv, wo sie heute die Abteilung Hofarchive bilden.
Lit.: Bittner a.a.O. Bd. 2, S. 275 – 375 – Žolger I. v., *Der Hofstaat des Hauses Österreich*, Wien 1917 (Wiener Staatswissenschaftliche Studien 14).

Obersthofmeisteramt

Das bedeutendste oberste Hofamt, das Obersthofmeisteramt, das für Personalangelegenheiten der gesamten Hofverwaltung zuständig war, verfügte schon sehr früh über eine geordnete Kanzleiführung und hinterließ Schriftgut, das in das 16. Jahrhundert zurückreicht.
Lit.: Bittner, Bd. 2, S. 276 – 295.

Sonderreihe 16. – 20. Jh. (396 Bde. und Kart.)

Reiserechnungen, wissenschaftliche Expeditionen des 18. Jahrhunderts:
Rechnungen und Quittungen, von und für den Hofgärtner Boos, 1785 – 1788 (betr. Kap der Guten Hoffnung) 1 Konv. (Kart. 175)
Rechnungen des Hofgärtners Boos samt Dokumenten von 1788 (betr. Isle de France) 1 Konv. (ebd.)
Rechnungen des Gärtners Scholl samt Beilagen 1788 – 1799 (betr. Kap der Guten Hoffnung) 1 Konv. (ebd.)
Reisen und Expeditionen des 18. Jahrhunderts:
Die Absendung der Gärtner nach Ost- und Westindien betreffend, 1782 – 1799, 1 Konv. (ebd.)
Schreiben an die k.k. Minister, Konsuln und andere Parteien, die nach Indien reisenden Gärtner und Naturalisten betreffend, 1782 – 1789, 1 Konv. (ebd.)
Expedition der Gärtner Boos und Scholl (Kap der Guten Hoffnung) 1785 – 1799, 1 Konv. (ebd.)
Expedition des Gärtners Scholl nach Afrika, 1791 – 1794, 1 Konv. (ebd.)
Expedition Baudins, van der Schotts und Bredermayers nach Isle de France, 1791 – 1794, 1 Konv. (ebd.)
Lit.: Sprunck A., Zwei österreichische Forschungsreisen aus der Zeit Josephs II., *MÖStA* 12, 1959, S. 414 – 426 – Benna, A. H., Alexander von Humboldt und Wien. Zum 200. Geburtstag des universalen Naturforschers, *MÖStA* 22, 1969, S. 103 – Ly-Tio-Fane M., Contacts between Schönbrunn and the Jardin du Roi at Isle de France (Mauritius) in the 18th century. An episode in the career of Nicolas Thomas Baudin, *MÖStA* 35, 1982, S. 85 – 169.

Rechnungen und Quittungen den Tiergarten und den botanischen Garten in Schönbrunn betreffend:
Korrespondenz betreffend Bestellung seltener Tiere für Schönbrunn mit diplomatischen und konsularischen Vertretern Österreichs, 1781 – 1782 (betr. Nordafrika, Senegal, französische, spanische, portugiesische und holländische Kolonialgebiete) 1 Konv. (Kart. 177)
Lit.: Giese U., *Wiener Menagerien: Ebersdorf, Neugebäude, Belvedere, Schönbrunn*, Wien 1962 (Österreich Reihe 165/167).

Varia 1848 – 1895:

Dr. Natterer an Hofrat Dräxler wegen Erwerbung afrikanischer Tiere 1853 Juli 3, Kairo (Kart. 373)

Hofzeremonielldepartement 17. – 20. Jh.

Der Aktenbestand dieses dem Obersthofmeisteramt unterstehenden Hofamtes umfaßt die in chronologisch geschlossener Reihe von 1652 – 1917 reichenden Hofzeremonialprotokolle, ferner die Reihe der Älteren Zeremonialakten von 1652 – 1836 und die nach Betreffen (Rubriken) chronologisch gereihten Neueren Zeremonialakten von 1792 – 1918.
Sowohl die Hofzeremonialprotokolle als auch die Älteren und Neueren Zeremonialakten enthalten Material über die Audienzen der fremden diplomatischen Vertreter am Wiener Hof (Neuere Zeremonialakten Rubrik XIV) sowie über Hofreisen (des Kaiserpaares und Angehöriger des Kaiserhauses) und den Aufenthalt höchster Gäste (Neuere Zeremonialakten Rubrik XV).
Lit.: Bittner, Bd. 2, S. 295 – 300.

Ältere Zeremonialakten 1563 – 1790 (95 Kart.)

Zeremoniell bei der Gesandtschaft der Tataren 1656 – 1671 1 Konv. (Kart. 5) – Verzeichnis der Kosten für die Verpflegung der tatarischen Gesandten und für die Geschenke des Kaisers an den Tatarenkhan, 1656 Juni 30 – Juli 13 1 Konv. (Kart. 5)
Audienzen der türkischen Gesandten beim Kaiser, 1659 – 1672 1 Konv. (Kart. 6)
Einzugsordnung einer türkischen Botschaft, s.d. 1 Konv. (Kart. 19)

Ankunft und Empfang einer türkischen Gesandtschaft in Wien, 1704 Mai 28 – September 14, 1 Konv. (Kart. 20)

Zeremoniell beim Einzug und bei den Audienzen des türkischen Botschafters Ibrahim Pascha in Wien, 1719 Juni 21 – September 23, 1 Konv. (Kart. 29)

Zeremoniell bei der Abschiedsaudienz des türkischen Großbotschafters Ibrahim Pascha, 1720 April 13, 1 Konv. (ebd.)

Bericht über die Audienz des türkischen Gesandten Omer Aga beim Kaiser, 1726 Juli 29, 1 Konv. (Kart. 33)

Akten über die Reise des türkischen Gesandten Mustaffa Effendi nach Wien, Aufenthalt und Audienz beim Kaiser, 1730 November 24 – 1731 Oktober 6, 1 Konv. (Kart. 35)

Bericht über die Abschiedsaudienz des türkischen Gesandten Mustaffa Effendi bei Prinz Eugen (1731) und des türkischen Großbotschafters bei Graf Josef von Harrach (1741), 1731 Oktober 11 – 1741 Mai 12, 1 Konv. (ebd.)

Akten den türkischen Internuntius Hadschi Hallil Effendi betreffend, 1755 April 12 – August 30, 1 Konv. (Kart. 50)

Neuere Zeremonialakten

Rubrik XV (Hofreisen und Ankunft höchster Gäste) ca. 1790 – 1918:

Reise Kn. Elisabeths nach Madeira, 1860 1 Konv. (Kart. 330)

Aufenthalt des Vizekönigs von Ägypten, 1868 Juni, 1 Konv. (Kart. 334)

Reise Kaiser Franz Josephs I. in den Orient, 1869 Oktober – Dezember, 1 Konv. (ebd.)

Wiener Weltausstellung 1873: Schah von Persien Nr. 70, 1 Konv. (Kart. 342)

Aufenthalt des Schah von Persien, 1878, Nr. 533, 1 Konv. (Kart. 362); 1882 Nr. 735, 1 Konv. (Kart. 370); 1889 August, 1 Konv. (Kart. 394); 1900 (Kart. 426) – Reise des Schah von Persien ohne Aufenthalt in Wien, 1902 Mai 15, Nr. 22, 1 Konv. (Kart. 430) – Aufenthalt des Schah von Persien, 1905, Nr. 17 1/2, 1 Konv. (Kart. 439)

Türkische Botschaft ersucht um das Zeremoniell am Wiener Hof bei Empfang allerhöchster Gäste, 1885 Jänner, Nr. 735, 1 Konv. (Kart. 370)

Ankunft von Prinz und Prinzessin Komatsu aus Japan in Wien, 1886 November, Nr. 951, 1 Konv. (Kart. 385); 1894 März 8, Nr. 8, 1 Konv. (Kart. 408)

Ankunft des Prinzen Usimu Sadanarin, 1896 Juni 11, Nr. 45, 1 Konv. (Kart. 413)

Ankunft des Königs von Siam, 1897 Juni 22, Nr. 37, 1 Konv. (Kart. 418)

Ankunft des Prinzen Ario Matarau, Oberstleutnant des Generalstabes der Armee in Niederländisch-Indien, 1898 Mai, Nr. 60, 1 Konv. (Kart. 421)

Ankunft des Prinzen Melisch Mensur Mirza Chonas Saltane (persischer Gesandter), 1899 April 16, Nr. 6, 1 Konv. (Kart. 422)

Ankunft des Prinzen Kotohito von Japan in Ischl, 1900 Juli 25, Nr. 34, 1 Konv. (Kart. 424)

Ankunft des Kronprinzen von Siam, 1902 April 25, Nr. 13, 1 Konv. (Kart. 430)

Türkische Spezialmission zur Überbringung des Chomedan-iAli-Osmani-Ordens, 1904 Jänner 29, Nr. 19 (Kart. 436)

Ankunft des Maharadscha Jiraj von Bengalen, 1906 Oktober 3 – 5, Nr. 44, 1 Konv. (Kart. 443)

Ankunft des Abbas Hilmi, Khedive von Ägypten, 1907 Juni, Nr. 22, 1 Konv. (Kart. 443)

Ankunft des Königs von Siam, 1907 Mitte September, Nr. 38, 1 Konv. (Kart. 443)

Vizeadmiral Goro Ijnen mit Offizieren des japanischen Geschwaders, 1907 September 11, Nr. 54, 1 Konv. (ebd.)

Ankunft einer abessinischen Mission, 1907 September 17, Nr. 55, 1 Konv. (ebd.)

Ankunft Abbas II. Khedive von Ägypten, 1908 Juni 10, Nr. 8, 1 Konv. (Kart. 447)

Ankunft von Prinz und Prinzessin Nashimoto in Budapest, 1909 Mai 10, Nr. 5, Konv. 1 (Kart. 453)

Türkische Spezialmission anläßlich der Thronbesteigung Sultan Mehmeds V., 1909 Juni 4, Nr. 13 (Kart. 453)

Ankunft des türkischen Thronfolgers Prinz Jussuff Izzedin Effendi, 1910 Mai 28, Nr. 2, 1 Konv. (Kart. 460)

Ankunft des Prinzen Tsai Tao von China mit einer Militärstudienreise, 1912 September 24, Nr. 3, 1 Konv. (Kart. 464)

Ankunft einer abessinischen Spezialmission, 1914 Februar 26, Nr. 9, 1 Konv. (Kart. 472)

ITALIEN – SPANISCHER RAT

Nach dem Ende des Spanischen Erbfolgekrieges wurden für die nunmehr österreichisch gewordenen ehemals spanischen Territorien auf italienischem Boden in Wien Zentralbehörden eingerichtet. Der Aktennachlaß dieser Zentralbehörden, des Consejo de España, des Consiglio d'Italia, des Dipartimento d' Italia, und schließlich der Italienischen Hofkanzlei 1793 – 1804, bildet zusammen mit gleichartigen Betreffen der Reichskanzlei sowie der Staatskanzlei den Bestand Italien-Spanischer Rat. Die diplomatische Korrespondenz des Spanischen Rates wurde hingegen mit den Staatenabteilungen vereinigt. Der Bestand Italien-Spanischer Rat ist in eine chronologische Reihe von Vorträgen der Wiener Zentralbehörden sowie in die Territorien Lombardei, Mantua, Neapel, Sizilien, Parma, Piacenza und Guastalla sowie Modena betreffende Aktenreihen gegliedert, die jeweils in die Untergruppen Korrespondenz und Collectanea (Sachbetreffe) zerfallen.
Lit.: Bittner, Bd. 4, S. 55 – 77.

Lombardei 1707 – 1800 (431 Fzz.)

Collectanea

Übertritt des Grafen Alexander von Bonneval zum Islam 1737 1 Konv. (Fz. 72)
Hebung des Handels mit Portugal und dessen Kolonien 1758 1 Konv. (Fz. 107 a)
Handelsverkehr mit Tunis, Tripolis und Algier 1783 1 Konv. (ebd.)

Neapel 1707 – 1738 (248 Fzz.)

Varia

Beziehungen zur Türkei 1715 – 1721 Konv. r (Fz. 17)

Sizilien 1719 – 1734 (86 Fzz.)

Collectanea

Beziehungen Siziliens zu England, Frankreich, Rom, Spanien und der Türkei 1701 – 1733 Konv. c (Fz. 13)

BELGIEN

Die Abteilung enthält die seinerzeit nach Wien verbrachten bzw. im Wege eines Archivalientausches erworbenen Niederländischen Urkunden, die in den Repertorien PA, PB und PC enthaltenen Teilen der Korrespondenzen Karls V., der Statthalter und Statthalterinnen in den Spanischen Niederlanden aus dem Hause Habsburg, sowie die Korrespondenz zwischen den Kaisern und den Statthaltern ab 1566.
Ferner erliegen im Repertorium DD die Bestände der für die von 1713 – 1794 österreichisch gewordenen Niederlande zuständigen Wiener Zentralbehörden sowie Archivalien des in Brüssel amtierenden Generalgouvernements, außerdem kleinere Selekte und Nachlässe.
Lit.: Bittner, Bd. 4, S. 82 – 360 – Laenen J., *Les archives de l 'état à Vienne au point de vue de l' histoire de Belgique*, Brüssel 1924 – Ruwet J., *Les archives et bibliothèques de Vienne et l'histoire de Belgique*, Brüssel 1956 – Coreth A., Persönlichkeit und Aktennachlaß des Marc Deffonseca, *MÖStA* 28, 1975, S. 89 – 114 – Marzahl P. u.a., Stückverzeichnis zum Bestand Belgien PA des Haus-, Hof- und Staatsarchivs, *MÖStA* 29, 1976, S. 436 – 493; 30, 1977, S. 346 – 387; 32, 1979, S. 267 – 305; 33, 1980, S. 284 – 345; 34, 1981, S. 345 – 400; 35, 1982, S. 365 – 403; 36, 1983, S. 283 – 328; 37, 1984, S. 377 – 447.

Belgien PA 15. – 16. Jh. (72 Kart.)

K. Karl V. an Erzherzog Ferdinand Persien betreffend, 1524 Juli 11 (1 St.) Kart. 4 (alt Fz. 5)
Instruktion K. Karls V. für Nogarolas Mission nach Persien, 1529 September 23 (1 St.) Kart. 4 (alt Fz. 5)
Bericht über das afrikanische Unternehmen (Einschiffung, Tunis, Chaireddin Barbarossa) s.d. 1 Konv., Kart. 26 (alt Fz. 31)
Relation des Juan de Barrientos über die türkische Armada 1522 (betr. Afrika) 1 St. Kart. 45 (alt Fz. 62)

Belgien DD 18. Jh.

Repertorium DD Abt. B

Berichte des Marquis de Prié an Prinz Eugen, die Ostindische Kompagnie betreffend 1722 Mai 1 Konv. (Fz. 93a)
Berichte des Schiffskapitäns Merveille an Prinz Eugen über Handelsangelegenheiten und Handelsplätze in Indien 1722 1 Konv. (Fz. 152)

Nachlaß Deffonseca (35 Bde.)

Der Nachlaß des Marc Deffonseca (1678 – 1743), der als Beamter des Generalgouvernements in Brüssel kommerzielle Verhandlungen führte, aber auch als kaiserlicher Gesandter auf dem Kongreß von Soissons tätig war, enthält Briefe und Aktenstücke aus seiner beruflichen Tätigkeit.
Lit.: Coreth (wie oben).

Korrespondenz mit verschiedenen Personen: Campo André-Emanuel de Solares, Marquis de, Gouverneur und Kommandant von Ostende, Memorandum betreffend Asyl für Schiffe der kaiserlichen Indienkompagnie in französischen Häfen, 1725 Ostende (Bd. 33, fol. 37)
Mémoire touchant la Compagnie d'Ostende s.d. (Bd. 33, fol. 189)
Flucht des Direktors der Französischen Indienkompagnie, 1729 Tunis (Bd. 35, fol. 1 – 5)

Archiv Mercy-Argenteau 18. Jh. (19. Fzz.)

Im Zuge eines Archivalienaustausches mit Belgien konnte Österreich einen Teil des Familienarchivs Mercy-Argenteau, enthaltend die Korrespondenz des kaiserlichen Botschafters in Paris Florimond Graf Mercy-Argenteau (gest. 1794) aus der Zeit von 1766 – 1794, erwerben.
Moritz August von Benyowski an Mercy-Argenteau von Bord der „Dauphin" vor der Küste Sumatras und von der Insel Mauritius, 1772 Feb. 9 und März 18, 1 Konv. (Fz. 21, Nr. 365)
Wilhelm Bolts an Mercy, die Beraubung des Schiffes „Grand Duc de Toscane" am Kap der Guten Hoffnung betreffend, 1783 Mai 28, Triest, 1785 Dezember 10, Paris, 1 Konv. (Fz. 27, Nr. 375)
Wilhelm Bolts an Mercy, die Fahrt des „Cobenzl" an die Koromandelküste betreffend, 1783 September 19, Triest 1 St. (ebd.)

KLEINE SAMMLUNGEN UND NACHLÄSSE

Die Abteilung enthält eine Reihe kleinerer archivalischer Einheiten, vor allem Nachlässe von Diplomaten, Politikern, Staatsmännern und Wissenschaftlern, die dem Haus-, Hof- und Staatsarchiv zu Eigentum oder als Depot übergeben wurden.
Lit.: Bittner, Bd. 4, S. 376 ff – Reinöhl F., Politische Nachlässe des 19. Jahrhunderts in den staatlichen Archiven Österreichs, *Korrespondenzblatt des Gesamtvereins der deutschen Geschichts- und Altertumsvereine* 1926, S. 209 – 220 – Broucek P., Die Nachlaßsammlungen im Österreichischen Staatsarchiv, *Scrinium* 22/23, 1980, S. 117 – 123.

Nachlaß Baernreither 19/20. Jh. (51 Kart.)

Dr. Joseph Maria Baernreither (1845 – 1925), Handelsminister (1898 – 1900), Parlamentarier und später auf dem Gebiet der Sozialfürsorge (Kinderschutz) tätig, ordnete die Hinterlegung seines Nachlasses im Haus-, Hof- und Staatsarchiv testamentarisch an.
Lit.: Bittner, Bd. 4, S. 409 – 411 – Bachmann H., *Joseph Maria Baernreither (1845 – 1925). Der Werdegang eines österreichischen Ministers und Sozialpolitikers*, Neustadt a. Aisch 1977.

Orient- und Überseehandelsgesellschaft 1917 – 1918 1 Konv. (Kart. 20)

Nachlaß Birk (70 Kart.)

Der Nachlaß des Historikers und Präfekten der Hofbibliothek Ernst Birk (1810 – 91) wurde von K. Franz Joseph I. angekauft und dem Haus-, Hof- und Staatsarchiv geschenkt. Er enthält Abschriften, Notizen, Regesten und ähnliche Materialien zur Geschichte der Habsburger.
Lit.: Bittner, Bd. 4, S. 377 – 383 – Popp E., *Ernst Birks Lebenswerk als Historiker und Bibliothekar 1810 – 1891*, phil. Diss. Wien 1952.

Kayser Fridrichs moerfart in zeit, als er ertzhertzog zu Osterreich gewest ist, s.d. (Abschrift aus der Handschrift des Britischen Museums Cod. 16592, fol. 12 – 21) 1 Konv. Nr. 47/1 (Kart. 4)
Druck: Röhricht R., Die Jerusalemfahrt des Herzogs Friedrich von Österreich, nachmaligen Kaisers Friedrich III. von Deutschland, *Zeitschrift für deutsche Philologie* 23, 1891, S. 28 ff.
Lit.: Lhotsky A., *Quellenkunde zur mittelalterlichen Geschichte Österreichs*, Wien-Köln-Graz, 1963, S. 349 – 350 (MIÖG Ergbd. 19).

Nachlaß de Pont 19. Jh. (4 Kart.)

Der Bestand enthält die seinerzeit in den Jahren 1927 und 1930 von der Witwe Alphons' de Pont jun. (geb. 1819) dem Haus-, Hof- und Staatsarchiv aus dessen und aus dem Nachlaß seines gleichnamigen Vaters Alphons de Pont sen. (1787 – 1847), Hofrats der Staatskanzlei, stammenden geschenkten Materialien. Soweit noch Amtsakten darunter waren, wurden diese in die betreffenden Bestände eingeteilt. Ein Nachlaß der beiden de Pont befindet sich in PA XL Kart. 327.
Lit.: Bittner, Bd. 4, S. 384 – 385.

Nachlaß Alphons de Pont sen.
Akten, Pläne und Zeichnungen betreffend Marokko 1829 – 1830 (Kart. 1, Konv. 4)
Nachlaß Alphons de Pont jun.
Denkschrift über die inneren Zustände in der Türkei s.d. (Kart. 2, Konv. 6)

Nachlaß Prokesch-Osten 19. Jh. (ca. 50 Einh.)

Außer einem aus Amtsakten bestehenden Nachlaß Prokesch in PA XL Interna Kart. 319 – 321 besitzt das Haus-, Hof- und Staatsarchiv noch den aus Familienbesitz stammenden Nachlaß des Grafen Anton von Prokesch-Osten (1795 – 1876). P.-O., der zunächst eine militärische Karriere einschlug, die ihn schon in den Zwanzigerjahren nach Ägypten und in den Nahen Osten führte, trat 1830 in den Dienst der Staatskanzlei, wurde 1832 zu militärischen Verhandlungen in die Türkei, 1832 – 1849 als Gesandter nach Athen und schließlich 1855 – 1871 als Internuntius nach Konstantinopel entsandt.
Der Nachlaß besteht aus Abschriften der diplomatischen Korrespondenz, Aufzeichnungen, einem ausgedehnten Briefwechsel und Tagebüchern (teilweise ungeordnet und derzeit nur beschränkt benutzbar).
Lit.: Bittner, Bd. 4, S. 397 – 398 – Berger A., *Prokesch-Osten. Ein Leben aus Altösterreich (1795 – 1876).* Graz 1921 – *Österreichisches Biographisches Lexikon* Bd. 8. Wien 1983, S. 301 – 302.

FLUGSCHRIFTEN

Die heute 16 Einheiten umfassende, zeitlich vom 16. bis in das 19. Jahrhundert reichende Sammlung von Flugschriften war bis zum Ende des 19. Jahrhunderts Bibliotheksgut. Erst vor einigen Jahrzehnten wurde sie selbständig aufgestellt und inventarisiert.

Lit.: Bittner, *Gesamtinventar* Bd. 1, S. 161; 4, S. 455–457, 462.

New zeytung von Constantinopel. Von eynem comet der biß in die 40 tag am hymel ober des Türcken pallast gestanden ist etc., 1542 (Kart. 1 Nr. 4)

Eigentliche gelegenheit der vornehmsten potentaten in Europa und dem der erbfeinde christlichen glaubens als des Türcken und Tattern etc. kürzlich beschriben, 1596 (Kart. 1 Nr. 29)

Ausführliche beschreibung des mächtigst und herzlichsten empfangs und einbegleitung wie auch einzugs, welchen der Türckische großbotschafter Vezir Mückerem, Rumeli Valesi, Boyevile Taja-Sade, Ibrahim Bassa etc. dahier in die kaiserliche residenz stadt Wien den 14. august 1719 gehalten, 18. Jh. (Kart. 3 Nr. 163)

Traduction de la démonstration de la compagnie des Indes Orientales concernant les raisons pourquoi les Portugais ne sont point en droit de naviguer vers les côtes de la Haute et Basse Guinee etc. etc. et examen et refutation de toutes ces raisons par Diego de Mendoza etc., 1727 (Kart. 3 Nr. 4)

Lettre d'un cultivateur à son ami sur la compagnie des Indes, 1769 (Kart. 4, 1–1769)

BIBLIOTHEK DES HAUS-, HOF- UND STAATSARCHIVS

Das Haus-, Hof- und Staatsarchiv besaß schon seit der Mitte des 18. Jahrhunderts eine eigene Bibliothek, mit der 1909 Teile der Bibliothek des k.u.k. Ministeriums des Äußern und in den Fünfzigerjahren die Bibliothek der ehemaligen Konsularakademie vereinigt wurden. Zu den Beständen der letzteren gehören eine Reihe alter Reiseberichte, die im folgenden für das 16. und 17. Jahrhundert verzeichnet werden.

Lit.: Bittner, Bd. 4, S. 451–466.

Commentarii rerum a Carolo V caesare augusto in Africa bello gestarum 1554 (Rot 442)

Filippo P., Viaggi Orientali (Vorderasien), Venedig 1667 (G III 20)

Nicolai N., Orientalische Reisebeschreibung (Nordafrika, Vorderasien), Paris 1572 (G III 50)

Olearius Adam, Johann Albrecht Mandelslos Morgenländische Reisebeschreibung (Vorderasien, Indien, Afrika), Schleswig 1668 (G III 52)

Olearius Adam, Orientalische Reisebeschreibung etc. (Afrika, Asien), Schleswig 1669 (G III 53)

Spon Jakob, Italienisch-Dalmatische . . . und Orientalische Reisebeschreibung (Ägäis, Kleinasien), Nürnberg 1681 (G III 71)

Olearius Adam, Ausführliche Beschreibung der kundbaren Reyse nach Muscow und Persien, Schleswig 1663 (G V 30)
Tavernier Johann Baptista, Beschreibung der sechs Reisen durch Persien, Türkei, Indien, 3 Bde., Genf 1681 (G V 41)
Kircher Athanasius, China monumentis ... illustrata, Amsterdam 1667 (G VII 14)
Marci Pauli Veneti de regionibus orientalibus libri III (lat. Übersetzung der Reiseberichte Marco Polos) 1671 (G VII 18)

ALLGEMEINES VERWALTUNGSARCHIV

Von Lorenz Mikoletzky

Adresse: Wallnerstraße 6a, A-1010 Wien; Tel. 0222-6615/2604 – Öffnungszeiten: Mo, Di, Do, Fr 9 – 16 Uhr

VORBEMERKUNG

Das Allgemeine Verwaltungsarchiv entstand 1945 durch Zusammenlegung des Unterrichtsarchivs mit dem Archiv des Innern und der Justiz und umfaßt die Akten der meisten inneren staatlichen Behörden (Ministerien für Inneres, Justiz, Unterricht, Handel, Soziales, Land- und Forstwirtschaft etc. sowie deren Vorgängerinstitutionen). Nennenswertes Material zur außereuropäischen Geschichte beschränkt sich fast ausschließlich auf den Bestand Handel (s.u.). Andere Bestände, vor allem des Archivs des Innern und der Justiz, die auf Grund des Inventars von 1909 einschlägiges Schriftgut erwarten lassen würden, sind durch den Justizpalastbrand 1927 entweder überhaupt verlorengegangen oder schwer in Mitleidenschaft gezogen worden und nur zum Teil benützbar.

Lit.: *Inventar des allgemeinen Archivs des Ministeriums des Innern*, Wien 1909 (Inventare österreichischer staatlicher Archive I) – Goldinger W., The Allgemeines Verwaltungsarchiv, *Austrian History Yearbook* 6/7, 1970/71, S. 17 – 21 – Auer L., Inventare und Inventarisierung (wie oben S. 3) S. 166 f.

HANDEL

Das folgende Verzeichnis wertet die seit 1907 länderweise zusammengefaßten Akten der Departements 12, 12/25, 23, 24 und 35 des Handelsministeriums aus, die sich mit Handels-, Gewerbe- und Zollpolitik, Exportförderung, Konsularangelegenheiten und überhaupt dem Verhältnis zu den außereuropäischen Staaten befaßten. Die Aufgliederung erfolgt nach der Departementnummer, dem behandelten Land, dem Jahr und der Faszikelnummer des Bestandes Handel. Das jeweilige Datum, nachgeordnet der in Klammer gesetzten Aktenzahl, ist entweder das des Berichts oder das der Vorlage im Handelsministerium.

Für die Zeit vor 1907 müssen die Stücke jeweils einzeln unter dem betreffenden Schlagwort über die zeitgenössischen Indizes bzw. mit Hilfe der Archivbehelfe (zur Feststellung des zuständigen Departements) ermittelt werden. Von besonderem Interesse sind auch die Berichte der konsularischen Vertretungen, die 1849 – 1853 dem Handelsministerium unterstanden. So liegen im Bestand Handel z.B. die Berichte des Afrikaforschers und österreichischen Konsuls in Khartum Konstantin Reitz (vgl.

Friedrich Roemheld, Konstantin Reitz. Ein vergessener Vorkämpfer für abendländische Kultur in Afrika, *MÖStA* 12, 1959, bes. S. 339, 345 und 354).

Departement 12

Abessinien 1907 (Fasz. 1057 – 1 Konv.)

Arnold Friedl, „Austrian East and South African Import Company" ersucht mit Rücksicht auf die erfolgreiche Tätigkeit für österreichische Exportfirmen in Abessinien um eine Unterstützung (Zl. 2737), 1907 Januar 16
Teilweiser Kostenersatz des Handelsministeriums durch „Vulkan"-Maschinenfabrik für Instandsetzung einer an Abessinien gelieferten Prägemaschine (Zl. 12.676), 1907 April 20
Handels- und Gewerbe-Kammer, Wien, ersucht um Hilfe, daß die abessinische Mission nach offiziellem Aufenthalt noch einige industrielle Einrichtungen in Österreich besichtigen kann (Zl. 29.127), 1907 September 14
Übergabe eines goldenen Kreuzes für kleines Kind, das Chef der abessinischen Mission in Steyr Blumen überreichte (Zl. 35.704), 1907 November 12
Handels- und Gewerbe-Kammer, Wien übergibt Abrechnung für Besuch der abessinischen Mission und ersucht um Refundierung (Zl. 38.769), 1907 Dezember 9

Ägypten 1907 (Fasz. 1059 – 1 Konv.)

K.u.k. Konsulat in Alexandrien übermittelt neuen Zuckertarif (Zl. 1134), 1907 Januar 3
K.u.k. Konsulat in Alexandrien übermittelt neue Zolltarife für Tiere und Steinkohle (Zl. 2095), 1907 Januar 5
K.u.k. Konsulat in Alexandrien übermittelt neue Zolltarife für Manufakturen und Wein aus Griechenland und Zypern (Zl. 5494), 1907 Januar 30
Zolltarif für Manufakturen (Zl. 6050), 1907 Februar 23
Zolltarif für Weine aus Griechenland außer Kraft gesetzt (Zl. 7065), 1907 Februar 25
Bericht des k.u.k. Konsulats in Alexandrien über Außerkraftsetzung der Zolltarife für Weine aus Griechenland, der Türkei und Zypern (Zl. 7846), 1907 März 9
Bericht des k.u.k. Konsulats in Alexandrien, betreffend die Einfuhr von Rindern aus Serbien nach Ägypten (Zl. 8694), 1907 März 8
Zolltarif für schwarzen Pfeffer (Zl. 9654), 1907 März 21
Zolltarif für Öle und Pfeffer (Zl. 10.267), 1907 März 29
Zolltarif für Sesam, Zucker und Reis (Zl. 11.128), 1907 April 4
Zolltarif für Säcke (Zl. 12.795), 1907 April 18
Zolltarife für Metalle und syrische Gewebe (Zl. 18.323), 1907 Juni 6
K.k. österreichisches Handelsmuseum berichtet über Verhältnisse, betreffend den Zusammenbruch der Cassa di sconto e di risparmio in Alexandrien (Zl. 20.401), 1907 Juni 28
Hugo Löwy in Kairo sucht um Subvention aus dem Exportförderungskredit zur Etablierung österreichischer Firmen an (Zl. 26.714), 1907 August 8

Zolltarif für Metalle (Zl. 29.239), 1907 September 3
Zolltarif für schwarzen Pfeffer (Zl. 30.232), 1907 September 19
Zolltarife für Öle und Farben (Zl. 30.874), 1907 September 25
Zolltarife für Zucker und Indigo (Zl. 31.637), 1907 Oktober 3
Zolltarif für Petroleum (Zl. 33.336), 1907 Oktober 15
Zolltarife für Sesam, Eisen und Stahl (Zl. 34.208), 1907 Oktober 15
Zolltarif für Nahrungsmittel (Zl. 35.030), 1907 Oktober 28
Zolltarif für italienische Weine (Zl. 35.567), 1907 November 4
Zolltarif für Mehl aus Rußland (Zl. 37.406), 1907 November 23,
Bericht der k.u.k. diplomatischen Agentie in Kairo, betreffend den Stand der Finanzkrise in Ägypten (Zl. 38.086), 1907 November 28
Zolltarife für Reis und Metalle (Zl. 38.758), 1907 Dezember 3
Zolltarif für Säcke (Zl. 40.663), 1907 Dezember 19
Bericht der k.u.k. Gesandtschaft in Kairo, betreffend das Budget der Sudanregierung (Zl. 41.027), 1907 Dezember 13

Afrika 1907 (Fasz. 1057 – 1 Konv.)

Bericht des k.u.k. Konsulats in Johannesburg, betreffend das Verbot des Versandes gewisser Postkarten (Zl. 1753), 1907 Januar 8
L. Geiger möchte Kontakt mit dem Verein zur Hebung der Spitzenindustrie knüpfen, da er diesen Artikel in Algier einführen will (Zl. 2449), 1907 Januar 24
Bericht des k.u.k. Konsulats in Johannesburg, betreffend neue elektrische Kraftanlagen (Zl. 2684), 1907 Januar 24
K.u.k. Generalkonsulat in Algier legt den zweiten Band des Werkes von Paul Delorme „Le Commerce Algérien" vor (Zl. 4657), 1907 Februar 5
Absatzverhältnisse auf dem ostafrikanischen Markt (Zl. 6428), 1907 Februar 28
Bericht des k.u.k. Konsulats in Johannesburg über neuen südafrikanischen Zoll-Union-Tarif (Zl. 28.566), 1907 September 6
Bericht des k.u.k. Konsulats in Johannesburg über neuen südafrikanischen Zoll-Union-Tarif (Zl. 33.455), 1907 Oktober 23
Bericht des k.u.k. Konsulats in Johannesburg über neuen südafrikanischen Zoll-Union-Tarif (Zl. 34.755), 1907 November 2
„Rundschau über die gegenwärtigen Wechselbeziehungen der südafrikanischen Kolonien und Memorandum über die Vereinigung der südafrikanischen Eisenbahnen" (Zl. 35.133), 1907 November 5
Bericht des k.u.k. Konsulats in Johannesburg, betreffend das Projekt einer Föderierung Britisch Süd-Afrikas und der Möglichkeit eines Austrittes des Transvaal aus der südafrikanischen Zollunion (Zl. 37.508), 1907 November 25

Australien 1907 (Fasz. 1057 – 1 Konv.)

Zolltarifentscheidungen (Zl. 1157), 1907 Januar 10
Bericht des k.u.k. Generalkonsulats in London, betreffend die Handhabung der neuen australischen Handelsgesetze (Zl. 5219), 1907 Februar 16
Bericht des k.u.k. Konsulats in Auckland über den Reziprozitätsvertrag zwischen Neuseeland und Südafrika (Zl. 8264), 1907 März 13

Neuseeländische Zolltarifentscheidungen (Zl. 8387), 1907 März 13
Bericht des k.u.k. Konsulats in Auckland mit der Mitteilung, daß in London eine Kolonialkonferenz abgehalten werde (Zl. 9884), 1907 März 28
Bericht des k.u.k. Konsulats in Auckland über die Wirkung des neuseeländischen Präferenzialtarifes (Zl. 9988), 1907 März 29
Zolltarifentscheidungen (Zl. 11.249), 1907 April 10
Neuseeländische Zolltarifentscheidungen (Zl. 13.123), 1907 April 25
Zolltarifentscheidungen (Zl. 14.992), 1907 Mai 11
Neuseeländische Zolltarifentscheidungen (Zl. 14.993), 1907 Mai 10
Spezialbericht des k.u.k. Generalkonsulats in Sidney, betreffend den australischen Mehlexport (Zl. 16.587), 1907 Mai 24
Neuseeländische Zolltarifentscheidungen (Zl. 17.393), 1907 Juni 1
Vorschriften über Muster von Ursprungszeugnissen für Importe aus Südafrika (Zl. 18.308), 1907 Juni 11
Zolltarifentscheidungen (Zl. 22.513), 1907 Juli 12
Bericht des k.u.k. Generalkonsulats in Kapstadt, betreffend den Präferenzialtarif zwischen der Südafrikanischen Zollunion und dem Commonwealth (Zl. 22.643), 1907 Juli 15
Zolltarifentscheidungen (Zl. 26.235), 1907 August 16
Bericht des k.u.k. Konsulats in Auckland über die Handelsbeziehungen zwischen Österreich-Ungarn und Neuseeland (Zl. 26.346), 1907 August 19
Neuseeländische Zolltarifentscheidungen (Zl. 26.472), 1907 August 20
Bericht des k.u.k. Konsulats in Auckland über Neuseeland (Zl. 27.302), 1907 August 26
Neuseeländische Zolltarifentscheidungen (Zl. 28.991), 1907 September 11
Ausführungsbestimmungen auf Grund des „The Products Export Act 1903", mit Bezug auf die Gradierung und die Ausfuhr von New Zealand Hemp (Zl. 32.333), 1907 Oktober 14
Neuseeländische Zolltarifentscheidungen (Zl. 32.334), 1907 Oktober 14
New Tariff Proposals to the Australian Commonwealth (Zl. 33.456), 1907 Oktober 23
Bericht des k.u.k. Konsulats in Auckland über die Aufgaben des High Commissioners dieser Kolonie in London, mit Bezug auf die neuseeländischen Produkte (Zl. 36.087), 1907 November 13
Bericht des k.u.k. Konsulats in Auckland über die Cook-Inseln und deren Handelsbeziehungen mit Neuseeland (Zl. 36.406), 1907 November 18
Bericht des k.u.k. Konsuls in Auckland, betreffend das International Weekly New York Commercial (Bericht liegt nicht ein) (Zl. 36.711), 1907 November 20
Bericht des k.u.k. Konsuls in Auckland, betreffend den „Buyers' Index" (Bericht liegt nicht ein) (Zl. 36.712), 1907 November 20
Bericht des k.u.k. Konsuls in Auckland, betreffend „The Manufacturers' Prices Current" (Bericht liegt nicht ein) (Zl. 36.713), 1907 November 20
Bericht des k.u.k. Generalkonsuls in Sidney, betreffend Artikel des „Daily Telegraph" über die mangelhafte Ausrüstung des Observatoriums von Sidney (Bericht liegt nicht ein) (Zl. 37.507), 1907 November 27

Bericht des k.u.k. Konsuls in Auckland, betreffend das Handelsblatt „Commercial Intelligence“ (Bericht liegt nicht ein), (Zl. 37.629), 1907 November 20.

China 1907 (Fasz. 1058 – 1 Konv.)
Eröffnung einer eisernen Drehbrücke über den Peiho in Tientsin (Zl. 1851), 1907 Januar 16
Spezialbericht des k.u.k. Konsulats in Tientsin über Wahrnehmungen auf einer Reise nach Port Arthur und Danly (Zl. 4644), 1907 Februar 9
Bericht des k.u.k. Konsulats in Hongkong, betreffend die Fortschritte Deutschlands auf dem Gebiet des Handels und der Schiffahrt in Hongkong (Zl. 5569), 1907 Februar 20
Bericht des k.u.k. Konsulats in Hongkong über neuerliche Agitationen zur Wiederbelebung des Boykotts amerikanischer Waren in Südchina (Zl. 7423), 1907 März 6
Vortrag von Hugo Schwer, Vizepräsident des Verbandes österreichischer Exporteure über „China von einst und jetzt“ (Zl. 17.330), 1907 Juni 3
Bericht des k.u.k. Konsulats in Tientsin über die Errichtung von Maschinenbauschulen in China (Zl. 19.008), 1907 Juni 17
Bericht des k.u.k. Konsulats in Tientsin über die dortigen Geschäftsusancen (Zl. 19.009), 1907 Juni 17
Bericht des k.u.k. Konsulats in Tientsin über die Eisenbahn Peking-Kalgan (Zl. 21.004), 1907 Juni 27
Provisorische Statuten einer chinesischen Aktiengesellschaft zum Bau und Betrieb der Eisenbahn von Hankow nach Sechuan (Zl. 23.626), 1907 Juli 23
Verein der österr.-ung. Papierfabrikanten äußert sich über Eignung von chinesischen Pflanzenfasern zur Papierherstellung (Zl. 25.713), 1907 August 10
Ansuchen des Ing. Max Loebell um staatliche Subvention zur Gründung eines selbständigen technischen Geschäftsunternehmens in China (Zl. 26.080), 1907 Juli 12
Gesandtschaftsbericht aus Peking über wirtschaftliche Lage (Zl. 30.652), 1907 September 29
Verbot der Aufnahme von fremden Anleihen in China (Zl. 35.391) 1907 November 8
Handels- und Gewerbekammer in Wien um Übersendung der Firmenliste von Hongkong (Zl. 38.767), 1907 Dezember 9
Spezialbericht des k.u.k. Generalkonsulats in Schanghai über die Lage der Zuckereinfuhr nach China (Zl. 39.545), 1907 Dezember 14

Indien 1907 (Fasz. 1062 – 1 Konv.)

Ludwig Prasković in Wien ersucht um eine Subvention aus dem Kredit für Exportförderung, um die Geschäfte nach Niederländisch-Indien auszudehnen (Zl. 31.286), 1907 September 26

Japan 1907 (Fasz. 1062 – 1 Konv.)

Korrektur des k.u.k. Konsulats in Yokohama, betreffend das „Verzeichnis fremder Handlungshäuser in Japan“ (Zl. 7229), 1907 März 6
Berichte der k.u.k. Gesandtschaft in Tokio über das japanische Budget für 1907/1908 (Zl. 7845), 1907 März 9

Bericht über die Eröffnung der Industrie-Ausstellung in Tokio (Bericht liegt nicht ein) (Zl. 12.833), 1907 April 22
Bericht der k.u.k. Botschaft in Tokio, betreffend die Errichtung eines englisch-japanischen Stahlwerkes in Muroran (Zl. 24.463), 1907 Juli 22
„Solo" Zündwaren- und Wichse-Fabriken, betreffend Zündhölzchen-Trust in Japan (Zl. 25.519), 1907 August 11
Bericht der k.u.k. Gesandtschaft in Tokio, betreffend die koreanischen Handelsverträge und die Frage einer Zollunion zwischen Japan und Korea (Zl. 30.533), 1907 September 27
Rohöllieferung nach Japan (Zl. 37.089), 1907 November 22

Marokko 1907 (Fasz. 1062 – 1 Konv.)

Erlaubnis zur Ausfuhr von Eicheln aus Marokko (Zl. 1152), 1907 Januar 10

Bericht der k.u.k. Mission in Tanger, betreffend das zunehmende Interesse der Handels- und Industriekreise Österreichs und Ungarns am marokkanischen Absatzgebiet (Zl. 1153), 1907 Januar 10

Bericht des k.u.k. Gesandten in Tanger, betreffend das marokkanische Tabak-Monopol (Zl. 10.233), 1907 März 30

Reglement über die Einführung einer Taxe auf städtische Baulichkeiten in Marokko (Zl. 17.996), 1907 Juni 8

Reglement über den Handel mit nicht gezogenen Jagd- und Luxuswaffen (Zl. 21.098), 1907 Juni 30

Entwurf eines Reglements zur Einführung einer Gebäudesteuer in Marokko (Zl. 22.040), 1907 Juli 6

Bericht, betreffend die Verpachtung des in Marokko einzuführenden Tabakmonopols (Zl. 23.039), 1907 Juli 19

Reglement, betreffend die Einfuhr von Explosivstoffen zu Zwecken der Industrie und der öffentlichen Arbeiten (Zl. 23.124), 1907 Juli 20

Bericht der k.u.k. Gesandtschaft in Tanger, betreffend ein Reglement zur Aufbewahrung von Petroleum und das Wirken der „Colonial Oil Company" (Zl. 23.510), 1907 Juli 22

Bedingnisheft für die in Aussicht genommene Verpachtung des marokkanischen Tabakmonopols (liegt nicht mehr ein) (Zl. 25.993), 1907 August 16

Reglements für Lieferungsausschreibungen (Zl. 27.505), 1907 August 29

K.u.k. Ministerium des Äußern ersucht um Bekanntgabe des Standpunktes zum Reglement über die Einfuhr von Explosivstoffen nach Marokko (Zl. 35.651), 1907 November 11

Reglement, betreffend die Einfuhr von Explosivstoffen nach Marokko (Zl. 36.859), 1907 November 21

Persien 1907 (Fasz. 1062 – 1 Konv).

Gottlieb Kraus, persischer Konsul in Wien, übermittelt eine von ihm verfaßte Broschüre „Österreich und die wirtschaftliche Erschließung Persiens" (Zl. 3517), 1907 Februar 1

Ministerium des Äußern, betreffend die Chancen einer zu gründenden austropersischen Handelsgesellschaft (Zl. 8388), 1907 März 13

Gesandtschaftsbericht aus Teheran, betreffend die Änderung der Befugnisse der persischen Zollämter in der Provinz Chorassan (Zl. 11.809), 1907 April 15

Bericht der k.u.k. Gesandtschaft in Teheran, betreffend die Konzessionierung der deutschen Bank in Persien (Zl. 36.990), 1907 November 23

Tunis 1907 (Fasz. 1063 – 1 Konv.)

Bericht der k.u.k. Gesandtschaft in Tunis, betreffend eine 75 Millionen Anleihe der tunesischen Regierung (Zl. 367), 1907 Jänner 3

Generalkonsulat in Tunis, betreffend Aussicht auf Berücksichtigung der österreichischen Industrie (Zl. 10.063, 1907 März 26

K.u.k. Generalkonsulat in Tunis ersucht um Adressen von Lokomotivfabriken wegen eventueller Lieferungen für die tunesische Regierung (Zl. 11.739), 1907 April 10

Bericht des k.u.k. Generalkonsulats in Tunis, betreffend verschiedene Maßnahmen zur Anknüpfung neuer Geschäftsverbindungen (Zl. 21.003), 1907 Juli 3

K.u.k. Generalkonsulat in Tunis, betreffend eine Probebestellung des Tagblattes „La Dépêche Tunisienne" bei der Papierfabrik Ignaz Fuchs in Prag (Zl. 24.078), 1907 Juli 26

Bericht des k.u.k. Generalkonsulats in Tunis in Angelegenheit der österreichischen Papierindustrie (Zl. 24.688), 1907 August 4

Handels- und Gewerbekammer in Pilsen in Angelegenheiten der Papierindustrie (Zl. 26.335), 1907 August 20

Bericht des k.u.k. Generalkonsulats in Tunis, betreffend Lokomotivlieferungen für die tunesischen Bahnen (Zl. 30.537), 1907 September 26

Bericht des k.u.k. Generalkonsulats in Tunis, daß der dortige Markt eine Zeit lang mit österreichischen Fez-Produkten überschwemmt war (Zl. 40.910), 1907 Dezember 27

Departement 12/25

Abessinien 1908 (Fasz. 1078 – 1 Konv.)

K.u.k. Ministerium des Äußern gibt bekannt, daß der ungarische Gesetzentwurf über die Inartikulierung des Handelsvertrages mit Äthiopien von beiden Häusern des ungarischen Reichstages angenommen worden ist (Zl. 21.217), 1908 Juni 25

Ägypten 1908 Fasz. 1080 – 1 Konv.

Zolltarif für Kohle (Zl. 1306), 1908 Januar 13

Zolltarife für Eisen und Stahl (Zl. 3820), 1908 Januar 21

Zolltarif für Sesam (Zl. 4438), 1908 Januar 28

Nachtragsübereinkommen zwischen Großbritannien und Ägypten (Zl. 5022), 1908 Februar 10

Zolltarife für Holz aus Europa und Amerika und für Reis aus Rangun und Saigon (Zl. 5240), 1908 Februar 7

Zolltarife für Leinen- und Baumwollgewebe (Zl. 6144), 1908 Februar 14

Zolltarife für Holz aus der Türkei (Zl. 7777), 1908 Februar 25

Zolltarif für Hanf- und Leinengewebe (Zl. 8689), 1908 März 3

Zolltarif für schwarzen Pfeffer (Zl. 10.288), 1908 März 20

Zolltarif für Steinplatten (Zl. 11.873), 1908 März 31

Zolltarif für Sesam und Zucker (Zl. 15.385), 1908 Mai 2

Zolltarife für Eisen und Stahl (Zl. 17.930), 1908 Mai 19

Bericht der diplomatischen Agentie in Kairo, betreffend die öffentlichen Lieferungen in Ägypten (Zl. 18.518), 1908 Juni 1

Zolltarif für syrisches Gewebe (Zl. 19.467), 1908 Juni 2

Zolltarif für Rohseide (Zl. 20.082), 1908 Juni 10

Zolltarife für Öle und Farben (Zl. 21.560), 1908 Juni 23

Zolltarif für Leinen- und Hanfgewebe (Zl. 22.911), 1908 Juli 2

Zolltarif für Reis aus Rangun und Saigon (Zl. 26.149), 1908 August 3

Zolltarif für schwarzen Pfeffer (Zl. 30.466), 1908 September 22

Zolltarife für Zucker und Stearinkerzen (Zl. 31.294), 1908 Oktober 2

Zolltarife für Rohseide, Eisen und Stahl (Zl. 33.170), 1908 Oktober 17

Zolltarife für Öle und italienische Weine (Zl. 34.087), 1908 Oktober 31

Bericht des k.u.k. Gesandten in Kairo über die Boykottbewegung gegen Waren und Geschäftshäuser der Monarchie (Zl. 34.676), 1908 November 9

Zolltarif für Nahrungsmittel (Zl. 35.464), 1908 November 6

Zolltarife für Zement und Sesam (Zl. 37.351), 1908 November 27

Zolltarife für Säcke (Zl. 39.003), 1908 Dezember 18

Afrika 1908 (Fasz. 1078 – 1 Konv.)

Bericht des k.u.k. Konsulats in Johannesburg, betreffend Erläuterungen und Ergänzungen zum neuen südafrikanischen Zoll-Union-Tarif (Zl. 3986), 1908 Januar 31

Verschiebung der internationalen Konferenz wegen Revision des Zollregimes auf Waffen und Munition in Afrika (Zl. 7467), 1908 Februar 28

Bericht des k.u.k. Gesandten in Portugal, die portugiesischen Kolonien in Westafrika betreffend (Zl. 7906), 1909 März 4

Bericht des k.u.k. Konsulats in Johannesburg, betreffend Erläuterungen und Ergänzungen zum neuen südafrikanischen Zoll-Union-Tarif (Zl. 11.418), 1908 April 2

Konsulatsbericht aus Johannesburg über die Ausfuhr von Mais aus Südafrika und die hierzu verwendeten Säcke (Zl. 11.980), 1908 April 7

Konferenz zur Revision des Zollregimes auf Waffen und Munition in Afrika (Zl. 22.685), 1908 Juni 30

Konferenz zur Revision des Zollregimes auf Waffen und Munition in Afrika (Zl. 23.737), 1908 Juli 17

Schreiben des Exporteurs Robitsek, betreffend die Entsendung eines Reisenden nach Ostafrika (Zl. 23.777), 1908 Juli 20

Konferenz zur Revision des Zollregimes auf Waffen und Munition in Afrika (Zl. 24.333), 1908 Juli 21

Konferenz zur Revision des Zollregimes auf Waffen und Munition in Afrika (Zl. 24.453), 1908 Juli 25

Bericht des k.u.k. Konsulats in Johannesburg, betreffend Erläuterungen und Ergänzungen zum neuen südafrikanischen Zoll-Union-Tarif (Zl. 25.796), 1908 August 5

Konferenz zur Revision des Zollregimes auf Waffen und Munition in Afrika (Zl. 25.800), 1908 August 6

Bericht des k.u.k. Generalkonsulats in Kapstadt, betreffend Aufhebung des Zolltarifs von 1903 für das deutsch-südwestafrikanische Schutzgebiet und Ersetzung durch neuen Tarif (Zl. 26.645), 1908 August 17

Bericht des Generalkonsulats in Kapstadt über die dort abgehaltene interkoloniale Zollkonferenz und deren Beschlüsse (Zl. 27.281), 1908 August 21

Bericht des k.u.k. Konsulats in Johannesburg, betreffend Erläuterungen und Ergänzungen zum neuen südafrikanischen Zoll-Union-Tarif (Zl. 29.208), 1908 September 15

Australien 1908 (Fasz. 1097 – 1 Konv.)

Verordnung des Gouverneurs von Neuseeland, betreffend den zollfreien Import von Nahrungsmitteln für Kinder und Kranke (Zl. 29), 1908 Januar 1

Gesetz über Produktionsprämien (Zl. 2754), 1908 Januar 21

Aufhebung des Einfuhrverbotes für Zitronentinktur und Tinktur von süßen Orangenschalen (Zl. 2756), 1908 Januar 22

Formulare für Exporteure (Zl. 4158), 1908 Februar 3

Bericht des k.u.k. Generalkonsulats in London, betreffend den englischen Handel mit Neuseeland, samt Blaubuch (Zl. 4166), 1908 Februar 3

Bericht des k.u.k. Konsulats in Auckland, betreffend den Bedarf Neuseelands an Bleiweiß (Zl. 5596), 1908 Februar 13

Einfuhrzoll des neuen australischen Zolltarifs auf Möbel aus gebogenem Holz (Zl. 10.490), 1908 März 23

Verbot der Einfuhr von Parfum und Riechwasser für die Cook-Inseln (Zl. 12.103), 1908 März 30

Spezialbericht des k.u.k. Generalkonsulats in Sidney über den Rückgang der Ausfuhr von Neu-Süd-Wales (Zl. 12.116), 1908 April 8

Bericht des Generalkonsulats in Sidney über den Wollexport von Neu-Süd-Wales (Zl. 15.064), 1908 Mai 2

Errichtung eines „Münchener Brauhauses" in Apia, Samoa (Zl. 19.400), 1908 Juni 9

Zolltarif von Neuseeland (Zl. 19.691), 1908 Juni 13

Konsulatsbericht aus Auckland, betreffend die Beschäftigung der Dalmatiner (Zl. 19.754), 1908 Juni 12

Bericht des k.u.k. Generalkonsulats in London, betreffend eine neue Zollbestimmung unter dem australischen Zolltarif, die auf Fakturen Anwendung findet (Zl. 22.089), 1908 Juli 3

Verzeichnis der während des ersten Semesters 1907 in Neuseeland eingeführten Buttersurrogate (Zl. 23.736), 1908 Juli 21

Zollverordnung für hydraulische Bergwerkswinden (Zl. 23.761), 1908 Juli 18

Zolltarifentscheidungen (Zl. 29.416), 1908 September 17

Bericht des k.u.k. Generalkonsulats in Sidney, betreffend neues Staatswappen des australischen Staatenbundes (Zl. 31.152), 1908 Oktober 3

Diverse Zolltarifentscheidungen des Minister of Trade and Customs Wellington (Zl. 33.515), 1908 Oktober 27

Verordnung des Gouverneurs von Neuseeland, betreffend Einfuhrverbot für Erzeugnisse von Sträflingen (Zl. 33.516), 1908 Oktober 27

Bericht des k.u.k. Konsulats in Auckland über den Handelsverkehr zwischen Österreich-Ungarn und Neuseeland (Zl. 33.517), 1908 Oktober 27

Diverse Zolltarifentscheidungen des Minister of Trade and Customs in Wellington (Zl. 34.397), 1908 November 4

Bericht des k.u.k. Konsulats in Auckland, betreffend die Organisation des Austernhandels in Neuseeland (Zl. 35.540), 1908 November 16

Verordnung des Gouverneurs von Neuseeland, betreffend die Einfuhr von Erzeugnissen von Sträflingen (Zl. 37.157), 1908 Dezember 1

Zirkular des Commonwealth Department of Trade and Customs, betreffend Saitlinge (Zl. 38.390), 1908 Dezember 15

Erlässe des Commonwealth Zoll- und Handelsministers, betreffend die zollfreie Einfuhr gewisser Waren (Zl. 39.561), 1908 Dezember 28

China 1908 (Fasz. 1080 – 1 Konv.)

Bericht des k.u.k. Generalkonsulats in Schanghai über die in Schanghai und dem dortigen Konsularbezirk herrschende Geldknappheit (Zl. 4544), 1908 Februar 6

Konsulatsbericht aus Tientsin, womit das für das chinesische Reich erlassene Konkursgesetz vorgelegt wird (Zl. 7201), 1908 Februar 26

Bericht des k.u.k. Generalkonsulats in Schanghai über den chinesischen Handelstag in Schanghai (Zl. 8507), 1908 März 9

Keine Anwendung des Vorzugstarifes für britische Produkte für Provenienzen aus Hongkong (Zl. 9220), 1908 März 14

Bericht des k.u.k. Konsulats in Tientsin über Rückkauf der 1898 dem „Peking Syndikate" erteilten Konzession, in der Provinz Schansi Kohlen- und Eisenbergwerke zu eröffnen (Zl. 10.489), 1908 März 24

Vertraulicher Bericht über die gegenwärtigen politischen Strömungen in China (Zl. 12.998), 1908 April 15

Zu erwartende Lieferungen an China (Zl. 13.417), 1908 April 21

Chinesische Marinefragen (Zl. 14.887), 1908 Mai 26

Lieferungsangelegenheiten für die chinesische Marine (Zl. 18.567), 1908 Juni 3

Bericht des k.u.k. Konsulats in Hongkong über den unlauteren Wettbewerb japanischer Firmen in China (Zl. 20.244), 1908 Juni 17

Wasserversorgungsarbeiten für Peking (Zl. 20.406), 1908 Juni 17

Bericht des Chefs der Firma Fischer & Co. in Tientsin über seine transsibirische Reise (Zl. 20.530), 1908 Juni 20

Errichtung eines Banksyndikates in China durch den österr. Staatsangehörigen de Marteau (Zl. 21.593), 1908 Juni 24

Vertraulicher Bericht des k.u.k. Geschäftsträgers in Peking über die in Aussicht genommene Reorganisation der chinesischen Marine (Zl. 22.208), 1908 Juli 3

K.k. Handelsmuseum, betreffend die Expositur in Hongkong (Zl. 23.102), 1908 Juli 13

Böhmische Industrial-Bank in Angelegenheit der Gründung eines Banksyndikates in China (Zl. 24.151), 1908 Juli 23

Bericht über die Finanzierung der chinesischen Provinzialanleihe durch de Marteau (Zl. 24.717), 1908 Juli 28

Bericht des k.u.k. Konsulats in Tientsin über den Außenhandel Chinas im Jahre 1907 (Zl. 25.135), 1908 Juli 30

Bericht des k.u.k. Geschäftsträgers in Peking über die projektierte Organisation der chinesischen Marine (Zl. 25.850), 1908 August 9

Bericht der k.u.k. Mission in Peking, betreffend Marine-Lieferungen für die chinesische Flotte durch das Stabilimento tecnico (Zl. 28.859), 1908 September 9

Studienreise des Taotai Li-shi-ming nach Europa zwecks Besuches von Bergwerken etc. (Zl. 30.169), 1908 September 23

Bericht des k.u.k. Konsulats in Hongkong über die Entwicklung des Handelsverkehrs in den südchinesischen Vertragshäfen im Jahre 1907 (Zl. 30.545), 1908 September 28

Bericht des k.u.k. Konsulats in Hongkong über die Entwicklung des Handelsverkehrs in der portugiesischen Kolonie Macao im Jahre 1907 (Zl. 31.838), 1908 Oktober 10

Bericht des k.u.k. Generalkonsulats in Schanghai über die Handelslage in China (Zl. 32.593), 1908 Oktober 19

Verzeichnis der Firmen, denen der Besuch des chinesischen Emissärs Taotai Li-shiming erwünscht wäre (Zl. 33.497), 1908 Oktober 27

Bericht des k.u.k. Generalkonsulats in Schanghai über die gegenwärtige Lage des Währungssystems in China (Zl. 33.744), 1908 Oktober 29

Studienreise des Taotai Li-shi-ming (Zl. 33.871), 1908 Oktober 31

Verzeichnis der Firmen, denen der Besuch von Taotai Li-shi-ming erwünscht wäre (Zl. 35.917), 1908 November 23

K. k. Handelsmuseum ersucht um Mitteilung der Berichte über die Einwirkung der politischen Ereignisse in China auf die Wirtschaft (Zl. 35.993), 1908 November 23

Bericht der k.u.k. Gesandtschaft in Peking über die Einführung einer allgemeinen Taëlwährung in China (Zl. 36.892), 1908 November 30

Handels- und Gewerbekammer in Reichenberg in Angelegenheit der Studienreise des Taotai Li-shi-ming (Zl. 37.543), 1908 Dezember 9

Bericht der k.u.k. Mission in Peking über einen bevorstehenden Wechsel in der Wirtschaftspolitik Chinas (Zl. 37.829), 1908 Dezember 10

Handels- und Gewerbekammer in Reichenberg in Angelegenheit der Studienreise des Taotai Li-shi-ming (Zl. 38.558), 1908 Dezember 18

Vorschriften über die Waffeneinfuhr nach China (Zl. 39.063), 1908 Dezember 19

Taëlwährung in China (Zl. 39.246), 1908 Dezember 18

Japan 1908 (Fasz. 1084 – 1 Konv.)

Bericht der Botschaft in Tokio, betreffend Rohöllieferung nach Japan (Zl. 797), 1908 Januar 7

Handelspolitische Zentralstelle in Wien nominiert Einkäufer, die mit der Firma Maruroko & Co in Tokio in Verbindung treten könnten (Zl. 1138), 1908 Januar 10

Bericht des k. k. österr. Handelsmuseums, betreffend die japanische Firma Maruroko & Co in Tokio (Zl. 4006), 1908 Februar 3

Bericht der k.u.k. Gesandtschaft in Tokio über die japanische Handelskonkurrenz auf der Bombay-Japan Strecke (Zl. 4154), 1908 Februar 3

Kunstseide in Japan (Zl. 5639), 1908 Februar 15

Japanischer Staatsvoranschlag für 1908 (Zl. 7766), 1908 März 3

K.u.k. Konsulat in Yokohama legt Korrektur des „Verzeichnisses fremder Handlungshäuser in Japan" vor (Zl. 8508), 1908 März 9

Berichte aus Yokohama über Karel Jan Hora, der in Osaka ein Informationsbüro errichtete (Zl. 9422), 1908 Februar 28

Abänderungen einiger Tarifbestimmungen des japanischen Zolltarifes (Zl. 11.417), 1908 April 2

K.u.k. Generalkonsulat in Yokohama übermittelt Mustersammlung der in Japan gangbarsten Textilwaren (Zl. 11.420), 1908 April 1

K. k. österr. Handelsmuseum, betreffend die japanische Firma Maruroko & Co (Zl. 14.514), 1908 April 30

Bericht des k.u.k. Gesandten in Tokio über die Einführung einer neuen Petroleumsteuer in Japan und die angehende Schutzzollpolitik Japans (Zl. 15.194), 1908 Mai 5

Vertrauliche Mitteilungen, betreffend die Firma Maruroko & Co (Zl. 17.420), 1908 Mai 21

Bericht des k.u.k. Konsulats in Yokohama über die Verhältnisse des Maschinenimportes in Japan (Zl. 34.394), 1908 November 6

Marokko 1908 (Fasz. 1085 – 1 Konv.)

Schadensansprüche der durch das Bombardement von Casablanca in Mitleidenschaft gezogenen Firma Stelzig, Kittel u. Co. (Zl. 1738), 1908 Januar 15

Bericht der k.u.k. Mission in Tanger über die Geschäftslage in Marokko (Zl. 9784), 1908 März 19

Reglement über öffentliche Ausschreibungen in Marokko (Zl. 10.776), 1908 März 31

Entwurf der marokkanischen öffentlichen Ausschreibungen im allgemeinen und über die Ausschreibungen, deren Kosten aus der caisse spéciale zu decken sind (Zl. 18.043), 1908 Mai 29

Inkraftsetzung der das Zollwesen betreffenden Vorschriften der Algecirasakte (Zl. 18.645), 1908 Juni 3

Gesandtschaftsbericht aus Tanger über den österr.-ung. Warenimport 1907 (Zl. 20.721), 1908 Juni 22

Bericht der k.u.k. Gesandtschaft in Tanger, betreffend den österr.-ung. Import in den Jahren 1902 – 1906 (Zl. 21.793), 1908 Juli 9

Konzession der Marktverwaltung von Tanger und Bau einer Markthalle (Zl. 22.552), 1908 Juli 10

Reglements über die Einfuhr von Explosivstoffen zu Industriezwecken und über den Handel von Waffen und Munition (Zl. 24.716), 1908 Juli 28

Abänderung der marokkanischen Reglements über Ausschreibungen (liegen nicht mehr ein) (Zl. 25.380), 1908 August 5

Bericht der k.u.k. Gesandtschaft in Tanger, betreffend eine Modifikation des Reglements für öffentliche Ausschreibungen (Zl. 29.132), 1908 September 16

Persien 1908 (Fasz. 1085 – 1 Konv.)

Bericht des k.u.k. Gesandten in Persien, betreffend die Gründung einer Aktiengesellschaft zum Zwecke der Ausbeutung von Waldkomplexen in Nordpersien (Zl. 2938), 1908 Januar 24

Bericht der k.u.k. Gesandtschaft in Teheran über die Geschäftsverhältnisse in Persien (Zl. 4417), 1908 Februar 5

K.k.österr. Handels-Museum in Angelegenheit der Verhältnisse der Deutsch-Persischen Export-Gesellschaft Arslan & Co in Täbris (Zl. 18.694), 1908 Juni 3

Tabelle über die Befugnisse der neuerrichteten persischen Zollämter in Saddieh und Gallag (Zl. 20.241), 1908 Juni 17

Sansibar 1908 (Fasz. 1085 – 1 Konv.)

Bericht des k.u.k. Konsuls in Sansibar über die Erhöhung der Einfuhrzölle (Zl. 4416), 1908 Februar 5

Bericht des k.u.k. Konsuls in Sansibar, betreffend die Zollerhöhung (Zl. 6853), 1908 Februar 24

Bericht des k.u.k. Konsuls in Sansibar, betreffend den bisherigen Erfolg der von der Sansibarer Kaufmannschaft in Angelegenheit der Zollerhöhung unternommenen Schritte (Zl. 10.890), 1908 März 30

Feststellung über die Gültigkeit des zwischen Sansibar und der Österr.-Ung. Monarchie 1887 abgeschlossenen Handelsvertrages (Zl. 17.187), 1908 Mai 22

Bericht des k.u.k. Konsulats in Sansibar, betreffend die Zollerhöhung (Zl. 21.096), 1908 Juni 17

Ministerium des Äußern, betreffend Feststellung der Gültigkeit des Handelsvertrages von 1887 (Zl. 31.928), 1908 Oktober 12

Departement 23

Australien 1909 (Fasz. 1093 – 1 Konv.)

Zollverordnung, betreffend facettiertes und versilbertes Glas (Zl. 9363), 1909 März 31

Neue Exportzölle von Neuseeland für Holz (Zl. 10.256), 1909 April 9

Diverse Zolltarifentscheidungen des Department of Trade and Customs in Wellington (Zl. 11.771), 1909 April 27

Bericht des k.u.k. Generalkonsulats in Sidney, betreffend den diesjährigen Weizenexport Australiens (Zl. 12.496), 1909 April 29

Diverse Zolltarifentscheidungen des Department of Trade and Customs in Wellington (Zl. 14.397), 1909 Mai 22

„Industrial Disputes Act 1908" des Staates Neu-Süd-Wales (Zl. 16.882), 1909 Juni 15

Diverse Zolltarifentscheidungen des Department of Trade and Customs in Wellington (Zl. 17.219), 1909 Juni 21

Zirkular des Department of Trade and Customs in Melbourne, betreffend im Gefängnis verfertigte Waren (Zl. 17.332), 1909 Juni 21

Bericht des k.u.k. Konsulats in Auckland, betreffend die Zollreziprozität zwischen Neuseeland und Südafrika (Zl. 17.732), 1909 Juni 24

Bericht des k.u.k. Konsulats in Auckland über das Handelsgewerbe in Samoa (Zl. 17.733), 1909 Juni 24

Order, betreffend die Bezeichnung „Punzierung" bei Juwelierwaren (Zl. 18.242), 1909 Juni 30

Verordnung des Gouverneurs von Auckland über Zolltarifsveränderung (Zl. 20.256), 1909 Juli 17

Diverse Zolltarifentscheidungen des Department of Trade and Customs in Wellington (Zl. 23.053), 1909 August 16

Bericht der k.u.k. Botschaft in Tokio, betreffend die Kündigung der Beitrittserklärung von Queensland zum englisch-japanischen Handels- und Schiffahrtsvertrag von 1894 (Zl. 24.066), 1909 August 28

Diverse Zolltarifentscheidungen des Department of Trade and Customs in Wellington (Zl. 26.411), 1909 September 27

Diverse Zolltarifentscheidungen des Department of Trade and Customs in Wellington (Zl. 26.909), 1909 Oktober 4

Bericht des k.u.k. Generalkonsulats in Paris über den Faßholzhandel aus Australien nach Frankreich (Zl. 27.100), 1909 Oktober 5

Diverse Zolltarifentscheidungen des Department of Trade and Customs in Wellington (Zl. 30.041), 1909 November 3

Verordnung des Zollministers von Neuseeland, betreffend die Zollerklärung für aus Südafrika zur Einfuhr gelangende Waren (Zl. 31.574), 1909 November 19

Bericht des k.u.k. Generalkonsulats in Sidney, betreffend eine Änderung in den finanziellen Beziehungen zwischen dem Commonwealth und den einzelnen Bundesstaaten Australiens (Zl. 32.416), 1909 November 27

Diverse Zolltarifentscheidungen des Department of Trade and Customs in Wellington (Zl. 33.534), 1909 Dezember 7

Verordnung des Department of Trade and Customs des australischen Commonwealth zum Branntweingesetz (Zl. 33.551), 1909 Dezember 7

China 1909 (Fasz. 1093 – 1 Konv.)

Spezialbericht des k.u.k. Generalkonsulats in Schanghai über den Handelsverkehr zwischen China und Tongking (Zl. 11.334), 1909 April 22

Berichte des Generalkonsulats Schanghai und der Gesandtschaft in Peking, betreffend die mit China einzuleitenden Verhandlungen wegen der Erhöhung der Einfuhrzölle und Aufhebung des Likin (Zl. 11.929), 1909 April 24 und Mai 22, 27

Bericht des k.u.k. Generalkonsulats in Schanghai über den Waren- und Edelmetall-Verkehr und die Handelsbilanz Chinas für 1908 (Zl. 12.493), 1909 April 30

Spezialbericht über „Praktische Winke für den Handelsverkehr mit China“ (Zl. 12.497), 1909 April 30

Spezialbericht des k.u.k. Konsuls in Tientsin über die wirtschaftlichen Verhältnisse Charbins und der Nord-Mandschurei (Zl. 14.293), 1909 Mai 19

Bericht des k.u.k. Konsulats in Tientsin, betreffend die Entwertung des als Zahlungsmittel dienenden Barrensilbers (Zl. 14.923), 1909 Mai 26

Spezialbericht des k.u.k. Generalkonsulats in Schanghai über die allgemeine Geschäftslage des Platzes (Zl. 22.862), 1909 August 13

Glasfabrikanten S. Reich u. Comp., betreffend die Revision des chinesischen Zolltarifes (Zl. 29.869), 1909 Oktober 28

Bericht des k.u.k. Konsulats in Schanghai über das Bankwesen in China (Zl. 30.116), 1909 November 7

Spezialbericht des k.u.k. Generalkonsulats in Schanghai, betreffend die Einnahmen der chinesischen Seezollverwaltung im zweiten Vierteljahr 1909 (Zl. 34.952), 1909 Dezember 20

Japan 1909 (Fasz. 1096 – 1 Konv.)

Bericht des k.u.k. Konsulats in Yokohama, betreffend die wirtschaftlichen Verhältnisse der Insel Formosa (Zl. 6471), 1909 März 3

Bericht des k.u.k. Konsulats in Yokohama über die Festlichkeiten aus Anlaß des fünfzigjährigen Jubiläums der Hafeneröffnung (Zl. 9364), 1909 März 31

Bericht des k.u.k. Konsulats in Yokohama über die neue japanische Maß- und Gewichtsordnung (Zl. 15.078), 1909 Mai 28

Bericht der k.u.k. Botschaft in Tokio, betreffend die Verkehrsbeziehungen zwischen Japan und Argentinien (Zl. 23.236), 1909 August 18

Bericht in der Österreichischen Monatszeitschrift für den Orient über Taiwan (Zl. 28.027), 1909 April – Oktober

Australien 1910 (Fasz. 1132 – 1 Konv.)

Verordnung des Departments of Trade and Customs in Wellington, betreffend Zolltarifentscheidungen (Zl. 1634), 1910 Januar 14

Aufschlagzoll auf in Neuseeland eingeführte Waren (Zl. 3321), 1910 Januar 29

Beschlüsse des britischen Handelskammertages in Sidney in der Frage des erhöhten Schutzes englischer Handelsmarken (Zl. 3533), 1910 Januar 29

Bericht des k.u.k. Generalkonsulats in Sidney über weitere Durchführungsverordnungen zum New South Wales Pure Food Act 1908 (Zl. 4678), 1910 Januar 22

Verordnung des Departments of Trade and Customs in Wellington, betreffend Zolltarifentscheidungen (Zl. 4871), 1910 Februar 12

Order über Probezeichen an goldenen Uhrgehäusen etc. (Zl. 5651), 1910 Februar 17

Customs Order des Commonwealth Departement of Trade and Customs, betreffend „Ships Fittings“ (Zl. 7530), 1910 März 7

Abänderungen des Industrial Disputes Act von 1908 (Zl. 7779), 1910 März 9

Durchführungsverordnung zum Commonwealth Excise Act 1902 (Zl. 8532), 1910 März 14

Order des Commonwealth Department of Trade and Customs, betreffend Sichtvermerke (Zl. 8533), 1910 März 14

Commonwealth Bills of Exchange Act 1909 (Zl. 9327), 1910 März 22

Order, betreffend die Zollbehandlung von Ersatzartikeln für Bruchfall bei Warensendungen nach Australien (Zl. 9755), 1910 März 26

Zolltarifentscheidungen (Zl. 9973), 1910 März 29

Customs Order, betreffend die Bezeichnung „No.“ (Zl. 11.398), 1910 April 11

Customs Order, betreffend „Eau de Cologne“ (Zl. 11.399), 1910 April 11

Zolltarifentscheidungen (Zl. 11.513), 1910 April 12

Customs Order, betreffend „Dried skimmed milk“ (Zl. 13.215), 1910 April 26

Customs Order, betreffend „Panama Hüte“ (Zl. 13.353), 1910 April 26

Customs Order, betreffend „Orange Slices“ (Zl. 13.354), 1910 April 26

K.u.k. Generalkonsulat in Sidney legt Exemplar der Statutory Rule zum Customs Act 1901, betreffend Zoll auf Fruchtsäfte, vor (Zl. 15.349), 1910 Mai 14

Zolltarifentscheidungen (Zl. 16.172), 1910 Mai 23

K.u.k. Generalkonsulat in Sidney legt Exemplar der Statutory Rule zum Excise Act 1901, betreffend Accise-, bzw. Zollfreiheit für gewisse Artikel, vor (Zl. 16.483), 1910 Mai 25

Zolltarifentscheidungen (Zl. 19.462), 1910 Juni 24

Spezialbericht des k.u.k. Generalkonsulats in Sidney über den Handel des Commonwealth während der ersten drei Monate des Jahres 1910 (Zl. 19.463), 1910 Juni 23

Produktionsprämie für Petroleum und Quecksilber in Neuseeland (Zl. 20.302), 1910 Juni 27

Zolltarifentscheidungen (Zl. 23.312), 1910 Juli 25

Durchführungsverordnungen zum Commonwealth Excise Act 1901 (Zl. 23.313), 1910 Juli 26

Zolltarifentscheidungen (Zl. 24.245), 1910 August 3

Customs Order, betreffend „Spirits claims to Medicinal Properties" (Zl. 25.666), 1910 August 17

Zolltarifentscheidungen (Zl. 25.669), 1910 August 17

Statutory Rules zum Customs Act 1901 (Zl. 25.671), 1910 August 17

Statutory Rules zum Customs Act 1901 (Zl. 27.197), 1910 September 3

Customs Order, betreffend „Prohibited Goods-Proclamations" (Zl. 27.892), 1910 September 14

Zolltarifentscheidungen (Zl. 27.901), 1910 September 13

Zollverordnung des Department of Trade and Customs in Melbourne, betreffend künstliche Blumen und Federn (Zl. 29.272), 1910 September 27

Zollverordnung des Department of Trade and Customs in Melbourne, betreffend Ledermarkierung (Zl. 30.378), 1910 Oktober 7

Zolltarifentscheidungen (Zl. 30.471), 1910 Oktober 8

Order des Department of Trade and Customs in Melbourne, betreffend die Zollbehandlung von Schuhschnüren (Zl. 32.142), 1910 Oktober 22

Zollverordnung des Department of Trade and Customs in Melbourne, betreffend die Stärke von Wood-Naphta (Zl. 32.148), 1910 Oktober 22

Order des Department of Trade and Customs in Melbourne, betreffend die Markierung von Geweben delikater Natur (Zl. 32.275), 1910 Oktober 24

Order des Department of Trade and Customs in Melbourne, betreffend die Bezeichnung von Leinwand enthaltenden Baumwollgeweben (Zl. 32.276), 1910 Oktober 24

Order des Department of Trade and Customs in Melbourne, betreffend die Zollbewertung von Automobilen (Zl. 32.277), 1910 Oktober 24

Durchführungsverordnung zum Excise Act 1901 (Zl. 32.399), 1910 Oktober 25

Entscheidung des Department of Trade and Customs in Wellington, betreffend Zollfreistellung von bestimmten Nahrungsmitteln für Kinder und Kranke (Zl. 32.542), 1910 Oktober 26

Verhältnisse in der Kauri-Kopal-Gewinnung auf Neuseeland und deren Rückwirkung auf die dortigen dalmatinischen Einwanderer (Zl. 33.537), 1910 November 3

Order des Department of Trade and Customs in Melbourne, betreffend die Zollbehandlung von Kleidungszubehör wie Schnallen, Knöpfe etc. (Zl. 34.437), 1910 November 7

Order des Department of Trade and Customs in Melbourne, betreffend die Zollbewertung von Automobilen (Zl. 34.441), 1910 November 7

Zolltarifentscheidungen (Zl. 35.222), 1910 November 21

Order des Department of Trade and Customs in Melbourne, betreffend die Warenbezeichnung bei Goldwaren (Zl. 35.347), 1910 November 22

Order des Department of Trade and Customs in Melbourne, betreffend die Bezeichnung der Warenprovenienz (Zl. 36.583), 1910 Dezember 2

Order des Department of Trade and Customs in Melbourne, betreffend die Bezeichnung von „Vicuna“ genannten Stoffen (Zl. 39.127), 1910 Dezember 27

Order des Department of Trade and Customs in Melbourne, betreffend die Beschreibung von Düngemitteln (Zl. 39.245), 1910 Dezember 27

China 1910 (Fasz. 1132 – 1 Konv.)

Berichte des Ritters von Kuczynski aus Peking, betreffend Öffnung von Handelsplätzen in der Mandschurei (Zl. 3836), 1910 Februar 1

Verbot der Einfuhr von Kokain in China (Zl. 5922), 1910 Februar 22

Bericht über die Einnahmen der chinesischen Seezollverwaltung im dritten Vierteljahr 1909 (Zl. 8536), 1910 März 14

Chinesisches Reichsgesetz über die Reichsangehörigkeit (Zl. 8727), 1910 März 18

Verbot der Einfuhr von Kokain in China (Zl. 9280), 1910 März 19

Einsichtsakt, betreffend die Beteiligung Österreichs an einer internationalen Opium-Konferenz (Zl. 12.372), 1910 April 20

Artikel „Wirtschaftliches aus der nördlichen Mandschurei“ (Zl. 12.921), 1910 April 23

Die Einnahmen des chinesischen Seezollamtes im letzten Vierteljahr 1909 (Zl. 15.471), 1910 Mai 20

Berichte der Internationalen Opium-Konferenz im Februar 1909 in Schanghai (Zl. 18.002), 1910 Juni 6

Bericht über die Fabrikation und den Handel von Ziegeltee in China (Zl. 19.979), 1910 Juni 24

Bericht des k.u.k. Generalkonsulats in Schanghai über die Formen des Geschäftsverkehrs in Schanghai und das Kompradore-System (Zl. 20.304), 1910 Juni 28

Nichtbeteiligung der k.u.k. Regierung an der geplanten Opiumkonferenz in Schanghai (Zl. 20.410), 1910 Juni 29

Bericht des k.u.k. Gesandten in Peking, betreffend eine Mautgebühr auf fremde Waren bei ihrer Einfuhr in die Stadt Peking (Zl. 35.084), 1910 November 18

Verbot der Einfuhr von Kokain in China (Zl. 35.473), 1910 November 23

Vorschriften über das Kokainverbot in China (Zl. 39.128), 1910 Dezember 24

Indien (Fasz. 1135 – 1 Konv.)

Schreiben des Konsulats in Bombay betreffend Einfuhrverbot von gewissen Münzenknöpfen in Indien (Zl. 4875), 1911 Februar 12

Japan 1910 (Fasz. 1135 – 1 Konv.)

Bericht des k.u.k. Konsulats in Yokohama über die Entwicklung des direkten Handels in Japan (Zl. 12.691), 1910 April 21

Wünsche von Interessenten zum neuen japanischen Zolltarif bzw. zu den bevorstehenden Handelsvertragsverhandlungen mit Japan (Zl 19.528), 1910 Juni 22

K.u.k. Generalkonsulat in London mit dem englischen Blaubuch, betreffend den japanischen Zolltarif (Zl. 23.731), 1910 Juli 29

Berichte der k.u.k. Botschaft in Tokio betreffend die Beurteilung des neuen japanischen Zolltarifes (Zl. 24.713), 1910 August 8

Bericht der k.u.k. Botschaft in London über die Stimmung in England gegen den japanischen Zolltarif (Zl. 28.232), 1910 September 16

Vorfallensbericht des Schiffes „Kaiserin Elisabeth", betreffend Japan anläßlich des Mißerfolges der Britisch-Japanischen Ausstellung (Zl. 28.766), 1910 September 11

Bugholzmöbelexport nach Japan (Zl. 30.250), 1910 Oktober 8

Verein österreichischer Malzfabrikanten in Wien, betreffend die Ausfuhr von Malz nach Japan und Griechenland (Zl. 33.032), 1910 November 2

Verein der österr.-ung. Papierfabrikanten ersucht um Erwirkung eines niedrigeren Zollsatzes für „imitiertes japanisches Papier" bei der Einfuhr nach Japan (Zl. 33.248), 1910 November 5

Österreichischer Export-Verein in Wien betreffend Wünsche für den neuen Zolltarif in Japan (Zl. 33.828), 1910 November 9

Australien 1911 (Fasz. 1169 – 1 Konv.)

Bericht des k.u.k. Konsulats in Auckland betreffend Zolltarifentscheidung in Neuseeland (Zl. 394), 1911 Januar 4

Zolltarifentscheidungen in Neuseeland (Zl. 1983), 1911 Januar 14

Österreichische Auswanderer aus Dalmatien – Beschäftigung mit Harzgewinnung in Neuseeland (Zl. 4994), 1911 Februar 5

Customs Tariff 1910 (Zl. 5773), 1911 Februar 15

Order des Department of Trade and Customs in Melbourne, betreffend die „Assay of Lockets" (Zl. 5774), 1911 Februar 15

Zolltarifentscheidungen in Neuseeland (Zl. 6125), 1911 Februar 16

Order des Department of Trade and Customs in Melbourne, betreffend Antivenerische Mittel (Zl. 6126), 1911 Februar 17

Gesetz des Commonwealth von Australien: „Northern Territory Acceptance Act 1910" (Zl. 7765), 1911 März 2

Zolltarifentscheidungen in Neuseeland (Zl. 12.081), 1911 April 4

Zolltarifentscheidungen in Neuseeland (Zl. 13.378), 1911 April 15

Einfuhr von Waren, die britischen Vorzugszoll genießen (Zl. 14.551), 1911 April 27

Zolltarifentscheidungen in Neuseeland (Zl. 15.592), 1911 Mai 5

Order des Department of Trade and Customs in Melbourne über die Warenbezeichnung bei Damenkrägen (Zl. 18.378), 1911 Mai 29

Zolldeklarationen bei Bemessung des Warenwertes (Zl. 18.380), 1911 Mai 29

Order des Department of Trade and Customs in Melbourne, betreffend die Warenbezeichnung bei mit Wachs gefüllten Goldwaren (Zl. 19.152), 1911 Juni 6

Zolltarifentscheidungen in Neuseeland (Zl. 19.155), 1911 Juni 6

Order des Department of Trade and Customs in Melbourne, betreffend die Warenbezeichnung bei Gummischuhen mit Baumwolloberteil (Zl. 19.473), 1911 Juni 8

Order zum Commerce Act, betreffend Piece Goods Calico Unbleached (Zl. 23.314), 1911 Juli 11

Order zum Commerce Act, betreffend die Markierung von künstlerisch ausgeführten Karten (Zl. 23.482), 1911 Juli 12

Zolltarifentscheidungen in Neuseeland (Zl. 23.633), 1911 Juli 13

Bericht des Generalkonsulats in Sidney über die Ablehnung einer Verfassungsänderung des Commonwealth-Parlaments im Wege eines Referendums (Zl. 24.845), 1911 Juli 18

Zolltarifentscheidungen in Neuseeland (Zl. 27.231), 1911 August 14

Order des Department of Trade and Customs in Melbourne über den Standard von „Coal Tar Naphtha" als Denaturierungsmittel für Spiritus (Zl. 27.424), 1911 August 17

Zolltarifentscheidungen in Neuseeland (Zl. 28.352), 1911 August 24

Statutory Rule über den „Standard for Industrial Spirits" (Zl. 30.131), 1911 September 12

Verschiedene vom Commonwealth Department of Trade and Customs veröffentlichte Orders (Zl. 30.535), 1911 September 15

Verschiedene Orders zum australischen Commerce Act (Zl. 33.058), 1911 Oktober 9

Zolltarifentscheidungen in Neuseeland (Zl. 33.059), 1911 Oktober 9

Order des australischen Zoll- und Handelsministeriums, betreffend die Einfuhr von denaturiertem Spiritus für Spitäler und Museen (Zl. 33.148), 1911 Oktober 10

K.u.k. Generalkonsulat in Sidney betreffend Eisenbahnbauten in Queensland (Zl. 35.138), 1911 Oktober 26

Zolltarifentscheidungen in Neuseeland (Zl. 36.390), 1911 November 6

Order des australischen Handels- und Zollministeriums, betreffend Gummifersen für Schuhwaren (Zl. 36.523), 1911 November 7

Bericht über die Zuckerproduktion des Staates Queensland im Jahre 1910 (Zl. 37.044), 1911 November 11

Order des australischen Handelsministeriums, betreffend Einfuhrverbot von Warenkolli über 200 engl. Pfund (Zl. 37.419), 1911 November 13

Bericht über den industriellen Aufschwung in Neu-Süd-Wales (Zl. 37.914), 1911 November 18

Order des Handels- und Zollministeriums, betreffend das Einfuhrverbot von „Imitation Brandy" (Zl. 42.205), 1911 Dezember 23

China 1911 (Fasz. 1169 – 1 Konv.)

Kokainschmuggel seitens des Mannschaftspersonals des Österreichischen Lloyd (Zl. 2944), 1911 Januar 23

Kokainschmuggel seitens des Mannschaftspersonals des Österreichischen Lloyd (Zl. 5038), 1911 Februar 10

Pestgefahr in Ostasien (Zl. 7306), 1911 Februar 11

Spezialbericht über die Einnahmen der chinesischen Seezollverwaltung im dritten Vierteljahr 1910 (Zl. 6904), 1911 Februar 26

Kokainschmuggel auf den Schiffen des Österreichischen Lloyd (Zl. 7306), 1911 Februar 27

Bericht über die Hungersnot in Mittelchina (Zl. 13.880), 1911 April 25

Einnahmen der chinesischen Seezollämter im letzten Quartal 1910 (Zl. 18.106), 1911 Mai 30

Die Entwicklung der österr.-ung. Niederlassung in Tientsin während des zweiten Halbjahres 1910 (Zl. 19.183), 1911 Juni 7

Bericht des Generalkonsulats in Hongkong, betreffend die Einschränkung des Verkaufes von entrahmter Milch (Zl. 19.981), 1911 Juni 13

Bericht über die Finanzkrise in Schanghai 1910 (Zl. 20.646), 1911 Juni 19

Bericht des k.u.k. Geschäftsträgers in Peking, betreffend die beabsichtigte Erhöhung der Einfuhrzölle seitens China (Zl. 21.999), 1911 Juni 30

Bericht des k.u.k. Generalkonsulats in Schanghai, betreffend Sojabohnen (Zl. 23.288), 1911 Juli 8

Bericht des k.u.k. Konsulats in Hongkong, betreffend verschiedene Gesetzesergänzungen in Hongkong (Zl. 24.555), 1911 Juli 21

Verordnung über die Gebühren auf geistige Getränke in Hongkong (Zl. 26.236), 1911 August 8

Bericht des k.u.k. Konsuls in Schanghai über Informationsreise in Südchina (Zl. 26.606), 1911 August 10

Gesetzgebung, betreffend Milcheinfuhr nach Hongkong (Zl. 26.865), 1911 August 12

Vorlage der „Hongkong Government Gazette" vom 31. März 1911 (Zl. 28.455), 1911 August 30

Hochwasser-Katastrophe im Yangtse-Tal (Zl. 32.791), 1911 Oktober 6

Kokainschmuggel auf den Schiffen des Österreichischen Lloyd (Zl. 32.926), 1911 Oktober 7

Weigerung der chinesischen Regierung für Bankschulden der Pächter des chinesischen Salzmonopols aufzukommen (Zl. 33.043), 1911 September 28

Krise in Schanghai wegen Bankruns (Zl. 34.282), 1911 Oktober 22

Verfälschung der Rohbaumwolle in China und die Maßnahmen dagegen (Zl. 35.491), 1911 Oktober 28

Kokainschmuggel auf den Schiffen des Österreichischen Lloyd (Zl. 35.809), 1911 Oktober 31

Spezialbericht über die Rückwirkungen des Aufstandes in China auf die dortige Wirtschaftslage (Zl. 36.521), 1911 November 9

Kokainschmuggel in Britisch-Indien (Zl. 36.522), 1911 November 7

Bericht über die wirtschaftliche Lage Chinas (Zl. 37.783), 1911 November 18

Lage der Lampeneinfuhr in China (Zl. 40.074), 1911 Dezember 7

Kokainschmuggel durch zwei Kellner des Lloyddampfers „Afrika" (Zl. 41.463), 1911 Dezember 12

Kokain- und Haschisch-Schmuggel auf den Schiffen des Österreichischen Lloyd (Zl. 41.489), 1911 Dezember 14

Berichte über die Bedeutung und die derzeitige Wirtschaftslage von Hankou (Zl. 42.341), 1911 Dezember 24

Einführung von Zuschlagszöllen in den USA (Zl. 42.401), 1911 Dezember 24

Kokainschmuggel auf den Schiffen des Österreichischen Lloyd (Zl. 42.926), 1911 Dezember 30

Japan 1911 (Fasz. 1172 – 1 Konv.)

Handelspolitisches Regime Japans in Korea (Zl. 3074), 1911 Januar 27

Haltung Japans in der Frage des Handelsvertrages mit Großbritannien (Zl. 4777), 1911 Februar 7

Umbau der japanischen Staatsbahnen (Zl. 5491), 1911 Februar 11

Koreanisches Reglement über dort tätige Handelsgesellschaften (Zl. 6456), 1911 Februar 20

Englisch-japanische Handelsvertragsverhandlungen (Zl. 7302), 1911 Februar 27

Amtsveranlassung wegen Drucklegung eines Handelsvertrages mit Japan (Zl. 10.141), 1911 März 23

Vertragsverhandlungen mit Schweden und Japan im Deutschen Reich (Zl. 12.260), 1911 April 6

Handelsvertrag zwischen Großbritannien und Japan (Zl. 14.382), 1911 April 26

Gegenvorschläge zum Handelsvertrag mit Japan (Zl. 15.140), 1911 Mai 5

Japanische Vertragsverhandlungen mit dritten Staaten (Zl. 24.402), 1911 Juli 19

Bericht der k.u.k. Botschaft in London über das Handelsarrangement zwischen Kanada und Japan (Zl. 26.502), 1911 August 7

Übereinkommen zwischen Japan und Rußland, betreffend die Rechtsstellung der Handelsgesellschaften (Zl. 27.233), 1911 August 14

Änderungen und Ergänzungen des Warenverzeichnisses zum Zolltarif, die durch den Abschluß des deutsch-japanischen Handelsvertrages notwendig wurden (Zl. 28.203), 1911 August 23

Bericht der k.u.k. Mission in Tokio über die Herabsetzung des Reiszolles (Zl. 28.574), 1911 August 28

Verband Österreichischer Exporteure, Wien, mit Wünschen zum japanischen Handelsvertrag (Zl. 29.948), 1911 September 11

Bericht der k.u.k. Botschaft in Tokio über den Bau koreanischer Eisenbahnen (Zl. 31.168), 1911 September 24

Australien 1912 (Fasz. 1201 – 1 Konv.)

Übermittlung eines Exemplars der jüngsten Zolltarifentscheidungen in Neuseeland sowie einer Verordnung, betreffend die zollfreie Einfuhr von Maschinen und Werkzeugen zur Fabrikation und Bearbeitung von Glaswaren nach Neuseeland durch das k.u.k. Ministerium des Äußern (Zl. 1999), 1912 Januar 15

Übermittlung je eines vom k.u.k. Konsulat in Sidney vorgelegten Exemplars der vom Department of Trade and Customs in Melbourne veröffentlichten Statutory Rules 120/1910 und 204/1911 zum Commerce Act 1905 durch das k.u.k. Ministerium des Äußern (Zl. 7866), 1912 März 2

Übermittlung der jüngsten Zolltarifentscheidungen des Handels-Departements in Melbourne durch das k.u.k. Ministerium des Äußern (Zl. 9585), 1912 März 14
Erschwerung des Exports nach den Philippinen durch Änderung der Vorschriften über die Beglaubigung der Konsulatsfakturen (Zl. 10.888), 1912 März 27
Übermittlung der von der australischen Zollbehörde veröffentlichten Order Nr. 1516 über die Bezeichnung von „Heels of Pulp" durch das k.u.k. Ministerium des Äußern (Zl. 14.084), 1912 April 20
Bericht des k.u.k. Generalkonsulats in Sidney betreffend die projektierte Eisenbahnlinie von Kalgoorlie nach Port Augusta in Australien (Zl. 15.884), 1912 Mai 4
Übermittlung der Zolltarifentscheidungen für Neuseeland durch das k.u.k. Ministerium des Äußern (Zl. 21.673), 1912 Juni 18
Übermittlung der Order Nr. 1546 des Departments of Trade und Customs betreffend „Component Parts of Motor Cars" durch das k.u.k. Ministerium des Äußern (Zl. 25.028), 1912 Juli 15
Übermittlung der Zolltarifentscheidungen für Neuseeland durch das k.u.k. Ministerium des Äußern (Zl. 25.451), 1912 Juli 17
Übermittlung der Zolltarifentscheidungen für Neuseeland durch das k.u.k. Ministerium des Äußern (Zl. 28.593), 1912 August 14
Bericht des k.u.k. Konsulats in Auckland über Ausführungsbestimmungen zum Präferenzialtarif für britische Provenienzen (Zl. 31.691), 1912 September 16
Verfügungen über die Bezeichnung von Sardinenbüchsen in Australien (o. Zl.), 1912 Oktober 17
Übermittlung der vom Department of Trade and Customs in Wellington (Auckland) letztveröffentlichten Zolltarifentscheidungen durch das k.u.k. Ministerium des Äußern (Zl. 35.411), 1912 Oktober 21
Übermittlung der vom Department of Trade and Customs in Wellington (Auckland) letztveröffentlichten Zolltarifentscheidungen durch das k.u.k. Ministerium des Äußern (Zl. 38.883), 1912 November 19
Übermittlung der vom Department of Trade and Customs in Wellington (Auckland) letztveröffentlichten Zolltarifentscheidungen durch das k.u.k. Ministerium des Äußern (Zl. 42.118), 1912 Dezember 14

China 1912 (Fasz. 1201 – 1 Konv.)

Spezialbericht des Leiters des k.u.k. Generalkonsulats in Schanghai, Konsul Dr. Bernauer über die Provinz Yünnan (Zl. 1498), 1912 Januar 10
Konstituierung des neuen Gemeinderates der österr.-ung. Niederlassung in Tientsin (Zl. 1782), 1912 Januar 29
Bericht des k.u.k. Generalkonsulats in Hamburg, betreffend die Zulassung der 5%-igen chinesischen Hukuang-Staats-Eisenbahnanleihe in Gold im Betrage von 6 Millionen £ zum Handel an der Hamburger Börse (Zl. 1852), 1912 Januar 12
Kokain- und Haschischschmuggel auf Schiffen des österreichischen Lloyd (Zl. 11.144), 1912 April 25
Kokainschmuggel auf dem Lloyddampfer Semiramis (Zl. 18.104), 1912 Mai 31
Ministerium des Äußern über neue gesetzliche Bestimmungen betreffend die strengere Bestrafung des unbefugten Handels mit Kokain in Indien (Zl. 28.944), 1912 August 2

K.u.k. Ministerium des Äußern in Angelegenheit der wegen Kokainschmuggels über den Lloyd verhängten Strafen (Zl. 33.793), 1912 Dezember 17
Neue Fälle von Kokainschmuggel an Bord von Lloyddampfern (Zl. 36.626), 1912 November 16
K.K. Seebehörde in Angelegenheit des Kokainschmuggels auf österreichischen Lloydschiffen (Zl. 39.101), 1912 November 29
Verständigung der k.k. Oberstaatsanwaltschaft in Triest von den Verhältnissen im Triester Kokain- und Haschischhandel (Zl. 41.222), 1912 Dezember 28
Statutenänderung der Hotungbaugesellschaft in Tientsin (Zl. 23.896), 1912 Oktober 9
Mitteilung des Ministeriums des Äußern in Angelegenheit der Zusammensetzung des Gemeinderates der ö.-u. Niederlassung in Tientsin (Zl. 13.806), 1912 April 25
Gesuch des Prof. Dr. Nemecek um Einsicht in die Akten des k.u.k. Ministeriums des Äußern über die Niederlassung in Tientsin (Zl. 5900), 1912 Februar 27
Bericht über die Entwicklung der österr.-ung. Niederlassung in Tientsin im Jahre 1909 (Zl. 16.874), 1910 Juni 7
Notiz des k.u.k. Generalkonsulats in Hamburg, betreffend den Export von Textilstoffen nach China (Zl. 6908), 1912 Februar 24
Note des k.k. Ministerpräsidenten in Angelegenheit der vorjährigen Hochwasserkatastrophe in Schanghai (Zl. 8139), 1912 März 16
Ministerium des Äußern betreffend den Transitzoll in Französisch-Indochina (Zl. 10.613), 1912 Mai 7
Bericht des Generalkonsulats in Schanghai über die Lage des Chinageschäftes (Zl. 18.247), 1912 Mai 31
Spezialbericht des Generalkonsulats in Schanghai über die neue Usance betreffs der dortigen Bankordres (Zl. 11.859), 1912 April 1
Ministerium des Innern betreffend die Einführung des gregorianischen Kalenders in China (Zl. 12.435), 1912 April 13
Handelsmuseum übermittelt Bericht über die wirtschaftlichen Verhältnisse in Südchina (Zl. 18.007), 1912 Juni 13
Bericht des Generalkonsulats in Schanghai über die Wirtschafts- und Finanzlage Chinas (Zl. 24.473), 1912 Juli 22
Bericht der k.u.k. Gesandtschaft in Peking über die Begebung von Anleihen an Privateisenbahngesellschaften und Bergwerksunternehmungen in den chinesischen Provinzen (Zl. 31.152), 1912 September 26
Bericht der Gesandtschaft in Peking über den Genehmigungszwang für Anleihen chinesischer Privateisenbahn- und Bergwerksunternehmungen (Zl. 32.321), 1912 September 5
Bericht der k.u.k. Gesandtschaft in Peking, betreffend die von China mit einer außerhalb des Sechsmächtesyndikates stehenden englischen Bankgruppe abgeschlossenen Anleihe (Zl. 42.119), 1912 Dezember 9
Bericht des Konsulats in Tientsin über die Zuckerfabrikation in der Mandschurei (Zl. 25.646), 1912 Juli 26
Bericht über die geographischen und wirtschaftlichen Verhältnisse in der Mongolei (Zl. 26.294), 1912 Juli 25

Generalkonsulat in Schanghai wegen der Gründung einer österreichischen Bank in China (Zl. 32.249), 1912 September 9
Interesse des Handelsmuseums an Bankengründungsangelegenheit (Zl. 34.783), 1912 Oktober 18
Bericht über die Verhältnisse des Glaswarenabsatzes in Tientsin (Zl. 72.263), 1912 November 12

Japan 1912 (Fasz. 1205 – 1 Konv.)

Verordnung des japanischen Finanzministeriums über Lagerhausgebühren, (Zl. 92), 1912 Januar 3
Bericht der k.u.k. Botschaft in Tokio, betreffend die umgebaute Militärbahn von Antung nach Mukden (Zl. 128), 1912 Januar 3
Bericht des k.u.k. Konsulats in Yokohama, betreffend die japanische Papier-Industrie und den Papier-Export Österreich-Ungarns nach Japan (Zl. 808), 1912 Januar 3
Äußerung der Aktiengesellschaft für chemische Industrie in Wien in Hinsicht auf die Vertragsverhandlungen mit Japan (Zl. 3113), 1912 Januar 23
Bericht des k.u.k. Konsulats in Yokohama über die japanische Seidenindustrie (Zl. 8634), 1912 März 12
Bericht des k.u.k. Konsulats in Yokohama über den japanischen Seiden-Handel und den Seidenverkehr mit Österreich-Ungarn (Zl. 13.052), 1912 April 12
Japanische Papierindustrie (Akt liegt nicht ein) (Zl. 15.255), 1912 Mai 1
Außenhandel Japans im Februar 1912 (Zl. 18.964), 1912 Mai 28
Transport von Seide nach Europa über Sibirien (Zl. 20.822), 1912 Juni 16
Bericht des k.u.k. Konsulats in Yokohama über die japanischen Handels- und Zahlungsbilanz (Zl. 22.209), 1912 Juni 26
Bericht der k.u.k. Botschaft in Tokio, betreffend die Tokioter Straßenbahnanleihe, sowie die japanischen Staatsfinanzen (Zl. 25.901), 1912 April 30
Wirkungen des japanischen Zolltarifes von 1910 (Zl. 32.252), 1912 November 14
Einführung einer Untersuchung gewisser Ausfuhrprodukte (Zl. 37.793), 1912 November 8
Bericht der k.u.k. Botschaft in Tokio, betreffend Äußerungen japanischer Regierungsorgane und der Presse über die Wirkungen des Zolltarifes von 1910 (Zl. 38.463), 1912 November 14
Bericht des k.u.k. Konsulats in Yokohama über Zuckerproduktion und Zuckerimport in Japan (Zl. 39.485), 1912 November 21

Australien 1913 (Fasz. 1230 – 1 Konv.)

Bericht des Generalkonsulats in Sidney betreffend das Gesetz über Mutterschafts-Vergünstigungen in Australien (Zl. 944), 1913 Januar 4
Übermittlung der Zolltarifentscheidungen des Departments of Trade and Customs in Wellington durch das k.u.k. Ministerium des Äußern (Zl. 1919) (Beiliegend Zolltarifentscheidungen von 1912), 1913 Januar 14
Übermittlung der Zolltarifentscheidungen in Neuseeland durch das Konsulat in Auckland (Zl. 4896), 1913 Februar 8

Übermittlung der Zolltarifentscheidungen in Neuseeland durch das Konsulat in Auckland (Zl. 10.526), 1913 März 27
Übermittlung der General Order Nr. 1630 des Commonwealth Department of Trade and Customs durch das Generalkonsulat in Sidney (Zl. 12.346), 1913 April 10
Übermittlung der Zolltarifentscheidungen in Neuseeland durch das Konsulat in Auckland (Zl. 13.732), 1913 April 21
Übermittlung der Verordnung der Regierung von Neuseeland, betreffend die Festsetzung eines Zolles für Mohnextrakt (Zl. 17.411), 1913 Mai 21
Übermittlung der Zolltarifentscheidungen in Neuseeland durch das Konsulat in Auckland (Zl. 20.745), 1913 Juni 16
Übermittlung der Zolltarifentscheidungen in Neuseeland durch das Konsulat in Auckland (Zl. 25.267), 1913 Juli 19
Übermittlung der Zolltarifentscheidungen in Neuseeland durch das Konsulat in Auckland (Zl. 36.604), 1913 Oktober 29
Übermittlung der Zolltarifentscheidungen in Neuseeland durch das Konsulat in Auckland (Zl. 41.231), 1913 Dezember 4
Jahresbericht 1912 der westaustralischen Agrarbank in Perth (Zl. 8237), 1913 Februar 4
Auszug aus dem Handbuch „Port of Sidney" (Zl. 18.701), 1913 Mai 30
Konsulat in Sidney legt den neuseeländischen „Commercial Trusts Act 1910" vor (Beiliegend Vorakte über das analoge australische Gesetz: Australian Industries Preservation Act 1906-1909) (Zl. 297), 1913 Juni 11
Bericht des Generalkonsulats in Sidney über die Reform der australischen Konstitution (Zl. 23.863), 1913 Juli 8
Bericht des Generalkonsulats in Sidney über die Zollreziprozität zwischen dem Commonwealth von Australien und dem Dominion von Neuseeland (Zl. 23.978), 1913 Juli 7

China 1913 (Fasz. 1231 – 1 Konv.)

Generalkonsulat in Schanghai über den Einfluß der mongolischen Krise auf Mittel- und Südchina (Zl. 2131), 1913 Januar 20
Äußerung der Seebehörde in Angelegenheit des Kokainschmuggels an Bord des Dampfers „Körber" (Zl. 3324), 1913 Januar 25
Bericht des k.u.k. Konsulats in Tientsin über die in der österr.-ung. Niederlassung zur Einhebung gelangenden Steuern (Zl. 3596), 1913 Januar 31
Kokainschmuggel an Bord des Lloyddampfers „Trieste" (Zl. 5461), 1913 Februar 15
Chinesische Währungsreform (Zl. 9680), 1913 März 20
Kokainschmuggel des Heizers Stule auf dem Lloyddampfer „Vindobona" (Zl. 10.322), 1913 März 22
Bestrafung von Lloydkapitänen durch die indischen Behörden bei Kokainschmuggel (Zl. 11.802), 1913 April 8
Generalkonsulat in Schanghai über Bestrebungen zur Anknüpfung direkter Handelsbeziehungen zwischen Italien und China (Zl. 12.547), 1913 April 15
Kokainschmuggel auf den Dampfern „Trieste" und „Kleopatra" (Zl. 12.755), 1913 April 15

Kokainschmuggel auf der „Kleopatra" (Zl. 13.902), 1913 April 22
Berichte der Konsulate in Bombay und Kalkutta über den Kokainschmuggel an Bord der „Trieste" (Zl. 14.607), 1913 April 22
Bericht des Reichsmarineamtes über die Entwicklung des deutschen Schutzgebietes Kiautschou (Zl. 16.160), 1913 Mai 9
Kokainschmuggel an Bord des Lloyddampfers „Semiramis" (Zl. 17.744), 1913 Mai 21
Berichte des Konsulats in Bombay über mehrere neue Kokainschmuggelfälle an Bord von Lloydschiffen (Zl. 23.079), 1913 Juli 3 und 25
Berichte der k.u.k. Botschaft in Tokio über ein Abkommen zwischen China und Japan über die Reduktion der Zölle für den Güterverkehr auf der Antung-Bahn (Zl. 23.401), 1913 Juli 4
Generalkonsulat in Kalkutta mit einem Bericht des dortigen Collectors of Customs (Zl. 27.271), 1913 August 6
Kokainschmuggel an Bord des Lloyddampfers „Silesia" (Zl. 29.252), 1913 August 27
Untersuchung des Schmuggelfalles an Bord des vom Lloyd gecharterten Dampfers „Moravia" (Zl. 29.620), 1913 August 28
Kokain- und Haschisch-Schmuggel durch Lloydschiffe (Zl. 33.345), 1913 Oktober 2
Schmuggel von Kokain an Bord des Lloyddampfers „Kleopatra" (Zl 34.002), 1913 Oktober 7
Erhebungen der k.k. Triester Polizeidirektion in Angelegenheiten des Kokainschmuggels an Bord der Lloyddampfer (Zl. 38.261), 1913 November 13

Japan 1913 (Fasz. 1234 – 1 Konv.)

Aktenmaterial zu den Verhandlungen des Handelsvertrages mit Japan (Zl. 3911), 1913 Februar 3
Bericht des k.u.k. Konsulats in Kobe, betreffend den Matten-Export (Zl. 4073), 1913 Januar 22
Bericht des k.u.k. Konsulats in Yokohama über das japanische Konkursverfahren (Zl. 16.461), 1913 Mai 16
Zwanzig Millionen Yen-Anleihe der koreanischen Kolonisations-Gesellschaft (Zl. 17.705), 1913 Mai 24
Bericht der k.u.k. Botschaft in Tokio, betreffend die Abschaffung des Einfuhrzolles für in Korea gebauten Reis (Zl. 18.838), 1913 Mai 31
Verträge zwischen Japan und Rußland über gewerblichen Rechtsschutz (Zl. 19.812), 1913 Mai 30
Bericht der k.u.k. Botschaft in Tokio über eine neue japanische 200 Millionen Schatzbonsanleihe (Zl. 21.649), 1913 Juni 20
Zollbehandlung von imitiertem Japanpapier (Zl. 23.864), 1913 Juli 9
Bericht der k.u.k. Botschaft in Tokio über die Handelsbeziehungen Österreich-Ungarns zu Japan (Zl. 25.803), 1913 Juli 25
Beschäftigung der japanischen Schiffswerften (Zl. 26.754), 1913 August 6
Jahresbericht des „Kobe Foreign Board of Trade" für 1912 (liegt nicht ein) (Zl. 29.162), 1913 August 26
Bericht des k.u.k. Konsulats in Yokohama über die Viehzucht in Japan (Zl. 30.241), 1913 Juli 22

Maßnahmen der japanischen Verwaltung zur Hebung Koreas und die wirtschaftliche Entwicklung dieses Landes (Zl. 37.185), 1913 November 8
Bericht des k.u.k. Konsulats in Yokohama über die Lage des Seidenmarktes (Zl. 43.571), 1913 Dezember 30

Australien 1914 (Fasz. 1258 – 1 Konv.)

Verordnung über Import von Erd-, Brasil- und Wallnüssen (Zl. 3031), 1914 Januar 29
Vorlage der Statutory Rules 1913, enthaltend die Durchführungsbestimmungen zu den Gesetzen über die Produktionsprämien (Zl. 4306), 1914 Februar 3
Bericht der kgl. Kommission über die Waldungen und Aufforstungen Neuseelands 1913 (Zl. 6798), 1914 Februar 26
Durchführungsverordnungen zum australischen Manufactures Encouragement Act (Zl. 9628), 1914 März 20
Durchführungsverordnungen zum Spirits Act 1906 (Zl. 9761), 1914 März 21
Zollrückerstattung auf Muster von Reisenden (Zl. 10.296), 1914 März 25
Durchführungsbestimmungen zum Australischen Commerce (Trade Descriptions) Act 1905 (Zl. 10.681), 1914 März 28
Durchführungsbestimmungen zum Zollgesetz 1901-1910 (Zl. 12.595), 1914 April 11
Außenhandel des Staates Neu-Süd-Wales im Jahre 1913 (Zl. 13.484), 1914 April 14
Vollmachten für Zollzwecke in Australien (Zl. 15.629), 1914 Mai 1
Firma M.u.M. Krauß und Bruder wegen Beanstandung von Hausschuhen bei der Einfuhr nach Australien (Zl. 22.905), 1914 Juni 26
Zolltarifentscheidungen in Neuseeland (Zl. 27.659), 1914 Juli 31
Verzollung von Pantoffeln in Neuseeland (Zl. 27.837), 1914 August 4

China 1914 (Fasz. 1259 – 1 Konv.)

Russische Textilwaren in China (Zl. 5225), 1914 Februar 11
Bericht der k.u.k. Gesandtschaft in Peking über Öffnung von sieben Plätzen in China für den internationalen Handel (Zl. 6602), 1914 Februar 20
Bericht über offizielle Kundmachung der chinesischen Regierung über die Bons der 8%igen Nankinger Anleihe (Zl. 10.762), 1914 März 26
Bericht der k.u.k. Botschaft in Paris, eine chinesische Anleihe betreffend (Zl. 14.161), 1914 April 20
Abkommen der chinesischen Regierung mit Standard Oil Comp. wegen Ausbeutung von Petroleumfeldern in China (Zl. 14.212), 1914 April 18
Beabsichtigte Revidierung des chinesischen Minengesetzes (Zl. 15.452), 1914 Mai 1
Missions- und Vorfallenheitsbericht des Marinedetachements in Peking für März 1914 (Zl. 16.949), 1914 April 17
Lage der indischen Baumwollindustrie infolge der durch Bankfallimente hervorgerufenen Geldkrise (Zl. 17.282), 1914 Mai 13
Spezialbericht über die Einnahmen der chinesischen Zollverwaltung im letzten Vierteljahre 1913 (Zl. 19.156) mit Beilage 1912, 1914 Mai 26
Wirtschaftliche Lage in den südchinesischen Provinzen (Zl. 20.294), 1914 Juni 4
Bericht des k.u.k. Generalkonsulats in Schanghai über die dortige Geschäftslage (Zl. 22.494), 1914 Juni 20

Bericht des k.u.k. Generalkonsulats in Schanghai betreffend die Aufnahmebedingungen in den chinesischen Seezolldienst (Zl. 23.291), 1914 Juni 25
Auskunft über die gesetzlichen Bestimmungen hinsichtlich der Einfuhr von Opium nach Österreich (Zl. 25.043), 1914 Juli 10
K.u.k. Ministerium des Äußern betreffend Revision des chinesischen Zolltarifs (Zl. 26.547), 1914 Juli 20
Opiumkonvention (Zl. 30.947), 1914 September 2
Einsichtsakte des Ministerium des Innern betreffend den internationalen Opiumvertrag (Zl. 32.835), 1914 September 17
Opiumkonvention – Abschrift des Protokolles der 3. Konferenz im Haag Juni 1914 (Zl. 33.618), 1914 September 23
Verfügung über eine im Triester Freihafen eingelagerte Menge Opium (Zl. 34.697), 1914 Oktober 1
Anfrage der amerikanischen Botschaft in Wien über die in Österreich geltenden Vorschriften bei der Opiumeinfuhr (Zl. 37.021), 1914 Oktober 21
Opiumkonvention (Zl. 38.512), 1914 November 3

Indien 1914 (Fasz. 1265 – 1 Konv.)

K.u.k. Ministerium des Äußern betreffend die Herkunftsbezeichnung „Made in Austria" auf österreichischen Exportartikeln nach Indien (Zl. 4645), 1914 Februar 6
Indian Company's Act 1913 – Teil der sich auf außerhalb Indiens etablierte Kompanien bezieht (Zl. 10.821), 1914 März 24
Bericht des Konsulats in Colombo über die Gründung einer größeren Zuckerfabrik in Ceylon (Zl. 25.789), 1914 Juli 15

Japan 1914 (Fasz. 1265 – 1 Konv.)

Anfrage der k.u.k. Botschaft in Tokio betreffend Exportaktion der österreichischen Spinnereien und Webereien (Zl. 13.485), 1914 April 16
Ministerium des Äußern betreffend die Revision des japanischen Zolltarifes (Zl. 15.628), 1914 Mai 1
Vergleich des Japanimportes der Monarchie in den Jahren 1912 – 1913 (Zl. 20.058), 1914 April 30
Bericht des k.u.k. Konsulats in Yokohama über die Wirkungen der allgemeinen Handelsdepression auf den Effektenmarkt (Zl. 20.292), 1914 Juni 4
Vorschriften für den Import und Export von Pflanzen (Zl. 20.473), 1914 Juni 6
Seidenimport aus Japan via Sibirien (Zl. 22.667), 1914 Juni 23
Bericht des k.u.k. Konsulats in Yokohama über Modifikationen der Rückvergütung des Einfuhrzolles auf Rohstoffe (Zl. 23.783), 1914 Juli 1
Bericht des k.u.k. Konsulats in Yokohama über den Außenhandel Japans im 1. Semester 1914 (Zl. 38.692), 1914 Oktober 31

Tunis 1914 (Fasz. 1266 – 1 Konv.)

Bericht des französischen Generalresidenten in Tunis „Rapport sur la situation de la Tunisie en 1912" (Exemplar an Handelsmuseum) (Zl. 6056), 1914 Februar 15
Reform des tunesischen Zolltarifs, wodurch die Wertzölle in spezifische umgewandelt werden (Zl. 23.472), 1914 Juni 27

Departement 24

Ägypten 1909 (Fasz. 1097 – 1 Konv.)

K.u.k. Konsulat in Alexandrien übermittelt Zolltarife für Reis und Petroleum (Zl. 17.241), 1909 Juni 18
K.u.k. Konsulat in Alexandrien übermittelt Zolltarife für Säcke und Öle (Zl. 17.930), 1909 Juni 25

Afrika 1909 (Fasz. 1096 – 1 Konv.)

Spezialbericht des k.u.k. Konsulats in Tripolis über die kommerzielle Situation im Vilayet Tripolis (Zl. 12.863), 1909 Mai 5

Marokko 1909 (Fasz. 1098 – 1 Konv.)

Österreichischer Orientverein, betreffend kommerzielle Interessen Österreichs in Marokko (Zl. 4509), 1909 Februar 16
K.u.k. Gesandtschaft in Tanger legt Reglement betreffend die Taxe auf städtische Baulichkeiten vor (Zl. 11.550), 1909 April 28
Gründung eines spanisch-deutschen Bergbauunternehmens zur Ausbeutung der Eisenlager in Marokko (Zl. 12.986), 1909 Mai 6
Bericht der k.u.k. Botschaft in Paris, betreffend die Minenausbeutung in Marokko (Zl. 16.407), 1909 Juni 12
Mitteilung der Krainischen Industrie-Gesellschaft über Beitritt zur „Union des Mines Marocaines, Paris" (Zl. 20.796), 1909 Juli 26

Persien 1909 (Fasz. 1098 – 1 Konv.)

Bericht der k.u.k. Gesandtschaft in Teheran, betreffend die Grundlosigkeit der Befürchtungen wegen Nichtanerkennung der Zollverwaltung in Täbris (Zl. 8871), 1909 März 27
K.k. österr. Handelsmuseum, betreffend Lage in Täbris (Zl. 12.069), 1909 Mai 1
Bericht der k.u.k. Gesandtschaft in Teheran, betreffend den Außenhandel Persiens von März 1907 bis März 1908 (Zl. 15.949), 1909 Juni 5
K.k. österr. Handelsmuseum, betreffend Lage in Täbris (Zl. 16.102), 1909 Juni 11

Ägypten 1912 (Fasz. 1207 – 1 Konv.)

Ägyptische Zolltarife für Nahrungsmittel, Säcke, Eisen und Stahl (Zl. 297), 1911 Dezember 27
Bericht über Geschäftslage in Ägypten (Zl. 1713), 1912 Januar 14
Ägyptische Zolltarife für Metalle, Säcke, Rohseide, Hanf- und Leinengewebe (Zl. 13.193), 1912 April 10
Ägyptische Zolltarife für Metalle, Säcke, Rohseide, Hanf- und Leinengewebe (Zl. 15.886), 1912 Mai 4
Ägyptische Zolltarife für Metalle, Reis, Petroleum, Zucker, Sesam und Baumwollgarne (Zl. 21.220), 1912 Juni 11

Ägyptische Zolltarife für Petroleum, Zucker und Baumwollgarne (Zl. 30.127), 1912 August 29
Seebehörde in Triest berichtet über Haschischschmuggel in Ägypten (Zl. 33.129), 1912 September 24
Ägyptische Zolltarife für Metalle, Zucker, Rohseide, Hanf- und Leinengewebe (Zl. 36.111), 1912 Oktober 26
Bericht des k.u.k. Konsulats in Kairo über die wirtschaftliche Lage Ägyptens (Zl. 37.807), 1912 November 9
Ägyptische Zolltarife für Reis, Säcke, Zucker, Eisen, Stahl und Baumwollgarne (Zl. 38.898), 1912 November 22
Bericht des k.u.k. Generalkonsulats in Beirut über Wirtschaftslage in Syrien (Zl. 40.181), 1912 Dezember 1
Ägyptische Zolltarife für Reis, leere Säcke, Zucker, Eisen, Stahl und Baumwollgarne (Zl. 40.364), 1912 November 28

Ägypten 1913 (Fasz. 1236 – 1 Konv.)

Bericht des k.u.k. Konsulats in Kairo über die gegenwärtige Wirtschaftslage Ägyptens (Zl. 1903), 1913 Januar 18
Zolltarife Ägyptens für Steinkohle, Metalle, Nahrungsmittel, Petroleum, italienische Weine, Sesam, Eisen und Stahl (Zl. 4469), 1913 Februar 8
Bericht über Außenhandel Ägyptens 1912 (Zl. 5750), 1913 Februar 19
Meldung über eine Anleihe der Stadt Alexandrien (Zl. 6120), 1913 Februar 21
Ausstellung russischer Erzeugnisse und Naturprodukte in Port Said (Zl. 6787), 1913 Februar 27
Zolltarife Ägyptens für Baumwollgewebe, Zucker und französisches Mehl (Zl. 7140), 1913 März 1
Zolltarife Ägyptens für Baumwollgewebe, Zucker und französisches Mehl (Zl. 8865), 1913 März 15
Zolltarife Ägyptens für Reis, Petroleum und leere Säcke (Zl. 9111), 1913 März 17
Bericht des k.u.k. Konsulats in Kairo über die gegenwärtige Wirtschaftslage Ägyptens (Zl. 10.734), 1913 April 1
Zolltarife Ägyptens für Reis, Petroleum und leere Säcke (Zl. 11.114), 1913 April 4
Bericht über das in Kraft getretene Gesetz über die Unpfändbarkeit der kleinen Grundbesitzer (Zl. 12.026), 1913 April 7
Mitteilung, daß die Zollgebühren für rohe Seide ad valorem eingehoben werden (Zl. 12.080), 1913 April 11
Mitteilung, daß die Zollgebühren für rohe Seide ad valorem eingehoben werden (Zl. 13.734), 1913 April 25
Zolltarife Ägyptens für Holz aus Europa und Amerika, Pflastersteine und weißen Marmor (Zl. 14.957), 1913 Mai 5
Zolltarife Ägyptens für Metalle, Reis, Holz aus der Türkei, Rohseide, Baumwollgarne und französisches Mehl (Zl. 19.400), 1913 Juni 9
Bericht über die Ausnützung der Wasserkräfte in Ägypten (Zl. 21.434), 1913 Juni 24
Konkursausschreibung für die Stelle eines technischen Aufsehers bei der Munizipalität von Alexandria (Zl. 21.954), 1913 Juni 27

Geschäftslage in Ägypten (Zl. 23.764), 1913 Juli 11
Zolltarife Ägyptens für Reis, Petroleum, Eisen, Stahl, Gewebe aus Syrien und Kinema-Filme (Zl. 26.352), 1913 August 2
Zolltarife Ägyptens für Reis, Petroleum, Eisen, Stahl, Gewebe aus Syrien und Kinema-Filme (Zl. 28.141), 1913 August 19
Wirtschaftslage Ägyptens (Zl. 33.646), 1913 Oktober 9
Zolltarife Ägyptens für Metalle. Teppiche und Rohseide (Zl. 38.355). 1913 November 17
Wirtschaftslage Ägyptens (Zl. 39.346), 1913 November 25
Zolltarife Ägyptens für Metalle, Teppiche und Rohseide (Zl. 39.727), 1913 November 28
Zolleinhebung auf österreichische Dukaten (Zl. 41.441), 1913 November 22

Ägypten 1914 (Fasz. 1267 – 1 Konv.)

Ägyptische Zolltarife (Zl. 3867), 1914 Januar 30
Erhöhung des ägyptischen Einfuhrzolles für Tabak, Zigaretten und Zigarren (Zl. 3826), 1914 Januar 31
Ägyptische Zolltarife für Baumwollgewebe, Rohseide und Baumwollgarne (Zl. 9351), 1914 März 12
Ägyptische Zolltarife für Baumwollgewebe, Reis, Rohseide und Baumwollgarne (Zl. 11.888), 1914 März 24
Ägyptische Zolltarife für Petroleum und Pflastersteine (Zl. 12.842), 1914 April 4
Ägyptischer Zolltarif für Reis (Zl. 13.993), 1914 April 18
Ägyptische Zolltarife für Petroleum und Pflastersteine (Zl. 14.924), 1914 April 27
Ägyptische Zolltarife für Säcke, Eisen und Stahl (Zl. 15.944), 1914 April 29
Ägyptische Zolltarife für Reis und Baumwollgarne (Zl. 19.247), 1914 Mai 22
Ägyptische Zolltarife für Säcke, Eisen und Stahl (Zl. 18.771), 1914 Mai 25
Ägyptische Zolltarife für Reis und Baumwollgarne (Zl. 21.839), 1914 Juni 16
Ägyptische Zolltarife für Zucker und Rohseide (Zl. 21.937), 1914 Juni 12
Ägyptische Zolltarife für Reis, Holz aus Europa und Amerika, Schmuck, Silberzeug und Edelsteine (Zl. 23.866), 1914 Juni 24
Ägyptische Zolltarife für Zucker und Rohseide (Zl. 24.115), 1914 Juli 2
Ägyptische Zolltarife für Reis, Holz aus Europa und Amerika, Schmuck, Silberzeug und Edelsteine (Zl. 25.612), 1914 Juli 13
Ägyptische Zolltarife für Metalle, Säcke, Eisen und Stahl (Zl. 30.162), 1914 August 25

Departement 25

Siam 1908 (Fasz. 1085 – 1 Konv.)

K.k. Österreichisches Handelsmuseum über Verhandlungen Siams mit fremden Staaten (Zl. 20.914), 1908 Juni 20
Bericht des k.u.k. Geschäftsträgers in London, betreffend die Verhandlungen mit Siam, wegen Revision seines kommerziellen Vertragssystems (Zl. 30.268), 1908 September 25

Departement 35

Abessinien 1910 (Fasz. 1163 – 1 Konv.)

Berichte der Expedition Arnold Széls nach Äthiopien. (Zl. 13.461; 29.787; 39.006; 44.854), 1904
Berichte der zweiten Expedition Arnold Széls nach Äthiopien (Zl. 6764; 13.499; 13.639), 1905

Ägypten 1910 (Fasz. 1163 – 1 Konv.)

Ägyptische Zolltarife für Reis, Holzkohle, Kerzen aus Stearin, Zucker, Leinen- und Hanfgewebe (Zl. 2730), 1910 Januar 20
Ägyptische Zolltarife für Petroleum, Öle und leere Säcke (Zl. 13.996), 1910 April 28
Ägyptische Zolltarife für schwarzen Pfeffer und Baumwollgarne (Zl. 15.360), 1910 Mai 6
Denkschrift samt Plänen über die ägyptische Baumwollkultur (Zl. 16.940), 1910 Mai 30
Ägyptische Zolltarife für Holz aus der Türkei und für Rohseide (Zl. 17.793), 1910 Mai 30
Ägyptische Zolltarife für syrische Gewebe, Sesam und Zucker (Zl. 21.553), 1910 Juli 4
Ägyptische Zolltarife für Reis und Marmor (Zl. 22.923), 1910 Juli 15
Ägyptische Zolltarife für Eisen, Stahl und schwarzen Pfeffer (Zl. 24.732), 1910 August 5
Ägyptische Zolltarife für schwarzen Pfeffer, Rohseide, Reis und Metalle (Zl. 30.631), 1910 Oktober 5
Ägyptische Zolltarife für leere Säcke und Zucker (Zl. 32.160), 1910 Oktober 19
Ägyptische Zolltarife für Nahrungsmittel, Öle und Baumwollgarne (Zl. 33.738), 1910 November 4
Ägyptische Zolltarife für Sesam, russisches Mehl und Heu aus Indien (Zl. 36.881), 1910 November 29
Ägyptische Zolltarife für Sesam, russisches Mehl und Heu aus Indien (Zl. 38.255), 1910 Dezember 16
Ägyptische Zolltarife für Zucker, Zement und hydraulischen Kalk (Zl. 39.160), 1910 Dezember 17

Afrika 1910 (Fasz. 1163 – 1 Konv.)

Übermittlung der Aktensammlung der Internationalen Konferenz zur Neuregelung der Waffeneinfuhr nach Afrika für die Jahre 1908 und 1909 (Zl. 32.012), 1910 Oktober 22

Persien 1910 (Fasz. 1168 – 1 Konv.)

Mitteilung der kaiserlich persischen Zolladministration betreffend das Ausfuhrverbot von Teppichen, welche mit Anilinfarben gefärbt wurden (Zl. 7649), 1910 März 7
Bericht der k.u.k. Gesandtschaft in Teheran betreffend eine Verfügung, daß die Bestä-

tigung eines jeden mit Ausländern geschlossenen Kaufvertrages ohne vorherige Genehmigung durch den persischen Minister des Äußern untersagt wird (Zl. 24.377), 1910 August 7
Bericht der k.u.k. Gesandtschaft in Teheran, daß in Boland, Provinz Chorassan, ein neues Zollamt errichtet wurde (Zl. 24.378), 1910 August 7

Siam 1910 (Fasz. 1168 – 1 Konv.)

Errichtung einer k.u.k. Gesandtschaft bzw. eines k.u.k. Berufskonsulats in Bangkok (Zl. 5185), 1910 Februar 8
Bericht betreffend die Verhandlungen Siams mit den fremden Mächten wegen Aufgabe ihrer Territorialitätsrechte (Zl. 13.539), 1910 April 29
Kompensationsvorschläge des Österreichischen Lloyd für den Verzicht auf Kapitulationsrechte in Siam (Zl. 14.870), 1910 Mai 11
Kompensationsvorschläge für den Verzicht auf Kapitulationsrechte in Siam (Zl. 29.708 u. Zl. 37.630), 1910 Oktober 3 und Dezember 15
Errichtung einer k.u.k. Gesandtschaft bzw. eines k.u.k. Berufskonsulats in Bangkok (Zl. 32.893), 1910 Dezember 1

Ägypten 1911 (Fasz. 1193 – 1 Konv.)

Tarife der ägyptischen Zollbehörde für Steinkohle, Reis und Vieh (Zl. 1492), 1911 Januar 13
Tarife der ägyptischen Zollbehörde für Steinkohle, Reis und Vieh (Zl. 2691), 1911 Januar 21
Tarife der ägyptischen Zollbehörde für Baumwollgewebe, Einfuhrvieh, Zucker und weißen Marmor (Zl. 5404), 1911 Februar 15
Tarife der ägyptischen Zollbehörde für Baumwollgewebe, Einfuhrvieh, Zucker und weißen Marmor (Zl. 7317), 1911 Februar 27
Einholung von Informationen über das Projekt der „Ägyptischen Frucht- und Waldfarmen-Gesellschaft" in Kairo (Zl. 10.080), 1911 März 23
Tarife der ägyptischen Zollbehörde für Reis, Holz aus Europa und Amerika, Rohseide (Zl. 11.640), 1911 März 20
Tarife der ägyptischen Zollbehörde für Reis, Holz aus Europa und Amerika, Rohseide (Zl. 13.280), 1911 April 14
Tarife der ägyptischen Zollbehörde für Metalle, Holz aus der Türkei, Zucker, französisches Mehl (Zl. 13.284), 1911 April 7
Bericht über „Ägyptische Frucht- und Waldfarmen-Gesellschaft" (Zl. 14.872) 1911 April 30
Tarife der ägyptischen Zollbehörde für Metalle, Holz aus der Türkei, Zucker, französisches Mehl (Zl. 14.959) 1911 Mai 1
Tarife der ägyptischen Zollbehörde für Nahrungsmittel, Reis, Zucker (Zl. 20.686), 1911 Juni 7
Tarife der ägyptischen Zollbehörde für Nahrungsmittel, Reis, Zucker (Zl. 22.139), 1911 Juli 1
Tarife der ägyptischen Zollbehörde für Zucker, syrische Gewebe, Schmucksachen, Silberzeug und Edelsteine (Zl. 24.185), 1911 Juli 11

Tarife der ägyptischen Zollbehörde für Zucker, syrische Gewebe, Schmucksachen, Silberzeug und Edelsteine (Zl. 25.939), 1911 August 1
Bericht der k.u.k. Gesandtschaft in Kairo, betreffend die Einhebung der Munizipaltaxen in Tantah und Zagazig (Zl. 26.859), 1911 August 9
Tarif der ägyptischen Zollbehörde für Rohseide (Zl. 30.558), 1911 September 15
Tarif der ägyptischen Zollbehörde für Reis (Zl. 30.829), 1911 September 9
Tarif der ägyptischen Zollbehörden für Metall und Zucker (Zl. 33.845), 1911 Oktober 13

Afrika 1911 (Fasz. 1193 – 1 Konv.)

Spezialbericht des k.u.k. Konsuls in Johannesburg über die derzeitige kommerzielle und wirtschaftliche Lage des Hafens von Lourenço Marques (Zl. 15.101), 1911 Mai 1

Marokko 1911 (Fasz. 1199 – 1 Konv.)

Handelspolitische Zentralstelle mit Resolution, betreffend die Wahrung der österreichischen wirtschaftspolitischen Interessen auf dem marokkanischen Markt (Zl. 38.560), 1911 November 25

Persien 1911 (Fasz. 1199 – 1 Konv.)

Bericht der k.u.k. Gesandtschaft in Teheran, betreffend das persische Darmmonopol (Zl. 655), 1911 Januar 2
Bericht der k.u.k. Gesandtschaft in Teheran über die Steigerung der Zolleinnahmen in Persien (Zl. 17.174), 1911 Mai 18
Bericht der k.u.k. Gesandtschaft in Teheran, betreffend die Aufhebung des Einfuhrverbotes von Patronenhülsen und Zündhütchen für Jagdgewehre nach Persien (Zl. 26.090), 1911 August 6
Verfügung der persischen Zolladministration, betreffend Erleichterungen bei der Einfuhr von Jagdmunition nach Persien (Zl. 30.274), 1911 September 13

Siam 1911 (Fasz. 1199 – 1 Konv.)

Bericht der k.u.k. Botschaft in Tokio, betreffend Auskünfte über die Einrichtung der siamesischen „International Courts" etc. (Zl. 5058), 1911 Februar 8
Bericht der k.u.k. Botschaft in Tokio, betreffend die Erhöhung des Einfuhrzolles auf Spirituosen in Siam (Zl. 5229), 1911 Februar 10
K.ung. Handelsministerium teilt Zustimmung zu österreichischem Standpunkt in Fragen der Zollerhöhung auf Spirituoseneinfuhr nach Siam mit (Zl. 15.215), 1911 Mai 15
Erhöhung des Einfuhrzolles auf Spirituosen in Siam geplant (Zl. 18.799), 1911 Juni 1
Beschränkungen in der Einfuhr gewisser im siamesischen Heer verwendeter Waffen (Zl. 26.384), 1911 August 4
Sanktionierung des siamesischen Konkursgesetzes angestrebt (Zl. 27.545), 1911 August 13

Abessinien 1913 (Fasz. 1255 – 1 Konv.)

Bericht des k.u.k. Konsulats in Addis Abeba, betreffend den Bau der Eisenbahnlinie Djibouti – Addis Abeba (Zl. 23.088), 1913 Juli 5
Zündhölzchen-Monopol in Abessinien (Zl. 32.718 und Zl. 36.078), 1913 September 27 und Oktober 30
Pläne der Vergabe des Zündhölzchenmonopols in Abessinien an Privatkonzessionäre (Zl. 40.977), 1913 Dezember 7

Ägypten 1913 (Fasz. 1255 – 1 Konv.)

Berichte über die Ägyptische Wald- und Fruchtfarm-Gesellschaft (Zl. 6841) (mit Vorzahlen), 1913 Februar 27

Marokko 1913 (Fasz. 1257 – 1 Konv.)

Bericht der k.u.k. Botschaft in Paris, betreffend einen Gesetzentwurf über die Marokko-Anleihe (Zl. 14.915), 1913 April 28
Neues marokkanisches Tertibreglement (Zl. 16.474), 1913 Mai 13
Marokkanische Untertanen aus der spanischen Einflußzone stehen unter dem Schutz Spaniens (Zl. 18.164), 1913 Mai 26
Änderungen des marokkanischen Waffenreglements (Zl. 23.742), 1913 Juli 10
Feuerwerkskörper werden der gleichen Zollbehandlung unterzogen, wie Munition für Jagd- und Luxuswaffen (Zl. 38.793 und Zl. 40.251), 1913 November 10 und 26

Persien 1913 (Fasz. 1257 – 1 Konv.)

Spezialbericht über den Papierverbrauch in Persien (Zl. 16.473), 1913 Mai 14
Vollendung der Vermessungen einer neuen Eisenbahn von Karachi nach dem östlichen Teil Persiens (Zl. 19.650), 1913 Juni 5
Bericht der k.u.k. Gesandtschaft in Teheran, betreffend die persischen Finanzen (Zl. 19.909), 1913 Juni 11
Bericht über Landwirtschaft in Persien (Bericht nicht einliegend) (Zl. 29.603), 1913 August 30
Bericht der k.u.k. Gesandtschaft in Teheran über die persische Außenhandelsstatistik für 1912/13 (Zl. 31.009), 1913 September 16

Siam 1913 (Fasz. 1257 – 1 Konv.)

Ministerratspräsidium in Angelegenheiten der Erhöhung des Alkoholzolles in Siam (Zl. 2593), 1913 Januar 22
Vorlage der Statistik der siamesischen Zollbehörde über den Außenhandel und die Schiffahrt des Hafens von Bangkok während der Finanzjahre 1910/11 und 1911/12 (Zl. 6790), 1913 Februar 22
Zollerhöhung auf Spirituosen in Siam (Zl. 11.318), 1913 April 2
Zollerhöhung auf Spirituosen in Siam (Zl. 18.892), 1913 Juni 2
Bericht der k.u.k. Gesandtschaft in Bangkok, betreffend den Plan zur Bewässerung des Menamtales (Zl. 28.005), 1913 August 15

Bericht der k.u.k. Gesandtschaft in Bangkok, betreffend die Einrichtung einer Internationalen Handelskammer dortselbst (Zl. 28.331), 1913 August 16

Departement Schiffahrt

Suezkanal 1908–1921 (Fasz. 2009 – 1 Konv.)

Gesuch der Marie Grois, geborene von Negrelli um eine Gnadengabe (Präs. Zl. 800), 1908 März 8
K.u.k. Finanzministerium, betreffend Gnadensache der Marie Grois (Präs. Zl. 2879), 1908 Mai 10
Gnadenangelegenheit der Marie Grois (Präs. Zl. 5657 und Zl. 6867), 1908 September 21 und November 21
Mehrere Briefe der Marie Grois und sonstige Unterlagen in Angelegenheit der Gnadensache (o. Zl.), 1909–1911
Äußerung des k.k. Justizministeriums zur Angelegenheit Grois (Zl. 5489), 1909 Juli 4
Privatbrief von Grois über Erfolge in Berlin (Zl. 10.810), 1909 April 17
Frau Grois in Angelegenheit eines fehlerhaften Feuilletons in der „Neuen Freien Presse" über den Suezkanal (Zl. 11.599), 1909 April 27
Frau Grois übersendet vier Manuskripte ihres Vaters und ein an ihn gerichtetes Schreiben Stadions (Zl. 20.243), 1909 Juli 22
Frau Grois betreffend Unterstützung (Präs. Zl. 519), 1909 Januar 22
Notiz der „Neuen Freien Presse" über einen Plan zur Erbauung eines zweiten Suezkanals (Präs. Zl. 4245), 1909 Juli 16
Bericht der k.u.k. diplomatischen Agentie in Kairo, betreffend die Verhandlungen der Suez-Kanal-Gesellschaft mit der ägyptischen Regierung wegen Erteilung einer neuen Konzession (Präs. Zl. 5043), 1909 August 31
Verhandlung, betreffend die von Frau Grois gegen die Suez-Kanal-Gesellschaft geführte Aktion und Darstellung allfälliger Konsequenzen für Österreich (Präs. Zl. 7250), 1909 Dezember 24
Publikation über den Prozeß der Erben des Freiherrn von Bruck gegen die Suezkanal-Gesellschaft (Präs. Zl. 2681), 1910 Mai 17
Geplante Aktion der Frau Grois gegen die Suezkanal-Gesellschaft (Zl. 6288), 1910 Februar 27
Frau Grois ersucht um neuerliche Unterstützung, die ihre gegen die Suezkanal-Gesellschaft eingeleitete Aktion weiterführen soll (Zl. 7682), 1910 Februar 23
Frau Grois wird in Angelegenheit der Suezkanal-Gesellschaft nach Paris geschickt (Zl. 16.877), 1910 Juni 1
K.u.k. Ministerium des Äußern übermittelt Erlaß, durch den die Botschaft in Paris von der Reise Frau Grois' in Kenntnis gesetzt wird (Zl. 17.524), 1910 Juni 3
Angelegenheit der Aktion der Frau Grois gegen die Suezkanal-Gesellschaft (Zl. 41.473), 1913 Dezember 12
Aktion der Frau Grois gegen die Suezkanal-Gesellschaft (Zl. 43.665), 1913 Dezember 29

Mehrere Akten des k.k. österreichischen Handelsmuseums in Wien, betreffend die Gründerrechte an der Suezkanal-Gesellschaft und die Ansprüche Österreichs darauf (o. Zl.) 1914 – 1918
Österreichische Gründeransprüche am Suez-Kanal (Zl. 1561), 1916 Januar 25
Frau Grois in Angelegenheit des Baues des Suezkanals (Zl. 12.282), 1916 Juni 5
Erbauung des Suezkanals (Zl. 12.753), 1916 Juni 9
Geltendmachung der österreichischen Gründerrechte am Suezkanal-Unternehmen (Zl. 15.161), 1916 Juli 12
Österreichische Gründeransprüche am Suezkanal (Zl. 18.480), 1916 August 28
Geltendmachung der Gründerrechte am Suezkanal-Unternehmen durch österreichische Interessenten (Zl. 18.889), 1916 September 2
Der Österreichische Lloyd bestätigt den Erhalt der Gutachten über den Suezkanal (Zl. 23.951), 1916 November 9
Die Marinesektion des k.u.k. Kriegsministeriums bestätigt den Erhalt des Materials, betreffend die den Suezkanal angehenden Fragen (Zl. 24. 021), 1916 November 10
Hof- und Gerichts-Advokat Dr. Julius Krickl in Angelegenheiten Gründerrechte des Suezkanals (Zl. 24.217), 1916 November 11
K.u.k. Finanzministerium bestätigt Empfang der Broschüre „Österreich-Ungarn und der Suezkanal" (Zl. 24.679), 1916 November 14
K. ung. Handelsministerium dankt für Suezkanal-Gutachten (Zl. 25.798), 1916 November 27
Geltendmachung österreichischer Gründerrechte am Suezkanal (Zl. 26.594), 1916 Dezember 6
Geltendmachung österreichischer und deutscher Gründerrechte am Suezkanal-Unternehmen (Zl. 8052), 1917 März 31
Dr. Krickl in Angelegenheiten des Suezkanal-Unternehmens (Zl. 10.235), 1917 April 21
Geltendmachung österreichischer Gründerrechte am Suezkanal (Zl. 10.637), 1917 April 21
K. ung. Justizministerium bestätigt den Empfang der Broschüre „Österreich-Ungarn und der Suezkanal" (Zl. 15.471), 1917 Mai 22
Deutsche und österreichische Gründerrechte am Suezkanal (Zl. 15.712), 1917 Juli 1
Österreichische und deutsche Gründerrechte am Suezkanal (Zl. 29.933), 1917 Oktober 4
Österreichische Ansprüche am Suezkanal (Zl. 8416), 1921 Mai 2

FINANZ- UND HOFKAMMERARCHIV

von Gottfried Mraz

Adresse: Johannesgasse 6, A-1010 Wien, Tel. 0222-52 54 34 – Öffnungszeiten: Mo 12h30 – 15h45, Di und Mi 8h30 – 12h30, Do und Fr 8h30 – 15h45

VORBEMERKUNG

Das Wiener Hofkammerarchiv verwahrt die Amtsbücher (Protokolle, Indizes und Kopialbücher) und die Akten, die aus dem Geschäftsgang der k.k. Hofkammer, der zentralen Finanzverwaltungsbehörde für die Länder der österreichischen Linie des habsburgischen und dann des habsburgisch-lothringischen Hauses, erwachsen sind. Die Bezeichnung des Archivs leitet sich vom Behördennamen ab. Die Hofkammer erhielt erstmals eine klar umrissene Aufgabe in der Behördenreform Ferdinands I. Nach mehreren Ansätzen in der Zeit Maximilians I., die in den ältesten Beständen des Hofkammerarchivs einen aktenmäßigen Niederschlag gefunden haben, nahm die neuorganisierte Hofkammer am 1. Jänner 1527 ihre Tätigkeit auf. Ihr Aufgabenbereich erstreckte sich alsbald nicht nur auf die Verwaltung des landesfürstlichen Kammergutes, sondern die Hofkammer entwickelte sich zu einer zentralen, umfassenden Finanz- und Wirtschaftsbehörde, die auch in wesentlichen Angelegenheiten für die Länder der ungarischen Krone die Entscheidungsgewalt ausübte.

Seit dem Ende des 17. Jahrhunderts spielte mit der Entfaltung merkantilistischer Ideen die Förderung des Handelsverkehres eine immer größere Rolle. Damit war ein Ausgreifen der Handelsinteressen in den afro-asiatischen Raum verbunden.

Da jedoch die Finanzverwaltung auch in den Fragen der Besoldung der kaiserlichen Gesandtschaften und der Versorgung der aus dem osmanischen, persischen und russischen Reich sich am Kaiserhof einfindenden Botschaften entscheidend mitzuwirken hatte, finden sich in den frühen Beständen aus dem 16. Jahrhundert verschiedentlich Nachrichten über die Länder des Nahen Ostens und der Nordküste Afrikas.

Die innere Organisation der Hofkammer erfuhr wohl im 17. und zu Beginn des 18. Jahrhunderts verschiedentliche Veränderungen. Die Haugwitzsche Behördenreform unter Maria Theresia brachte im Jahre 1749 mit der Eingliederung der Finanzverwaltung für die böhmisch-österreichischen Länder in das neugeschaffene Directorium in publicis et cameralibus das Ende der alten Hofkammer. Ihr verblieben noch die Agenden für Ungarn. Festzuhalten ist auch, daß die Kommerz- (Handels-)angelegenheiten schon 1746 einer selbständigen Hofstelle überantwortet wurden, deren Aktenlauf im Hofkammerarchiv erhalten ist.

Das Hofkammerarchiv ist die älteste Abteilung des heutigen Österreichischen Staatsarchives. Die Gründung fällt in das Jahr 1578, in dem die Errichtung einer eigenen alten Registratur für die Akten der Hofkammer beschlossen wurde.

Nach der Behördenreform, die mit dem Namen des Staatskanzlers Kaunitz verknüpft ist, setzt mit dem Jahr 1762 die Aktenüberlieferung abermals in voller Breite ein. Die wiedererrichtete Hofkammer blieb nunmehr als zentrale Finanzverwaltungsbehörde bis zum Revolutionsjahr 1848 bestehen und wurde danach in dieser Funktion vom Finanzministerium abgelöst.

Unter Berücksichtigung der historischen Entwicklung des zentralen Behördenwesens sind für die Beziehungen der habsburgischen Länder zum afroasiatischen Raum vor allem die Bestände Hoffinanz, Reichsakten und Kommerz bedeutsam. Für die Zeit nach 1848 (im Fall der Kommerzakten teilweise schon ab 1831) sind die entsprechenden Bestände des Finanzarchivs heranzuziehen.

Lit.: *Inventar des Archivs des k.k. Finanzministeriums*, Wien 1911 (Inventare österr. staatlicher Archive II) – *Inventar des Wiener Hofkammerarchivs* 2 Bde., Wien 1951-1958 (Inventare österr. Archive VII) – Mikoletzky H.L., The Finanz- und Hofkammerarchiv, *Austrian History Yearbook* 6/7, 1970/71, S. 22-38.

BESTÄNDE BIS ZUR VERWALTUNGSREFORM VON 1749

Hoffinanz

Der Fonds Hoffinanz stellt die zentrale Registratur der Hofkammer bis zur Haugwitzschen Reform dar. Schon in der ersten Hälfte des 16. Jahrhunderts wurde für die Akten ein territorial gegliedertes Ablageprinzip eingeführt, während die Geschäftsbücher für alle Belange gemeinsam geführt wurden. Sie setzen mit dem Jahre 1535 ein und reichen fast lückenlos bis 1762. Sie bilden auch heute noch das unentbehrliche Hilfsmittel für die Erschließung der Akten. Die Geschäftsbücher wurden nach Einlauf und Auslauf getrennt geführt und umfassen Protokolleintragungen und gemischten Namens- und Sachindex. Aus der territorialen Gliederung ergaben sich die Fonds Hoffinanz Österreich (ca. 1500 – 1749), Hoffinanz Böhmen (1526 – 1749) – dieser Bestand wurde nach dem 1. Weltkrieg an die Tschechoslowakei abgetreten – und Hoffinanz Ungarn (1544 – 1762). Die Akten liegen chronologisch.

In den genannten Fonds erliegen Aktenstücke, die die wirtschaftlichen Beziehungen der österreichischen Länder zum Ausland beleuchten. Darüber hinaus können sie unter dem finanziellen Aspekt die diplomatischen Akten ergänzen. Naturgemäß stehen im Zeitraum bis etwa 1700 Geschäftsstücke, die die Beziehungen zum Osmanischen Reich betreffen, im Vordergrund. Die Protokolle weisen aber auch verschiedentlich Eintragungen auf, die das Verhältnis zu Ägypten, zu den sogenannten Barbaresken (Tunis und Algier) und zu Persien zum Gegenstand haben.
Lit.: *Inventar des Hofkammerarchivs* Bd. 1, S. 3-6.

Reichsakten

Die in diesem Fonds bereits gegen Ende des 18. Jahrhunderts zuammengefaßten Akten stellen ihrer Herkunft nach zum überwiegenden Teil ein Selekt aus dem Bestand der Hoffinanz (vgl. oben) dar. Die Bezeichnung Reichsakten ist insofern irreführend, als in diesem Fonds keineswegs nur Akten abgelegt wurden, die das römisch-deutsche Reich betrafen. U.a. enthält dieser Bestand zahlreiche Stücke, die die finanziellen Aufwendungen für das kaiserliche Gesandtschaftswesen von der Mitte des 16. bis in die Mitte des 18. Jahrhunderts beleuchten. Naturgemäß stehen dabei Geschäftsstücke, die das Verhältnis zur Türkei betreffen, zahlenmäßig an der Spitze.

Kulturgeschichtlich besonders aufschlußreich sind die in den Faszikeln 172-176 und 184-194 erliegenden Akten, die u.a. auch über die verschiedenartigen Bedürfnisse der aus der Türkei, Persien, Tripolis und der Tatarei an den Kaiserhof abgeschickten Gesandtschaften Aufschluß geben. Die Obsorge für Verköstigung und Geleit dieser Diplomaten samt ihrem meist ansehnlichen Gefolge oblag der kaiserlichen Hofkammer. Aufschlußreich sind auch die Kostenübersichten für die Bereitstellung und Anfertigung der Geschenke, die zugleich mit dem kaiserlichen Tribut während der 2. Hälfte des 16. Jahrhunderts an den Sultan und die Großwürdenträger des Osmanischen Reiches geschickt werden mußten. Sie geben Auskunft darüber, welche

Waren aus dem süddeutsch-österreichischen Raum in der Levante gefragt waren.
Lit.: *Inventar des Hofkammerarchivs* Bd. 1, S. 56-67.

Gesandtschaften nach Persien 1599-1661, Tripolis 1725-1728, Tunis 1732-1733 und in die Tatarei 1599-1682 (Fz. 169)
Gesandtschaften in die Türkei 1529-1748 (Fz. 172-176)
Gesandtschaft nach Tripolis 1724 (Fz. 176)
Gesandtschaft in die Tatarei 1599 (Fz. 184)
Gesandtschaften in die Türkei 1600-1674 (Fz. 184-189)
Gesandtschaft nach Tripolis 1725-1729 (Fz. 189)
Türkische Verehrungen 1532-1699 (Fz. 190-193)
Gesandtschaften nach Persien 1607-1615 und in die Türkei 1563-1747 (Fz. 194)

Gedenkbücher

Von der mehr als 500 Bände umfassenden Reihe der Gedenkbücher kann die nur 18 Bände bildende ältere Reihe aus der Zeit Maximilians I. übergangen werden. Die zweite, jüngere Reihe setzt mit dem Regierungsantritt Ferdinands I. in den österreichischen Ländern ein und teilt sich, wie dies schon beim Bestand Hoffinanz gezeigt wurde, ebenfalls territorial auf. Dabei umfaßt die österreichische Reihe (Bd. 19 bis 277) die Zeit von 1521 bis 1750, die böhmische (Bd. 300 bis 382) die Jahre von 1527 bis 1749 und die ungarische (Bd. 383 bis 471) den Zeitraum von 1534 bis 1762. Dazu kamen die Reichsgedenkbücher (Bd. 472 bis 518), die 1564 unter Maximilian II. einsetzen und bis 1749 reichen. Die Bände 278 bis 299 erstrecken sich auf Angelegenheiten der oberösterreichischen (Tirol und die Vorlande) und innerösterreichischen (Steiermark, Kärnten, Krain und Görz) Länder.

Die jüngere Reihe der Gedenkbücher stellt eine ansehnliche und außerordentlich bedeutsame Sammlung von Kopialbüchern dar, in denen die wichtigeren auslaufenden Geschäftsstücke der Hofkammer wörtlich festgehalten wurden. Sie bilden somit inhaltlich mit der Registratur und den Akten der Hoffinanz eine innere Einheit (vgl. oben).
Lit.: *Inventar* a.a.O. S. 76-80.

Verschiedene Vorschläge

In diesem verhältnismäßig kleinen Fonds sind Schriftstücke verschiedenster Art, meist Projekte und Eingaben an die Hofkammer vereinigt, die in erster Linie finanzielle Probleme, die Erhöhung des Steueraufkommens, Verbesserung des Zollwesens, des Verkehrs, den Ausbau der Manufakturen und insbesonders die Förderung des Handels betreffen. Sie stammen größtenteils aus der Zeit des Merkantilismus (ca. 1650 bis 1750). Von Bedeutung sind mehrere Stücke, die sich eingehend mit dem Aufbau und der Ausweitung des Handelsverkehrs mit der Levante und den nordafrikanischen Gebieten befassen. Dazu zählen: ein Memorandum betreffend das Levantinische Commercium (Nr. 75), die Privilegien der orientalischen und septen-

trionalischen Handelskompagnien (Nr. 126). Vorschläge für die Erhöhung der Staatseinnahmen aus dem Zoll auf Luxuswaren, besonders aus dem Verkauf von Kaffee und Tee, samt den anfallenden Problemen aus dem Transitverkehr (Nr. 117, 144, 171, 336, 427) sowie Vorschläge zur Hebung des Orienthandels (Nr. 422, 424).
Lit.: *Inventar* a.a.O. S. 84f.

BESTÄNDE AUS DER ZEIT VON 1749 BIS 1848

Kommerzakten

Der Gedanke, aus den habsburgischen Erbländern einen großen einheitlichen Wirtschaftsraum zu schaffen, reicht in die Anfänge der Regierungszeit Karls VI. zurück. Die Versuche, den Außenhandel zu fördern, fanden in den Akten der Hoffinanz (vgl. oben S. 221) ihren Niederschlag. Dazu gehören auch die verschiedenen Projekte und Privilegien für Handelskompanien.

Im Jahre 1743 verlangte Maria Theresia, daß auf die Förderung des Handels und des Manufakturwesens in den Erbländern besonderes Augenmerk zu richten sei, weil dies allein die Mittel seien, um den Ländern aufzuhelfen und fremdes Geld hereinzubringen. Dieses Anliegen wurde 1746 mit der Errichtung des Universalkommerzdirektoriums als einer zentralen Handelsbehörde institutionalisiert. Mit dem Jahr 1749 setzt registraturmäßig der Fonds Kommerz ein. Dieser Bestand ist eine hervorragende Quelle für die Entwicklung des Außenhandels und damit auch für die sich allmählich intensivierenden Handelsbeziehungen der habsburgischen Länder mit dem afroasiatischen Raum. Umfangmäßig sind etwa 1350 Faszikel vorhanden, die durch mehr als 300 Geschäftsbücher erschlossen werden; Vorakten reichen weit in die erste Hälfte des 18. Jahrhunderts zurück. Der Bestand zerfällt in mehrere Teilbestände, deren Akten zum Großteil in einzelne Abteilungen gegliedert sind; die jeweiligen Faszikel sind jedoch für den gesamten Kommerzbestand mit sogenannten roten Nummern (in der folgenden Übersicht als Fz. angeführt) durchnumeriert, deren Angabe für die Bestellung ausreicht.
Lit.: *Inventar* a.a.O. S. 85-108.

Teilbestand 1

Altes Kommerz (1749 – 1769)

Generalia in commercialibus 1749 – 1769 (Fz. 1)

Die Kommerzialeinrichtung des Freihafens zu Triest 1749 – 1758 (Fz. 14-16)

Kommerzialeinrichtung zu Carlopago 1756 (Fz. 17)

Instruktion für die Kommerzialintendanz zu Triest 1752 – 1754 (Fz. 18)

Konsulatspatente und Instruktionen für Triest 1749 – 1761 (Fz. 19)

Die bei Triest ausgeraubten türkischen Untertanen 1749 – 1750 (Fz. 22)

Flaggenpatente und passaporti di riscontro 1750 – 1762 (Fz. 26)

Tabelle über die zu Triest ein- und auslaufenden Schiffe 1749 – 1751 (Fz. 33)

Kommerzialintendanz zu Triest 1749 – 1750 (Fz. 34)

Teilbestand 3

Innerösterreich (1749 – 1813)

Türkische Untertanen und deren Handel 1754 – 1812 (Fz. 415)

Teilbestand 4

Litorale (1749 – 1813)

Kommerzialhauptintendanz zu Triest, Instruktionen und Agenden 1775 – 1776 (Fz. 469)

Unionsgeschäft und Kommerzialeinrichtung im Litorale, Erklärung der Häfen Triest und Fiume als Freihäfen 1717 – 1767 (Fz. 478)

Ancoraggio- und Alboraggio-Gefälle 1749 – 1775 (Fz. 574)

Kommerz im Litorale in genere, Auf- und Abnahme, Vorschläge 1730 – 1812 (Fz. 582-583)

Kommerzialoperation 1763 – 1769 (Fz. 584)

Ausfuhr erbländischer Natur- und Kunstprodukte per mare, Mautbegünstigungen und Prämien 1754 – 1807 (Fz. 588)

Einfuhr und Mautbegünstigung einiger ausländischer Produkte und Fabriksmaterialien 1770 – 1807 (Fz. 596)

Einfuhrverbot und Mauterschwerungen ausländischer Produkte 1754 – 1804 (Fz. 597)

Verschiedene Handlungskompagnien 1764 – 1805 (Fz. 606)

Triester und Fiumaner Handlungskompagnie, Zuckerraffinerie u.a. 1749 – 1813 (Fz. 607-615)

Kommerz nach Ost- und Westindien, Kompagnie 1763 – 1809 (Fz. 616)

Handelsstand im Litorale und Börse zu Triest 1749 – 1810 (Fr. 617)

Kupferfabrikation und Verschleiß per mare, Eisen- und Bleihandel 1749 – 1809 (Fz. 618)

Seewesen, Schiffahrt und Schiffbau 1749 – 1813 (Fz. 621-623)

Seearmament, Ausrüstung und Unterhaltung eigener Fregatten 1750 – 1810 (Fz. 625-627)

Kauffahrtei und Merkantilschiffarmierung 1771 – 1783 (Fz. 628)

Erteilung der Flaggenpatente, Scontrini und Passavanti in genere 1749 – 1813 (Fz. 629-642)

Auskunft, Visitation, Begrüßung und Verunglückung fremder Schiffe 1749 – 1797 (Fz. 644)

Konsuln in der Levante und Ponente in genere 1750 – 1798 (Fz. 646)

Verschiedene Konsulate in specie (Fz. 647)

Konsuln in England, Holland, Dänemark, Schweden, Rußland, Cherson, Odessa, Ostindien, China, Barbarei 1754 – 1800 (Fz. 651)

Kommerzialrelationen der k.k. Konsuln 1752 – 1813 (Fz. 655)

Kommerz mit Frankreich und seinen Kolonien 1755 – 1812 (Fz. 661)

Kommerz mit der Türkei und Levante, Traktate, türkische Untertanen und deren Handel in genere 1749 – 1813, türkische Untertanen in specie 1749 – 1786 (Fz. 680-684)

Barbaresken, Seeräubereien, Traktate mit diesen 1748 – 1811 (Fz. 686-688)

Korsaren fremder Mächte, Kapereien, Vorsehung dagegen, Ausrüstung fremder Schiffe im Litorale 1757 – 1813 (Fz. 689-690)

Kommerz mit verschiedenen auswärtigen Staaten in specie 1754 – 1812 (Fz. 691-692)

Verschiedene Kommerzialanordnungen und Traktate in und zwischen fremden Staaten 1748 – 1811 (Fz. 693)

Ungarisches und banatisches Kommerz mare versus u.a. 1752 – 1791 (Fz. 718-724)

Teilbestand 5

Böhmen (1749 – 1813)

Türkische Untertanen und deren Handel 1754 – 1812 (Fz. 928)

Teilbestand 6

Ungarn, Siebenbürgen und Galizien (1749 – 1813)

Kontumazsachen, türkische Untertanen 1750 – 1813 (Fz. 955)

Verschiedene Handelskompagnien 1765 – 1775 (Fz. 958)

Privilegierte ungarische und banatische Handlungskompagnien, deren Handel und Fabriken 1759 – 1786 (Fz. 959-962)

Teilbestand 11

Kommerz-Kammer (1814 – 1830)

Auswärtiger Handel 1814 – 1830 (Fz. 1048 – 1050)

Wechselgesetze, Gepflogenheiten auf den Jahrmärkten, Handelsseekodex 1816 – 1830 (Fz. 1052)

Merkantil- und Manufakturtbellen, Kommerzbilanzen 1814 – 1830 (Fz. 1053)

Handel der Juden und türkischen Untertanen, griechische Handelsgesellschaften 1814 – 1830 (Fz. 1061-1062)

See- und Flußschiffahrt, Marinewesen, Häfen und Leuchttürme, Navigationsakten 1814 – 1830 (Fz. 1069-1077)

Konsuln und Konsulatsämter 1814 – 1830 (Fz. 1078-1081)

Flaggenpatente, Fermane, Seeurkunden, Pässe, Skontrini 1814 – 1830 (Fz. 1082-1085)

Seeräuberei, Ankauf der Korsarenschiffe, Entschädigungen und Belohnungen, Berichte und Gesetze, Kriegsschiffe zum Schutz des Levantehandels, Hafenblockaden, Sklavenhandel 1814 – 1830 (Fz. 1086)

Teilbestand 11.1
Akten des Kommerz-Senates der Allgemeinen Hofkammer

1. Gruppe 1831 – 1840

Angelegenheiten österreichischer und deutscher Untertanen im Auslande, Kommerz-Kammern in Lombardo-Venetien, Handelsangestellte, Ärarialvorschüsse (Fz. 1289)

Auswärtiger Handel, Handels- und Schiffahrtsverträge, Österreichische Seegesetzgebung, Handelsgesetzgebung des Auslandes (Fz. 1290)

Angelegenheiten türkischer Untertanen und israelitischer Handelsleute in Österreich, u.a. (Fz. 1295)

Schiffahrt, Seehandel, Handelsflaggen, Hafenangelegenheiten, Versicherungsgesellschaften in Triest (Fz. 1297 – 1305)

Konsulatswesen (Fz. 1306-1307)

Seeschiffpatentierung, Seeräuber, Katholischer Gottesdienst in Galatz, Ausländerpässe, Choleramaßregeln (Fz. 1308)

2. Gruppe 1841 – 1848

Polytechnisches Institut, Katholischer Kultus im Auslande, Standeserhöhungsgesuche von Industriellen (Fz. 1326)

Auswärtiger Handel, Zölle fremder Staaten, Handels- und Schiffahrtsverträge, Banken- und Versicherungsanstalten (Fz. 1327-1328)

Handelsschiffahrt, Schiffseichung, Seeurkunden und Flaggen, Hafenangelegenheiten, Handelsangestellte (Fz. 1335-1342)

Österreichische Seeschiffahrt im Auslande, Seeräuber (Fz. 1343)

Konsulatswesen, Paßwesen (Fz. 1344-1346)

Teilbestand 12
Kommerz-Kommission (1816 – 1824)

Auswärtiger Handel, Verträge, Berichte, Grenzzollwesen 1816 – 1824 (Fz. 1154-1158)

Merkantil- und Wechselgeschäfte, Firmenprotokollierung, Gewerbe- und Handelsverfassung, Ordnungen, Gesetze, Gerichte, Zunftwesen, Handels- und Seerecht (Fz. 1160)

Judenhändler, türkische Untertanen, Griechen (Fz. 1169-1170)

See- und Flußschiffahrt, Marinewesen, Navigationsakten (Fz. 1189-1196)

Konsuln und Konsularämter (Fz. 1197-1200)

Flaggenpatente, Fermane, Seeurkunden, Pässe, Skontrini (Fz. 1201-1209)

Seeräuberei, Schutzkriegsflotte, Hafenblockaden, Befreiung der Sklaven (Fz. 1210)

Teilbestand 13
Kommerz-Präsidium (1816 – 1824)

Der Bestand umfaßt 46 Faszikel, davon sind 7 Faszikel Beilagen. Sie entsprechen den roten Nummern 1243-1281 und 1282-1288. Die Akten sind nicht nach Abteilungen gegliedert, sondern erliegen in chronologischer Reihe. Sie bilden eine wichtige Ergänzung zu den Teilbeständen 11 und 12.

KRIEGSARCHIV

Von Peter Broucek, Erich Hillbrand, Walter Wagner und Edith Wohlgemuth

Adresse: Stiftgasse 2, A-1070 Wien; Tel. 0222-93 27 40-49 – Öffnungszeiten: Mo – Fr 8h15 – 15h45

VORBEMERKUNG

Das Kriegsarchiv ist die zentrale Dokumentationsstelle für die kaiserliche bzw. kaiserlich-königliche bewaffnete Macht der Habsburgermonarchie seit dem 16. Jahrhundert sowie für das Bundesheer der Republik Österreich. Das Archiv wurde 1711 als hofkriegsrätliches Kanzleiarchiv gegründet, um die Akten des Hofkriegsrates, der höchsten administrativen Zentralstelle für militärische Angelegenheiten, zu verwahren. Ab 1779 wurden die Beamten des Archivs zusammen mit den Offizieren des Generalstabes auch mit der amtlichen militärischen Geschichtsschreibung betraut. Im Zuge einer Reorganisation des Generalstabes wurde 1801 im Rahmen dieser Institution ein „Kriegsarchiv" geschaffen, das vornehmlich Schriften zur Erlangung von Kriegserfahrungen sammeln sollte und nunmehr neben dem hofkriegsrätlichen Kanzleiarchiv bestand; eine Vereinigung erfolgte erst 1889. Nach dem Ende des Ersten Weltkrieges wurde das Kriegsarchiv als zivile Anstalt dem Bundeskanzleramt unterstellt, seit 1945 bildet es eine der Abteilungen des Österreichischen Staatsarchivs.

Die im Kriegsarchiv verwahrten Bestände umfassen sowohl geschlossene Registraturen als auch Sammlungsgut. Berührungspunkte mit Afrika, Asien und Ozeanien ergeben sich vor allem durch die Tätigkeit der Kriegsmarine und der Militärattachés, aber auch durch die Zuständigkeit des Hofkriegsrats für die diplomatischen Beziehungen mit der Pforte. Insgesamt verwahrt das Kriegsarchiv derzeit etwa 220.000 Aktenfaszikel, 50.000 Geschäftsbücher, 400.000 Karten und Pläne, 300.000 Bilder und 390.000 Druckwerke.
Lit.: *Inventar des Kriegsarchivs Wien* (Inventare österr. Archive VIII), verf. v.d. Beamten des Kriegsarchivs, 2 Bde. Wien 1953 – Egger R., The Kriegsarchiv, *Austrian History Yearbook* 6/7, 1970/71, S. 39-66.

ARCHIV DES MARINEMINISTERIUMS

Registratur der Marineabteilung des 1801 – 1805 bestehenden Kriegs- und Marineministeriums Erzherzog Karls als oberster Zentralstelle für Marineangelegenheiten, gegliedert in Jahrgänge, erschlossen durch Indizes und Protokolle.
Lit.: Wagner W., Das Archiv der k.u.k. Kriegsmarine im Kriegsarchiv Wien, *Schriften des Heeresgeschichtlichen Museums* (künftig HGM) *in Wien* 8, 1980, S. 93.

Unternehmen gegen Marokko 1805 (Einzelstücke, die aus den elf Kartons dieses Jahrgangs mit Hilfe der Indizes ermittelt werden müssen; Zitierweise: MM/Aktenzahl).

ALTES MARINEARCHIV

Nach Sachgruppen gegliederter Sammelbestand aus verschiedenen Registraturen der Kommanden und Behörden der Kriegsmarine aus den Jahren 1815 – 1863, erschlossen durch Materienprotokolle (grobe Stückverzeichnisse nach Sachgebieten chronologisch). Inhalt: maritime Angelegenheiten.
Lit.: Wagner a.a.O. S. 93ff.

Operationsakten (M/a) 1809 – 1860 (22 Kart.)

Sammelbestand der auf kriegerische Operationen bezüglichen Akten verschiedener Kommanden und Behörden der Kriegsmarine in chronologischer Ordnung mit Materienprotokollen.

Affäre Marokko 1828 – 1831, 1 Kart.
Operationen in der Levante und in Syrien 1840/41, 2 Kart.

Flottenarchiv (M/b) 1815 – 1863 (63 Kart.)

Sammelbestand der auf die Tätigkeit von Flottenverbänden außerhalb kriegerischer Unternehmen bezüglichen Akten verschiedener Kommanden und Behörden der Kriegsmarine, geordnet nach den einzelnen Flottenverbänden in 35 Gruppen (I-XXXV) und innerhalb dieser chronologisch, erschlossen durch Materienprotokolle.

Levante-Division LSchK Armeni und Accurti 1821 – 24, 3 Kart. (M/b IV).
Levante-Eskadre LSchK Accurti und CA Paulucci 1825 – 26, 2 Kart. (M/b V).
Levante-Eskadre LSchK/CA Dandolo 1827 – 30, 2 Kart. (M/b VI).
Levante – Division LSchK Accurti 1830 – 32, 4 Kart. (M/b VII).
Levante – Division CA Dandolo 1833 – 38, 6 Kart. (M/b VIII).
Levante – Division CA Bandiera 1839 – 43, 7 Kart. (M/b IX).
Levante – Division LSchK Bua 1844 – 45, 3 Kart. (M/b X).
Schiffsdivision Marsich in der Levante 1845 – 46, 8 Kart. (M/b XI).
Schiffsdivision LSchK Buratovich, in die Levante detachierte Schiffe 1847/48, 5 Kart. (M/b XII).
Schiffsdivision in der Adria LSchK Fautz, Abteilung in der Levante 1852, 1 Konv. (M/b XVI).
Flottenabteilung Bourguignon in der Levante 1853/54, 1 Konv. (M/b XX).
Flottenabteilung Pöltl in der Levante 1854, 1 Konv. (M/b XXI).
Flottenabteilung Lewartowsky in der Levante 1854, 1 Konv. (M/b XXII).
Flottenabteilung Fautz in der Levante 1855, 1 Konv. (M/b XXIII).
Übungsgeschwader Erzh. Ferdinand Max in der Levante 1855, 1 Konv. (M/b XXIV).
Flottenabteilung Bourguignon in der Levante 1856, 1 Konv. (M/b XXV).
Levante-Eskadre Bourguignon 1856, 1 Konv. (M/b XXVI).
Levante – Eskadre Bourguignon-Lewartowsky 1857, 1 Konv. (M/b XXVII).

Levante – Eskadre Wissiak 1857, 1 Konv. (M/b XXVIII).
Flottenabteilung Tegetthoff in der Levante 1863, 1 Konv. (M/b XXXV).

Maritim-militärisches Archiv (M/c) 1815 – 1863 (270 Kart.)

Sammelbestand der allgemein maritim-militärischen Akten verschiedener Behörden und Kommanden der Kriegsmarine, geordnet nach 33 Sachgebieten und innerhalb dieser chronologisch, erschlossen durch Materienprotokolle.
Lit.: Wagner a.a.O. S. 94.

M/c 22: Missionen von Flottenabteilungen, Schiffen und Personen 1815 – 1863 (38 Kart.)

Einschlägiges Material läßt sich über zwei Kartons Materienprotokolle jahrgangsweise vorwiegend nach den Namen der Schiffe ermitteln. Dazu gehören z.B. Unterlagen über die Mission der Korvette „Carolina" 1820/22 nach Ostindien und China oder über die Weltumseglung der Fregatte „Novara" 1857/59. Ab der Mitte des Jahrhunderts haben solche Missionen fast jedes Jahr stattgefunden.
Lit.: Hamann. G., Die österr. Kriegsmarine im Dienste der Wissenschaften, *Schriften des HGM* 8, 1980, S. 63ff.

NEUES MARINEARCHIV

Dieser Archivfonds umfaßt die Registraturen der Zentralstellen, Mittelbehörden, Marinetruppen, Ämter und Anstalten, Kommanden und Verbände zur See sowie Schiffs-, Personal- und Gerichtsakten 1864 – 1918 und ist nach den einzelnen Behörden und Kommanden gegliedert. Für Material über Afrika, Asien und Ozeanien kommen vor allem Berichte der Schiffe, Konsuln und Attachés in Frage, das Aufsuchen erfolgt über die jeweiligen Indizes.
Lit.: Wagner a.a.O. S. 95ff.

Marineministerium und Marinesektion des (Reichs-) Kriegsministeriums
1864 – 1918 (1923)

Dieses Archiv enthält die Registraturen der Abteilungen der Zentralstelle der Kriegsmarine, bei denen unter anderem auch die Berichte der Schiffe, Attachés und Konsuln einliefen. Es ist gegliedert nach den Serien der Präsidial-, Operationskanzlei und der Hauptgruppe, die ihrerseits wieder in zwei, ab 1916/17 in drei Geschäftsgruppen zerfällt. Sämtliche Registraturen sind nach dem Rubrikensystem hinterlegt, einschlägiges Material muß über die jeweiligen Indizes unter in Frage kommenden Schlagworten (einschlägige Ländernamen, Sachbetreffe u.a.m.) ermittelt werden.
Lit.: Wagner W., *Die obersten Behörden der k.u.k. Kriegsmarine 1856 – 1918* (MÖStA Ergbd. 6, 1961). Zu Geschäftsgang und Behördenstruktur vgl. Außerdem Wagner, Archiv der k.u.k. Kriegsmarine a.a.O. S. 96f., zu den Schiffsreisen Hamann a.a.O. S. 59ff. und Jahn F., Bibliographie der k.k./k.u.k. Marine *Schriften des HGM* 8, 1980, S. 109ff.

Präsidialkanzlei 1864 – 1918 (122 Bde., 1016 Kart.)
(Zitierweise: PK/MS – Jahr – Rubrik – Subrubrik)

Operationskanzlei 1885 – 1918 (80 Bde., 790 Kart.)
(Zitierweise: OK/MS – Jahr – Rubrik – Subrubrik)
An einschlägigem Material enthält diese Serie z.B. Akten über die österreichische Beteiligung an den Seekriegsoperationen im Boxeraufstand 1900. Parallel muß dazu jeweils auch in der Serie Präsidialkanzlei gesucht werden.
Lit.: Plaschka R.G., Von Pola nach Taku, *Schriften des HGM* 8, 1980, S. 43-57.

Marinetruppen 1838 – 1919 (34 Bde., 215 Fasz.)

Registraturen verschiedener Truppenkommanden. Für Asien von Belang sind vor allem die Registraturen der Detachements in China.
Lit.: Wagner, Archiv der k.u.k. Kriegsmarine S. 99.

Marine-Detachement Peking 1900–1917, 4 Bde., 30 Fasz.
Wach-Detachement Tschili 1907, 1 Fasz.
Marine-Detachement Tientsin 1900–1917, 1 Bd., 10 Fasz.
Interniertenlager Peking 1917–1919, 4 Fasz.

Kommanden und Verbände zur See

Die Hauptmasse dieses Bestandes bilden die Eskadreakten aus dem Zeitraum von 1864 bis 1913. Sie sind chronologisch nach Nummern geordnet und zerfallen in Reservat- und normale Akten. Einschlägiges Material muß meist über die Protokolle ermittelt werden, da sehr viele Indizes fehlen, und bezieht sich hauptsächlich auf den Mittelmeerraum.
Lit.: Wagner, Archiv der k.u.k. Kriegsmarine S. 100f.

Eskadreakten (Reservat und normal) 1864–1913 (240 Bde., 370 Fasz.)
(Zitierweise: Esk. A. – (Res.) – Jahr – Aktenzahl)

Schiffsakten

Der Bestand ergänzt in manchen Fällen das entsprechende Material der Zentralstelle (Marineministerium, s.o.) und enthält die Registraturen der Schiffskommanden 1864–1909, gegliedert in Reservat- und normale Akten, erstere alphabetisch nach Schiffen und bei diesen chronologisch nach Nummern, letztere jahrgangsweise und innerhalb der Jahrgänge nach Schiffen nummernweise.
Lit.: Wagner a.a.O. S. 101 – Hamann, Österr. Kriegsmarine a.a.O. S. 66ff.

Reservatakten der Schiffe 1873–1909, 130 Fasz. (z.T. mit Protokollen)
(Zitierweise: Schiffsname – Res. – Jahr – Aktenzahl)

Normale Schiffsakten 1864–1903, 37 Bde., 260 Kart.
(Zitierweise: Schiffsname – Jahr – Aktenzahl

ARCHIVE DER ZENTRALSTELLEN DES HEERES

Hofkriegsrat

Registratur der obersten militärischen Zentralstelle mit mehrfach geänderter Gliederung, die unter anderem auch Marine- und militärdiplomatische Angelegenheiten enthält. So finden sich hier Akten über Missionen der Kriegsmarine in fremde Gewässer (u.a. Levante, Indischer Ozean, Ostasien) und über die kaiserliche Orientpolitik nach 1720. Die Ermittlung des Materials muß über die originalen Indizes und Protokolle entsprechend dem jeweiligen ziemlich komplizierten Registratursystem auf folgende Weise erfolgen:

1. Bis 1752 wurden die Akten getrennt nach Expedit (Einlauf!) und Registratur (Auslauf) monatsweise numeriert und protokolliert. Der Index verweist auf die Seite des Protokolls, wo die Signatur angegeben wird, sofern die Akten, wie jene der kaiserlichen Orientpolitik vor 1720, nicht verloren sind.
(Zitierweise: HKR – Exp./Reg. – Jahr – Monat – Aktenzahl)

2. 1753 – 1761 wurden die Akten in drei Reihen (in publicis, Justiz-Expedit, Justiz-Registratur) indiziert, protokolliert und monatsweise numeriert; die Hinterlegung erfolgte nach Sachrubriken monatsweise in einer einheitlichen Reihe und ist im Protokoll vermerkt.
(Zitierweise: HKR – Jahr – Rubrik – Monat – Aktenzahl)

3. 1762 – 1766 gab man das Rubrikensystem auf und hinterlegte die Akten monatsweise nach Nummern.
(Zitierweise: HKR – Jahr – Monat – Aktenzahl)

4. 1767 und 1768 gab es nur zwei Reihen von Geschäftsbüchern (in publicis und Justiz), die im Protokoll vermerkte Hinterlegung erfolgte nach Sachrubriken monatsweise in einer Reihe.
(Zitierweise: HKR – Jahr – Rubrik – Monat – Aktenzahl)

5. 1769 – 1776 wurden die Akten nach Solarjahren durchnumeriert und nach Sachrubriken sowie Verhandlungszahlen hinterlegt. Der Index gibt nur die Hinterlegung, nicht jedoch die Aktenzahl an; die Protokollführung wurde, von Ausnahmen abgesehen, auf.
(Zitierweise: HKR – Jahr – Rubrik – Verhandlungszahl)

6. 1777 wurde der Hofkriegsrat in mit Großbuchstaben bezeichnete Departements gegliedert. Die Indizes verweisen auf das Departement und auf das departementweise geführte Protokoll, wo die Hinterlegung nach Sachrubrik und Verhandlungszahl vermerkt ist.
(Zitierweise: wie 5.)

7. Ab 1. November 1801 erfolgte auch die Indexführung getrennt nach Departements, doch kehrte man 1806 bzw. 1809 wieder zur einheitlichen Indexführung zurück. Die Hinterlegung erfolgte departementweise nach Monatszahlen, innerhalb dieser nach fortlaufenden Verhandlungs- sowie nach Subzahlen. Der Registraturjahr-

gang 1802 umfaßt den Zeitraum von 1. November 1801 bis 31. Jänner 1803, dann fallen die Jahrgänge mit den Solarjahren zusammen. Die Indizes geben die Hinterlegung an, der Zugang zu den Protokollen ist nur über die sog. Streichbücher möglich, die in der Reihenfolge der Hinterlegung die Aktzahl sowie die Asservierung angeben. 1822 bzw. 1825 traten Sachrubriken an die Stelle der Monatszahlen.
(Zitierweise: HKR – Jahr – Departement – Monatszahl – Rubrik – Subzahl, ab 1825 ohne Monatszahl)

8. Ab 1805 entstand eine getrennte Präsidialreihe mit eigenen Indizes und Protokollen, die Hinterlegung erfolgte zunächst nach Sachrubriken und seit 1819 nach dem numerus currens.
(Zitierweise: HKR Präs – Jahr – Rubrik (seit 1819 Aktenzahl)
Lit.: Regele O., *Der österreichische Hofkriegsrat 1556–1848*, Wien 1949 (MÖStA Ergbd.1) – *Inventar des Kriegsarchivs Wien* Bd. 2, S. 124-130 – Wagner W., Quellen zur Geschichte der Militärgrenze im Kriegsarchiv Wien, *Schriften des HGM* 6, 1973, S. 262 ff. Zu Material über Nordafrika vgl. außerdem Hartmann, *Österreichs Beziehungen zu den Barbaresken* (wie oben S. 21) S. 13ff. und S. 22.

Hauptreihe 1557–1848, 11900 Bde., 7900 Fasz.

Präsidialreihe 1808–1848, 85 Bde., 235 Fasz.

(Reichs-) Kriegsministerium

Registratur der obersten militärischen Zentralstelle (bis 1856 auch für die Marine), gegliedert in Abteilungen (Departements). Der Bestand enthält ergänzendes Material zur Berichterstattung von fremden Kriegsschauplätzen (vgl. den Bestand Neue Feldakten, unten S. 237); von Interesse sind auch die Akten der 10. Abteilung des Kriegsministeriums, die u.a. die protokollierten Aussagen der aus der russischen Kriegsgefangenschaft entflohenen österreichisch-ungarischen Offiziere und Soldaten mit wichtigen Beobachtungen zum gesamten asiatischen Raum (v.a. Persien, China und Japan) enthalten. Zur Ermittlung des Materials sind auch hier die Indizes heranzuziehen.
Lit.: *Inventar des Kriegsarchivs* Bd. 1, S. 145ff. – Wagner W., *Geschichte des k.k. Kriegsministeriums.* 2 Bde., Wien 1966–1971 (Studien z.Geschichte der österr.-ung. Monarchie V und X) – Peball K., Dokumente und Forschungen im Kriegsarchiv Wien zur Geschichte der militärischen österreichisch-persischen Beziehungen bis 1918, *Akten der Internationalen Kommission für Militärgeschichte* 3, 1978, S. 136-147.

Hauptreihe 1849–1918, 8922 Bde., 19800 Fasz.
(Zitierweise: KM – Abteilung – Jahr – Nummer bzw. Rubrik)

Präsidialbüro 1848–1918, 400 Bde., 3090 Fasz.
(Zitierweise: KM Präs – Jahr – Nummer bzw. ab 1864 Rubrik und Subrubrik)

ARCHIVE DES ALLERHÖCHSTEN OBERBEFEHLS

Registraturen der verschiedenen, dem Kaiser zur Seite stehenden Behörden, erschlossen durch Indizes.

Militärkanzlei SM des Kaisers

Über diese Kanzlei liefen alle Vorträge der militärischen Zentralstellen sowie alle wichtigen Angelegenheiten, darunter Nachrichten über das Ausland in militärischen Betreffen. Die Benützung erfolgt durch die Indizes, in welchen die Zahl bzw. ab 1862 die Hinterlegung nach Rubriken angegeben ist. Ab 1905 sind auch Protokolle erhalten.
Lit.: *Inventar des Kriegsarchivs* Bd. 1, S. 114-118.

Hauptreihe 1848 – 1918, 770 Bde., 2000 Fasz.
(Zitierweise: MKSM – Jahr – Aktenzahl bzw. ab 1862 Rubrik und Subrubrik)

Militärkanzlei Erzherzog Franz Ferdinand 1898 – 1914 (48 Bde., 210 Kart.)

Das Archiv stammt aus der militärischen Tätigkeit des Thronfolgers, enthält aber auch viele Informationen aus allen Gebieten des öffentlichen Lebens, die diesem zukamen, sowie Material über Interventionen, die von ihm ausgingen.
Lit.: Egger R., Die Militärkanzlei des Erzherzog-Thronfolgers Franz Ferdinand und ihr Archiv im Kriegsarchiv Wien, *MÖStA* 28, 1975, S. 141-163.

Russisch-Japanischer Krieg 1904, 1 Kart. (Kart. 189)

ALTE FELDAKTEN (AFA)

Der Bestand enthält die – meist nur bruchstückhaft erhalten gebliebenen – Registraturen der Feldkanzleien der in den Kriegen des österreichischen Herrscherhauses operierenden Armeen vom 16. Jahrhundert bis 1913. Entsprechend den fast ausschließlich auf den europäischen Kontinent ausgerichteten Interessen der Politik der Donaumonarchie ergeben sich nur geringe Berührungspunkte zum vorliegenden Thema. Der Bestand ist durch Indizes und Stückverzeichnisse erschlossen und für die Zeit ab der zweiten Hälfte des 17. Jahrhunderts nach Kriegsschauplätzen bzw. nach den Registraturen der einzelnen Heereskörper gegliedert.
(Zitierweise: AFA – Jahr – Kriegsschauplatz – Monat – Aktenzahl innerhalb des Monats).
Lit.: *Inventar des Kriegsarchivs* Bd. 2, S. 1-4.

Note des Grafen Calenberg an Prinz Eugen über den Schiffsverkehr nach Indien, 1730 Juni 23, 1 Stk. (AFA/1730/Berichte aus den Niederlanden 6/10)
Lit.: Ruwet J., *Les archives et bibliothèques de Vienne et l'histoire de Belgique*, Brüssel 1956, S. 358.

Schreiben des Grafen Calenberg und des Sekretärs Neny an Prinz Eugen, daß die Engländer zwei unter polnischer Flagge segelnde Schiffe in Indien festhalten, 1730 Juli 25, 2 Stk. (ebd. 7/16 und 17)
Lit.: Ruwet S. 359.

Graf Calenberg berichtet Prinz Eugen über den Handel mit Indien, 1730 August 27, 1 Stk. (ebd. 8/12)
Lit.: Ruwet S. 361.

Prinz Eugen über die Konfiszierung kaiserlicher Schiffe auf Sumatra, 1731 Mai 16 und August 4, 2 Stk. (AFA/1731/Berichte aus den Niederlanden 5/6 und 8/2)
Lit.: Ruwet S. 364f.

Prinz Eugen beauftragt Graf Calenberg, die Entsendung zweier Schiffe nach Indien nicht länger zu verzögern, 1731 November 10, 1 Stk. (ebd. 11/2)
Lit.: Ruwet S. 366.

Berichte des Ingenieurs de Bauffe an Prinz Eugen über das von den Indern um 75.000 Rupien gekaufte Land, 1727 November 14, 2 Stk. (AFA/1727 Berichte aus den Niederlanden 11/22 1/2)
Lit.: Ruwet S. 341.

Bericht des Agenten Hetzler an Prinz Eugen über Kämpfe Spaniens in Afrika und über die Schiffahrt nach den Philippinen, 1732 September 13, 1 Stk. (AFA/1732 Berichte aus den Niederlanden 9/4)
Lit.: Ruwet S. 374.

Bericht des Agenten Hetzler an Prinz Eugen über die Abfahrt eines holländischen Kriegsschiffes mit Munition für den Dey von Algier, 1732 Dezember 20, 1 Stk. (ebd. 12/6)
Lit.: Ruwet S. 379.

Akten über die Teilnahme österreichischer Truppen an der Flottenexpedition nach Syrien 1840/41, 1 Fasz. (AFA 1840/Syrien)

NEUE FELDAKTEN

Der Bestand enthält überwiegend Archivalien der Feldkanzleien des Ersten Weltkrieges vom Armeeoberkommando bis zu den Divisionskommanden.
Lit.: *Inventar des Kriegsarchivs* Bd. 2, S. 4-34.

Armeeoberkommando (AOK)

Material zu einzelnen Ländern findet sich in allen Abteilungen des AOK (Quartiermeister-, Operations- und Nachrichtenabteilung). Von besonderer Bedeutungs ist die Nachrichtenabteilung, da mit ihrem Bestand Akten des „Evidenz-Büros fremder Armeen“ des österreichisch-ungarischen Generalstabes aus der Zeit vor 1914

ARCHIVE DER MILITÄRATTACHÉS

Sie enthalten die Registraturen der bei den einzelnen Regierungen akkreditierten Militärattachés bzw. Militärbevollmächtigten.
Lit.: Allmayer-Beck J.C., Die Archive der k.u.k. Militärbevollmächtigten und Militär-Adjoints im Kriegsarchiv Wien, *Österreich und Europa. Festgabe für Hugo Hantsch*, Wien 1965, S. 351-377.

Offizieller Schriftverkehr des Militärbevollmächtigten in Konstantinopel 1894 – 1911, 17 Fasz. (Fasz. 46-62)
Intendanz des Militärbevollmächtigten 1917 – 1918, 5 Fasz. (Fasz. 63-67)
Intendanz des Artilleriekommandos in der Türkei 1917 – 1918, 2 Fasz. (Fasz. 68-69)
Presse und Propaganda-Offizier des Militärbevollmächtigten 1917 – 1918, 4 Fasz. (Fasz. 70-73)

NACHLÄSSE UND DONATIONEN

Dieser Archivbestand enthält die hinterlassenen Papiere (Handakten, Korrespondenzen, Tagebücher, Vormerkungen, Manuskripte) einzelner Soldaten, Marineure, Militärhistoriker und Militärschriftsteller. Er ist noch nicht durch ein Bestandsverzeichnis erschlossen und erst zum Teil geordnet. Diverse Nachlässe wurden als Depots der privaten Eigentümer im Archiv hinterlegt und sind nur mit deren Einwilligung benützbar. Andere Nachlässe, die in der Folge nicht angeführt werden, sind gemäß den Wünschen der Hinterleger für die Benützung bis zu einem bestimmten Zeitpunkt gesperrt.
Lit.: Broucek P., „Nachlässe und Donationen", eine Sammlung des Kriegsarchivs, *Scrinium* 7, 1972, S. 5-14.

Nachlaß Arnold Bargehr, k.u.k. Oberleutnant
Erinnerungen über den Rückzug aus Palästina im Frühjahr 1918, 2 Bde. (B 403/5,6)

Nachlaß Jarolim Freiherr Benko von Boinik, k.u.k. Linienschiffskapitän
Privat- bzw. Partikularjournale über die Reise der SMS „Erzherzog Friedrich" nach Ostasien 1868/71, 7 Bde. (B 616/1)

Nachlaß Ludwig Carl Graf Folliot de Crenneville, k.k. General der Kavallerie (1763 – 1840)
Instruktionen und Berichte der Kommandanten von SMS „Oreste" und SMS „Pilade" über deren Expedition nach Marokko 1804/05, 1 Konv. (B 216/6)

Nachlaß Anton Haus, k.u.k. Großadmiral (1851 – 1917)
Weltumseglung der SM Korvette „Saida" 1890/92 nach Aden, Insulinde und Südamerika, 3 Bde. (B 241/3)
Kommandant der SMS „Kaiserin Maria Theresia" 1900/02 in Ostasien bei der Bekämpfung des Boxeraufstandes, 3 Bde. (ebd.)

Nachlaß Wolfgang Heller, k.u.k. Oberst (1870 – 1951), 1915 – 1916 Militärattaché in Teheran, 1916 – 1918 Kriegsgefangener in Sibirien
Tagebuch der Reise Wien-Konstantinopel-Teheran 1915, 3 Bde. – Notizen in Teheran, 1 Kuv. – Als Soldat, Diplomat und Kerkersträfling. Erlebnisse eines Militärattachés, 1 Bd. (B 92/5, 5a)
Lit.: Peball (wie oben S. 235) S. 142ff.

Nachlaß Edmund Jaroljmek, k.u.k. Leutnant d. Res. (1882 – 1953)
Erlebnisse auf dem Kriegsschauplatz in Vorderasien 1916 – 1918, 1 Konv. (B 526/3-9)
Lit.: Peball a.a.O. S. 144.

Nachlaß Leopold Ritter von Jedina-Palombini, k.u.k. Vizeadmiral (1849 – 1924)
Tagebuch auf SM Korvette „Fasana" in Ostasien 1889/90, 1 Bd. – Tagebuch als Kommandant von SMS „Franz Joseph I." in Ostasien 1897, 1 Bd. (B 684/1)

Nachlaß Theodor von Lerch, k.u.k. Generalmajor (1869 – 1945), 1911/12 kommandiert zum Studienaufenthalt nach Japan, Korea und der Mandschurei
Japan, Korea und die Mandschurei 1911/12, 1 Bd. (B 33/2)
Japan, Sachalin und Nord-Hokkaido. Reiseaufzeichnungen 1912, 1 Heft (B 33/3)

Nachlaß Sigismund R. von Pozzi, k.u.k. Korvettenkapitän (1873 – 1955), 1892 auf SMS „Elisabeth" mit Erzherzog Franz Ferdinand in Ägypten, Indien, Japan, Insulinde und Nordamerika.
Erinnerungen: Marine-Erlebnisse eines Blinden, 1 Bd. (B 183/5)

Nachlaß Franz Putz, k.u.k. Oberst (1873 – 1922), 1910 – 1914 k.u.k. Militärattaché bei der Botschaft in Tokio und der Gesandtschaft in Peking
Akten, Korrespondenzen, Fotos, Notizen, 1 Kuv. (B 35/15)

Nachlaß Karl Rosak, Maschinenmaat
V cinských vodách (In chinesischen Gewässern. Erinnerungen an die Teilnahme an der Bekämpfung des Boxeraufstandes auf SMS „Zenta" 1900/01), 1 Bd. – Erinnerungen in deutscher Sprache, 1 Bd. (B 531/1, 2)

Nachlaß Blasius Schemua, k.u.k. General der Infanterie (1856 – 1920) Manuskript über die Tätigkeit der österreichischen Offiziersmission in Persien 1878/81, 1 Konv. (B 645/1)
Lit.: Khoschnewis Gawgani B., Die österreichischen Militärmissionen in Persien 1852 – 1881, geisteswiss. Diss. Wien 1978, S. 65-201 – Peball (wie oben. S. 235) S. 139ff.

Nachlaß Adolf Schmidt, k.u.k. Linienschiffskapitän (1871 – 1942)
Tagebücher des k.k. Seekadetten Schmidt 1889/90 an Bord SMS „Fasana" (Weltumseglung) nach Asien, Insulinde, Westafrika samt einem Fotoalbum, 3 Bde. (B 159/3)

Nachlaß Adalbert Ritter Schönowsky von Schönwiese, k.u.k. Oberst (1826 – 1891)
Erinnerungen über seine Tätigkeit als Mitglied einer österreichischen Offiziersmission in Persien 1878/81, 3 Bde. (B 519/8, 9, 16)
Lit.: Khoschnewis und Peball wie oben.

Nachlaß Wilhelm von Tegetthoff, k.u.k. Vizeadmiral (1827 – 1871)
Reise in das Rote Meer 1857/58, 1 Konv. – Reise in die Levante 1862/64, 1 Konv., 2 Bde. – Missionsreise in das Rote Meer 1865, 1 Bd. (B 213/3, 5, 7)

Nachlaß Robert Trimmel, k.u.k. Generalmajor (1870 – 1958), 1899/1900 dem englischen Hauptquartier in Südafrika als Militärbeobachter attachiert
Erinnerungen an den Burenkrieg 1899/1900, 1 Konv. (B 385/2)
Lit.: Schmidl, E., *Österreicher im Burenkrieg* (wie oben S. 238).

Nachlaß Heinrich Freiherr von Waldstätten, k.k. Fregattenkapitän (1835 – 1866)
Transatlantische Reise SM Korvette „Carolina" nach Südamerika, Kapstadt, Bengalen, Westafrika 1857/58, 2 Bde. (B 627)

KARTEN- UND BILDERSAMMLUNG

C: Afrika

C a: Topographische Karten

Ganzer Erdteil	Übersichtskarten	1719ff	56 Werke
	Generalkarten	1911	1 Werk
Nordafrika	Übersichtskarten	1728ff	19 Werke
Ägypten	Übersichtskarten	1765ff	33 Werke
	Generalkarten	1866ff	7 Werke
	Spezialkarten	1807ff	11 Werke
Algerien	Übersichtskarten	1803ff	21 Werke
	Generalkarten	1838ff	16 Werke
	Spezialkarten	1834ff	4 Werke
Marokko	Übersichtskarten	1830ff	10 Werke
	Generalkarten	1905ff	4 Werke
	Spezialkarten	1906	1 Werk
Libyen	Übersichtskarten	1850ff	12 Werke
	Generalkarten	1917ff	4 Werke
Tunis	Übersichtskarten	1857ff	8 Werke
	Generalkarten	1842ff	4 Werke
	Spezialkarten	1899ff	2 Werke
Südafrika	Übersichtskarten	1789ff	19 Werke
Transvaal und Oranje	Übersichtskarten	1881ff	6 Werke
	Generalkarten	1898ff	5 Werke
Ostafrika	Übersichtskarten	1825ff	15 Werke
Abessinien und Ital.-Ostafrika	Übersichtskarten	1815ff	16 Werke
	Generalkarten	1887ff	1 Werk
Britisch-Ostafrika		1897ff	2 Werke
Deutsch-Ostafrika	Übersichtskarten	1899	1 Werk
	Generalkarten	1902	1 Werk
Eritrea	Übersichtskarten	1885ff	2 Werke
	Generalkarten	1887ff	8 Werke
	Spezialkarten	1888	1 Werk
Ital.-Somaliland		1910	1 Werk
Portug.-Ostafrika	Übersichtskarten	1905	1 Werk
Westafrika	Übersichtskarten	1786ff	23 Werke
	Generalkarten	1892ff	5 Werke
	Spezialkarten	1821	1 Werk
Zentralafrika	Übersichtskarten	1881ff	12 Werke
	Generalkarten	1895ff	3 Werke
Sudan:	Übersichtskarten	1823ff	2 Werke
Inseln		1772ff	23 Werke

C b: Physikalische Karten

Allgemein	7 Werke
Hypsometrische Karten	1 Werk
Hydrographische Karten	
Allgemein	4 Werke
Meer- u. Seekarten	8 Werke
Fluß- u. Kanalkarten (besonders Nil, Suez)	29 Werke

C c: Thematische Karten

Eisenbahnkarten	1899ff	3 Werke
Flugkarten	1956	1 Werk
Straßenkarten	1856ff	5 Werke
Post- und Telegrafenkarten	1906	1 Werk
Grenzkarten	1907ff	3 Werke
Ethnographische Karten	1891	1 Werk
Verschiedenes	1828ff	8 Werke

E: Asien

E a: Topographische Karten

Ganzer Erdteil	Übersichtskarten	1700ff	34 Werke
Afghanistan-Iran-China	Übersichtskarten	1813ff	26 Werke
Afghanistan	Übersichtskarten	1878ff	10 Werke
	Generalkarten	1941	1 Werk
	Spezialkarten	1880	1 Werk
China	Übersichtskarten	1655ff	41 Werke
	Generalkarten	1899ff	7 Werke
	Spezialkarten	1901ff	5 Werke
Iran	Übersichtskarten	1730ff	20 Werke
	Generalkarten	1917	1 Werk
Hinterindien-Japan-Korea	Übersichtskarten	1860ff	39 Werke
	Generalkarten	1902	5 Werke
Hinterindien	Übersichtskarten	1832ff	5 Werke
Japan	Übersichtskarten	1752ff	8 Werke
	Generalkarten	1882	1 Werk

Korea	Übersichtskarten	1894ff	9 Werke
Britisch-Asien	Übersichtskarten	1801ff	4 Werke
Belutschistan	Übersichtskarten	1817ff	2 Werke
Ceylon	Übersichtskarten	1750ff	3 Werke
	Generalkarten	1805	1 Werk
Vorderindien	Übersichtskarten	1768ff	23 Werke
	Generalkarten	1809ff	2 Werke
Sinai-Halbinsel	Generalkarten	1916ff	2 Werke
	Spezialkarten	1868	1 Werk
Französische Besitzungen	Übersichtskarten	1883ff	5 Werke
	Generalkarten	1885ff	4 Werke
Niederländisch-Ostindien	Übersichtskarten	1850ff	7 Werke
	Einzelkarten	1858ff	12 Werke
Russisch-Asien	Übersichtskarten	1808ff	12 Werke
Kaukasus	Übersichtskarten	1766ff	17 Werke
	Generalkarten	1869ff	3 Werke
Russ.- Zentralasien nebst Buchara und Chiwa	Übersichtskarten	1842ff	15 Werke
	Generalkarten	1887ff	3 Werke
Sibirien oder Nordasien	Übersichtskarten	1729ff	12 Werke
Türkisch-Asien	Übersichtskarten	1728ff	28 Werke
	Generalkarten	1901ff	6 Werke
Arabien	Übersichtskarten	1789ff	12 Werke
	Generalkarten	1915ff	3 Werke
Armenien-Kurdistan	Übersichtskarten	1858ff	3 Werke
Kleinasien	Übersichtskarten	1821ff	10 Werke
	Generalkarten	1880ff	9 Werke
	Spezialkarten	1850ff	5 Werke
Mesopotamien	Übersichtskarten	1786ff	6 Werke
	Generalkarten	1880ff	10 Werke
Syrien-Palästina-Jordanien-Libanon	Übersichtskarten	1700ff	20 Werke
	Generalkarten	1811ff	20 Werke
	Spezialkarten	1870ff	14 Werke
Inseln		1720ff	11 Werke

E b: Physikalische Karten

	Allgemein	1846ff	4 Werke
	Geologische Karten	1830ff	3 Werke
	Hypsometrische Karten	1875ff	5 Werke
	Orohydrographische Karten	1854ff	3 Werke
	Orographische Karten	1820ff	7 Werke
	Hydrographische Karten:		
	Meer- und Seekarten	1723ff	28 Werke
	Flußkarten und Kanäle	1857ff	8 Werke

E c: Thematische Karten

	Eisenbahnkarten	1893ff	19 Werke
	Straßenkarten	1820ff	17 Werke
	Post- und Telegrafen-karten	1849ff	3 Werke
	Grenzkarten	1854ff	9 Werke
	Militärische Karten	1879ff	9 Werke
	Statistische Karten	1853ff	2 Werke
	Ethnographische und Sprachenkarten	1850ff	3 Werke
	Verschiedenes	1817ff	26 Werke

F: Ozeanien

F a: Topographische Karten

Ganzer Erdteil	Übersichtskarten	1789ff	10 Werke
Einzelne Teile	Übersichtskarten	1885	1 Werk
	Inseln	1836ff	8 Werke

G: Stadtpläne

Stadtpläne Nordafrika (Signatur G II)	1740ff	44 Werke
Stadtpläne Asien (Signatur G IV)		52 Werke

(z.B. Zeichnung der chalifischen Residenz Teheran 1859, G IV 1700 Lit.: Peball a.a.O. S. 139 Anm. 7)

K: Landesbeschreibungen

Landesbeschreibungen Nordafrika (Signatur K II)	1720ff	17 Werke
Landesbeschreibungen Asien (Signatur K XIV)	1800ff	69 Werke
Landesbeschreibungen Ozeanien (Signatur K XV)	1885ff	4 Werke

BIBLIOTHEK

Die Bibliothek des Kriegsarchivs umfaßt zwei Bestandsgruppen, von denen die ältere (bis 1923) nach Art von Nationalbibliotheken eine Vielzahl von Wissensgebieten berücksichtigt, die nach durch die Buchstaben des Alphabets bezeichneten Sachgruppen katalogisiert und aufgestellt sind. Die Auswahl der in der nachfolgenden Liste verzeichneten Werke erfolgte meist unter dem Gesichtspunkt ihres Wertes als Quelle, wobei die im gedruckten Katalog gebräuchliche Titelaufnahme beibehalten wurde. Lit.: *Katalog der Bibliotheks-Abteilung des k.u.k. Kriegsarchivs*, 2 Bde. (in fünf Teilen), Wien 1896 und Nachtrag, 2 Bde., Wien 1905.

Geschichte der ersten Portugiesischen Entdeckungen unter Infant Heinrich dem Seefahrer (1418 – 1460), Halle 1783 (O I a 6)

Reynier, général: De l'Egypte après la bataille d'Heliopolis et considérations générales sur l'organisation physique et politique de ce pays, Paris 1802 (O XI g 7)

Villot, commandant du 125e de ligne, ancien officier des affaires arabes: Description géographique de Tunis et de la régence, Paris 1881 (O XI g 49)

Report on Egypt. Compiled in the Intelligence Branch, Quarter-Master-General's Department, Horse Guards, War Office, London 1882 (O XII h 29)

Berichte über Reisen in Afrika ab 1831 (O XIV u)

Erlebnisberichte über die Eroberung von Algier 1830 – 1880 (P IX k)

Über den Krieg Mehmed Ali's gegen die Pforte 1831 – 1841 (P IX p)

Ebul Hassan Aly Ben Abdallah Ben Ebi Zeraa: Geschichte der mauritanischen Könige (145 – 1325). Aus dem Arabischen übersetzt u. erläutert von Franz v. Dombay, k.k. oriental. Gränzdollmetscher zu Agram in Kroatien, Agram 1794 (R XVI e 14)

Kaiserlich ottomanische Beförderungsvorschrift und Reglement für die Inspizierung der Truppe (in türkischer Sprache), Konstantinopel 1867 (B k 11)

Gesetzbuch (Dienstreglement) für die Infanterie der siegreichen mohamedanischen Truppen. Übersetzung des im Jahr 1829 in Konstantinopel gedruckten türkischen Originals von Seite der k.k. Akademie der morgenländischen Sprachen, Konstantinopel 1829 (C k XXI)

Kirchhammer, Alexander, k.k. Hauptmann im Generalstab: Asiens Zukunftsbahnen, politisch und militärisch betrachtet. Vortrag, Wien 1880 (D d 29)

Notes géographiques pour servir d'index à la carte de Syrie, relative à l'histoire de l'expedition de Bonaparte en Orient, Paris 1803 (O XI c 6)

Sacy, Sylvester: Neueste Beiträge zur Kunde der asiatischen Türkei, Weimar 1809 (O XI c 9)

Helle von Samo, A. Ritter zur: Das Vilajet der Inseln des weißen Meeres, das privilegierte Beylik Samos und das selbständige Mutessariflik Cypern 1876. Nach geographischen, militärischen und nationalökonomischen Notizen aus den Tagebüchern des früheren k.k. Militär-Attachés der österr.-ungar. Botschaft in Constantinopel, Wien 1878 (O XI c 25)

Aus Persien. Aufzeichnungen eines Österreichers, der 40 Monate im Reiche der Sonne gelebt und gewirkt hat, Wien 1882 (O XI c 31)

Berichte über Reisen in Asien im allgemeinen und Zentral-Asien nebst Sibirien ab 1702 (O XIV s)

Reisen in Hoch-Asien, China, Tibet, Japan, Vorder- und Hinter-Indien ab 1675 (O XIV t)

Orientreisen ab 1771 (O XIV d)

Barfus, E. v.: Kriegsfahrten eines alten Soldaten im fernen Osten. Nach den Aufzeichnungen eines ehem. Offiziers der niederländisch-ostindischen Armee, Wien 1893 (P IX b 8)

Erlebnisberichte aus dem Orient-Krieg 1853 – 1856 (P X i)

Norman, C.B., ancien capitaine de l'état-major du Bengale et du 90e régiment d'infanterie: Le Tonkin ou la France dans l'Extrème Orient, Paris 1884 (P X m 8)

The Mutiny of the Bengal Army. An historical narrative by one who has served under Sir Charles Napier, London 1857 (P X n 6)

Dabry, P., capitaine d'infanterie, attaché à l'état-major général du corps expéditionnaire de Chine, membre de la société asiatique de Paris: Organisation militaire des Chinois ou la Chine et ses armées, suivi d'un aperçu sur l'administration civile de la Chine, Paris 1859 (A m 458)

Kircher, Athanasius, E. S. J.: China, monumentis, qua sacris, qua profanis. nec non variis naturae et artis spectaculis etc., Amsterdam 1667 (O XI e VI)

Martini, Martin, S. J.: Novus Atlas Sinensis, d.i. ausführliche Beschreibung des grossen Reiches Sina, Amsterdam 1655 (O XI e IV)

Jocelyn, Lord: La campagne de Chine ou six mois avec l'expédition anglaise, Paris 1841 (P IX q 6)

Cooke, George Wingrove: China: being „the Times“ special correspondence from China in the years 1857 – 1858, London 1958 (P X l 6)

Wolseley, G. I.: Narrative of the war with China in 1860. To which is added the account of a short residence with the Tai-Ping rebels at Nankin and a voyage from thence to Hankow, London 1862 (P X l 13)

Die russische Gesandtschaft nach China im Jahr 1805, St. Petersburg – Leipzig 1809 (O XIV t 9)

Lapeyrère, P. de, ancien attaché d'ambassade: Le Japon militaire. Avec gravures d'après des dessins originaux, Paris 1883 (A m 482)

Bechtinger, Dr. J.: Ein Jahr auf den Sandwich-Inseln, Wien 1869 (O XIV w 16)

Vogel-Hamburg, Hans: Eine Forschungsreise im Bismarck-Archipel, Hamburg 1911 (O XIV w 35)

Abkürzungen

ABB	Archives et Bibliothèques de Belgique
Bf	Bischof
CA	Konteradmiral
Ehg	Erzherzog
F	Fach
FZM	Feldzeugmeister
Gf	Graf
GM	Generalmajor
HGM	Heeresgeschichtliches Museum
LSchK	Linienschiffskapitän
MIÖG	Mitteilungen des Instituts für österreichische Geschichtsforschung
MÖStA	Mitteilungen des Österreichischen Staatsarchivs
MS	Marine-Sektion
ÖGL	Österreich in Geschichte und Literatur
PA	Politisches Archiv
SMS	Seiner Majestät Schiff

Literaturverzeichnis

Aichinger I., Außereuropäische Landschaften und Menschen in Selbstzeugnissen des 15. und 16. Jh.s aus den habsburgischen Ländern, ÖGL 8, 1964, S. 413 – 426

Allmayer-Beck J.C., Die Archive der k.u.k Militärbevollmächtigten und Militär-Adjoints im Kriegsarchiv Wien, Österreich und Europa. Festgabe für Hugo Hantsch, Wien 1965, S. 351 – 377

Auer L., Das österreichische Archivwesen, ABB 42, 1971, S. 305 – 330

Auer L., Inventare und Inventarisierung österreichischer Archive, ABB 47, 1976, S. 159 – 177

Bachmann H., Joseph Maria Baernreither (1845 – 1925). Der Werdegang eines österr. Ministers and Sozialpolitikers, Neustadt/Aisch 1977

Benigni R., Österreichische Botschaftsberichte über arabische Länder. Wien 1974 (Biblos-Schriften 77)

Benna A.H., Alexander von Humboldt und Wien. Zum 200. Geburtstag des universalen Naturforschers, MÖStA 22, 1969, S. 94 – 150

Benna A.H., Quellen zur Geschichte der Beziehungen Österreich-Ungarns zu Siam im Haus-, Hof- und Staatsarchiv Wien, MÖStA 28, 1975, S. 115 – 140

Berger A., Prokesch-Osten. Ein Leben aus Altösterreich (1795 – 1876). Graz 1921

Bittner L., Chronologisches Verzeichnis der österreichischen Staatsverträge. 4 Bde., Wien 1903 – 1917 (Veröffentlichungen der Kommission für neuere Geschichte Österreichs 1, 8, 13 u. 15)

Bittner L., Gesamtinventar des Wiener Haus-, Hof- und Staatsarchivs. 5 Bde., Wien 1936 – 1940 (Inventare österreichischer staatlicher Archive V/4 – 8)

Bittner L. u. Übersberger H., Österreich-Ungarns Außenpolitik von der bosnischen Krise 1908 bis zum Kriegsausbruch 1914. Wien 1930 (Veröffentlichungen der Kommission für Neuere Geschichte Österreichs 14, 16 – 23)

Böhm C.v., Die Handschriften des k.u.k. Haus-, Hof- und Staatsarchivs. 2 Bde., Wien 1873 – 1874

Breycha-Vauthier A., Österreich in der Levante, Wien-München 1972

Broucek P., Die Nachlaßsammlungen im Österr. Staatsarchiv, Scrinium 22/23, 1980, S. 117 – 123

Brown L.M., France in the Haus-, Hof- und Staatsarchiv, French Historical Studies 3, 1963, S. 272 – 279

Carmel A., Documentary Material in Austrian and German Archives relating to Palestine during the period of Ottoman rule, Studies on Palestine during the Ottoman period, Jerusalem 1975, S. 568 – 577

Coreth A., Österr. Geschichtsschreibung in der Barockzeit, Veröff. d. Komm. f. Neuere Geschichte Österreichs 37, Wien 1950

Coreth A., Das Schicksal des k.k. Kabinettsarchivs seit 1945, MÖStA 11, 1958, S. 514 – 525

Coreth A., Persönlichkeit und Aktennachlaß des Marc Deffonseca, MÖStA 28, 1975, S. 89 – 114

Corti E.C., Maximilian und Charlotte von Mexiko. 2 Bde., Zürich 1924

Corti E.C., Die Tragödie eines Kaisers, Wien 1948

Egger R., The Kriegsarchiv, Austrian History Yearbook 6/7, 1970/71, S. 39 – 66

Egger R., Die Militärkanzlei des Erzherzog-Thronfolgers Franz Ferdinand und ihr Archiv im Kriegsarchiv Wien, MÖStA 28, 1975, S. 141 – 163

Eliav M., Das österreichische Konsulat in Jerusalem und die jüdische Bevölkerung, Studia Judaica Austriaca 10, 1984, S. 31 – 72

Evans R.J.W., Rudolf II and his world. Oxford 1973

Fekete L., Einführung in die osmanisch-türkische Diplomatik. Budapest 1926

Fellner F., Der Dreibund. Europäische Diplomatie vor dem Ersten Weltkrieg. Wien 1960

Ferdinand Maximilian von Österreich, Aus meinem Leben. Reiseskizzen. Aphorismen, Gedichte. 5 Bde., Leipzig 1867

Fiedler R., Österreichische Nationalbibliothek (Hofbibliothek) und Österreichisches Staatsarchiv, MÖStA 25, 1972, S. 32 – 37

Gasser P., Österreichs Levantehandel über Triest 1740 – 1790, MÖStA 7, 1954, S. 120 – 130

Gévay A.v., Urkunden und Actenstücke zur Geschichte der Verhältnisse zwischen Österreich, Ungarn und der Pforte. 3 Bde., Wien 1838 – 1842

Giese U., Wiener Menagerien: Ebersdorf, Neugebäude, Belvedere, Schönbrunn, Wien 1962

Goldinger W., The Allgemeines Verwaltungsarchiv, Austrian History Yearbook 6/7, 1970/71, S. 17 – 21

Grill H., Die ältesten Turcica des Haus-, Hof- und Staatsarchivs, MÖStA 3, 1950, S. 127 – 142

Groß L., Der Kampf zwischen Reichshofkanzlei und Österreichischer Hofkanzlei um die Führung der auswärtigen Geschäfte, Hist. Vierteljahresschrift 22, 1924/25, S. 279 – 312

Groß L., Die Geschichte der deutschen Reichshofkanzlei von 1559 bis 1806. Wien 1933 (Inventare österr. staatl. Archive V/1)

Hamann B., Rudolf. Kronprinz und Rebell. Wien 1978

Hamann G., Die österr. Kriegsmarine im Dienste der Wissenschaften, Schriften des HGM 8, 1980, S. 59 – 90

Hammer (-Purgstall) J. v., Geschichte des Osmanischen Reiches. 10 Bde., Pest 1827 – 1835

Hartmann F., Österreichs Beziehungen zu den Barbaresken und Marokko 1725 – 1830, phil. Diss. Wien 1970

Haslip J., Maximilian Kaiser von Mexiko, München 1971

Heydendorff W., Die Kriegsakten im Haus-, Hof- und Staatsarchiv, MÖStA 4, 1951, S. 251 – 256; 5, 1952, S. 356 – 363; 6, 1953, S. 410 – 415;8, 1955, S. 322 – 328

Inventar des allgemeinen Archivs des Ministeriums des Innern, Wien 1909 (Inventare österr. staatl. Archive I)

Inventar des Archivs des k.k. Finanzministeriums. Wien 1911 (Inventare österr. staatl. Archive II)

Inventar des Wiener Hofkammerarchivs. 2 Bde., Wien 1951 – 1958 (Inventare österr. Archive VII)

Inventar des Kriegsarchivs Wien. 2 Bde., Wien 1953 (Inventare öst. Archive VIII)

Jahn F., Bibliographie der k.k./k.u.k. Marine, Schriften des HGM 8, 1980, S. 109 – 191

Juretschke H. (Hg.), Berichte der diplomatischen Vertreter des Wiener Hofes aus Spanien in der Regierungszeit Karls III. Bisher 9 Bde., Madrid 1970 – 1980

Kapitulationen und Handelsverträge mit der Türkei (Separatausgabe des Österreichischen Wirtschaftspolitischen Archivs). Wien 1909

Katalog der Bibliotheks-Abteilung des k.u.k. Kriegsarchivs. 2 Bde., Wien 1896 und Nachtrag. 2 Bde., Wien 1905

Khoschnewis Gawgani B., Die österr. Militärmissionen in Persien 1852 – 1881, geisteswiss. Diss. Wien 1978

Kraft A., Die arabischen, persischen und türkischen Handschriften der k.k. Orientalischen Akademie zu Wien. Wien 1842

Krendl P., Ein neuer Brief zur ersten Indienfahrt Vasco da Gamas, MÖStA 33, 1980, S. 10 – 21

Lacko M., Malabar Christianity and Austria in the 18th century, Orient. Christ. Analecta 186, 1970, S. 104 – 117

Laenen J., Les archives de l'état à Vienne au point de vue de l'histoire de Belgique. Brüssel 1924

Lee K.H., China und Österreich – Ungarn. Die politischen, diplomatischen, militärischen, wirtschaftlichen und kulturellen Beziehungen von ihrer Aufnahme (1869) bis zum Ausbruch des Ersten Weltkrieges, phil. Diss. Wien 1971

Lhotsky A., Quellenkunde zur mittelalterlichen Geschichte Österreichs. Wien-Köln-Graz 1963

Ly-Tio-Fane M., Contacts between Schönbrunn and the Jardin du Roi at Isle de France (Mauritius) in the 18th century. An episode in the career of Nicolas Thomas Baudin, MÖStA 35, 1982, S. 85 – 169

Markov W., Die Triestiner Ostindienkompanie (1775 – 1785) und die Nordsee-Adria-Konkurrenz, Hansische Studien. Berlin 1961, S. 293 – 302.

Marzahl P.u.a., Stückverzeichnis zum Bestand Belgien PA des Haus- Hof- und Staatsarchivs, MÖStA 29, 1976, S. 436 – 493; 30, 1977, S. 346 – 387; 32, 1979, S. 267 – 305; 33, 1980, S. 284 – 345; 34, 1981, S. 345 – 400; 35, 1982, S. 365 – 403; 36, 1983, S. 283 – 328; 37, 1984, S. 377 – 447

Mc Ewan D., Habsburg als Schutzmacht der Katholiken in Ägypten, Kairo 1982 (Schriften des österr. Kulturinstituts Kairo 3)

Meisl H., Der Russisch-japanische Krieg 1904/5 und die Balkankriege 1912/13 in den Berichten der österr.-ung. Kriegs-, Militär- und Marineattachés, phil. Diss. Insbruck 1964

Mikoletzky H.L., Kaiser Franz I. Stephan und der Ursprung des Habsburgisch-Lothringischen Familienvermögens (Österreich Archiv). Wien 1961

Mikoletzky H.L., The Finanz- und Hofkammerarchiv, Austrian History Yearbook 6/7, 1970/71, S. 22–38

Minerva-Handbücher, Archive. Archive im deutschsprachigen Raum, 2 Bde., Berlin-New York 2. Aufl. 1974

Mitis O.v., Das Leben des Kronprinzen Rudolf, Leipzig 1926

Mitis O.v., Die Orientreise des Hans Christoph Freiherr von Teufel, Monatsbl. d. Ver. f. Landeskunde v. NÖ 3, 1907, S. 337–340

Neck R., Diplomatische Beziehungen zum Vorderen Orient unter Karl V., MÖStA 5, 1952, S. 63–86

Neck R., The Haus-, Hof- und Staatsarchiv. Its history, holdings and use, Austrian History Yearbook 6/7, 1970/71, S. 3–16

Noradounghian G., Recueil d'actes internationaux de l'Empire Ottoman. 4 Bde., Paris 1897–1903

Novotny A., Quellen und Studien zur Geschichte des Berliner Kongresses. Graz 1957 (Veröff. d. Komm. f. Neuere Geschichte Österreichs 44)

Österreichisches Biographisches Lexikon. Wien 1957 ff.

Pagnini C., Impressioni di vita Triestina (1776–1777) dal diario inedito del conte Carlo di Zinzendorf, Quaderni della società di Trieste 11, 1978

Palombini B.v., Bündniswerben abendländischer Mächte um Persien. Wiesbaden 1968

Paupié K., Handbuch der Österreichischen Pressegeschichte. 2 Bde., Wien 1960–1966

Peball K., Dokumente und Forschungen im Kriegsarchiv Wien zur Geschichte der militärischen österr.-persischen Beziehungen bis 1918, Akten der Internationalen Kommission f. Militärgeschichte 3, 1978, S. 136–147

Pettenegg G. v., Ludwig und Karl Grafen und Herren von Zinzendorf, Minister unter Maria Theresia, Joseph II., Leopold II. und Franz I., Wien 1879

Picard B., Das Gesandtschaftswesen Ostmitteleuropas in der frühen Neuzeit. Wien-Köln-Graz 1967

Plaschka R.G., Von Pola nach Taku, Schriften des HGM 8, 1980, S. 43–57

Pollack-Parnau F. v., Eine österreichisch-ostindische Handelscompagnie 1775–1785. Stuttgart 1927

Popp E., Ernst Birks Lebenswerk als Historiker und Bibliothekar 1810–1891, phil. Diss. Wien 1952

Pribram A.F., Die politischen Geheimverträge Österreich-Ungarns 1879–1914. Wien 1920

Quellen zur Geschichte der Stadt Wien I/7, hg. v. Ver. f. Geschichte der Stadt Wien. Wien 1923

Randa A. v., Österreich in Übersee. Wien 1966

Regele O., Der österreichische Hofkriegsrat 1556–1848. Wien 1949 (MÖStA Ergbd. 1)

Reinöhl F., Politische Nachlässe des 19. Jahrhunderts in den staatlichen Archiven Österreichs, Korrespondenzbl. d. Gesamtvereins der deutschen Geschichts- und Altertumsvereine 1926, S. 209–220

Reinöhl F., Geschichte der k.u.k. Kabinettskanzlei. Wien 1963

Röhricht R., Die Jerusalemfahrt des Herzogs Friedrich von Österreich etc., Zeitschr. f. deutsche Philologie 23, 1891, S. 28 ff.

Roemheld, Friedrich, Konstantin Reitz. Ein vergessener Vorkämpfer für abendländische Kultur in Afrika. MÖStA 12, 1959, S. 289–373

Rudolf, Kronprinz v. Österreich, Eine Orientreise. 2 Bde., Wien 1885

Rudolf, Kronprinz v. Österreich, Majestät, ich warne Sie . . ., hg. v. B. Hamann, Wien 1979

Ruwet J., Les archives et bibliothèques de Vienne et l'histoire de Belgique. Brüssel 1956

Sauer M., Zur Reform der österreichischen Levante-Konsulate im Vormärz, MÖStA 27, 1974, S. 195–237

Schmidl E., Österreicher im Burenkrieg 1899–1902, phil. Diss Wien 1980

Seeliger G., Die Registerführung am deutschen Königshof bis 1493, MIÖG Ergbd. 3, 1890, S. 223–364

Seidl J., Das lothringische Hausarchiv als Geschichtsquelle, Historische Blätter 7, 1937, S. 33–43

Sprunck A., Zwei österreichische Forschungsreisen aus der Zeit Josephs II., MÖStA 12, 1959, S. 414–426

Stropp R., Die Akten des k. u. k. Ministeriums des Äußern 1848–1918, MÖStA 20, 1967, S. 389–506

Stropp R., Die Akten des k. u. k. Ministeriums des Äußern: Administrative Registratur, MÖStA 30, 1977, S. 398–453; 32, 1979, S. 306–349; 33, 1980, S. 356–405; 34, 1981, S. 411–456

Tabagua I. M., Gruzija na meždunarodnoj arene vo vtoroj polovine XVIII v. Tiflis 1979

Tardy L., Beyond the Ottoman Empire (Studia uralo-altaica 13). Szeged 1978

Unterrieder E., Von Österreichern und Chinesen. Wien 1980

Verosta S., Jean Dumont und seine Bedeutung für das Völkerrecht, Zs. f. öffentl. Recht 14, 1936, S. 371–397

Voltes P., Documentos de tema español existentes en el archivo de estado de Viena. 2 Bde., Barcelona 1964/65

Wagner W., Das Archiv der k. u. k. Kriegsmarine im Kriegsarchiv Wien Schriften des HGM in Wien 8, 1980, S. 91–107

Wagner W., Quellen zur Geschichte der Militärgrenze im Kriegsarchiv Wien, Schriften des HGM 6, 1973, S. 262–290

Wagner W., Geschichte des k. k. Kriegsministeriums. 2 Bde., Wien 1966–1971 (Studien zur Geschichte der Öst.-Ung. Monarchie V und X)

Wagner W., Die obersten Behörden der k. u. k. Kriegsmarine 1856–1918 (MÖStA Ergbd. 6, 1961)

Wandruszka A., Anton Steindl Ritter von Plessenet, MÖStA 25, 1972, S. 457–464

Weiss Edler von Starkenfeld V., Die k. k. Orientalische Akademie in Wien, ihre Gründung, Fortbildung und gegenwärtige Einrichtung. Wien 1839

Wernhart K. R., Christoph Carl Fernberger, der erste österr. Weltreisende (1621–1628). Wien 1972

Wiedermayer R., Geschäftsgang des k. u. k. Ministeriums des Äußern 1908–1918, Archival. Zs. 40, 1931, S. 131–152

Wien von Maria Theresia bis zur Franzosenzeit. Aus den Tagebüchern des Grafen Karl von Zinzendorf, hg. v. H. Wagner. Wien 1972

Žolger I. v., Der Hofstaat des Hauses Österreich. Wien 1917

Žontar J., Michael Černović, Geheimagent Ferdinands I. und Maximilians II. und seine Berichterstattung, MÖStA 24, 1971, S. 169–222

Namensindex

GUIDES TO THE SOURCES FOR THE HISTORY OF THE NATIONS

3rd Series / 3ème série: North Africa, Asia and Oceania / Afrique du Nord, Asie et Océanie

2 *Commission Française du Guide des Sources de l'Histoire des Nations*
Sources de l'Histoire de l'Asie et de l'Océanie dans les Archives et Bibliothèques françaises
Part I: Archives
1981. XXIII, 593 pp. Bd. DM 268.00
ISBN 3-598-21472-3
Part II: Bibliothèque nationale
1981. XI, 316 pp. Bd. DM 136.00
ISBN 3-598-21473-1

3 **Sources of the History of North Africa, Asia and Oceania in Scandinavia**
Part I: *The Danish National Archives*
Sources of the History of North Africa, Asia and Oceania in Denmark
Comp. by C. Rise Hansen
1980. 842 pp. Bd. DM 260.00
ISBN 3-598-21474-X
Part II: *The National Archives of Finland, The National Archives of Norway, The National Archives of Sweden*
Sources of the History of North Africa, Asia and Oceania in Finland, Norway and Sweden
Comp. by B. Federley, Y. O. Kihlberg, D. Jörgensen, S. Söderlind, L. Näsl, F. Ludwigs
1981. 233 pp. Bd. DM 120.00
ISBN 3-598-21475-8

saur

4 *Netherlands State Archives Service / Royal Institute of Linguistics and Anthropology*
Sources of the History of Asia and Oceania in the Netherlands
Part I: Sources up to 1796
Comp. by Marius P. Roessingh
1982. 337 pp. Bd. DM 148.00
ISBN 3-598-21476-6
Part II: Sources 1796–1949
Comp. by Frits G. P. Jaquet
1983. 547 pp. Bd. DM 220.00
ISBN 3-598-21477-4

5 *Commission Française du Guide des Sources de l'Histoire des Nations*
Sources de l'Histoire du Proche Orient et de l'Afrique du Nord dans les Archives et Bibliothèques françaises
Part I: Archives
1986. ISBN 3-598-21478-2
Part II: Bibliothèque nationale
1984. X, 480 pp. Bd. DM 176.00
ISBN 3-598-21479-0

6 **Quellen zur Geschichte Nordafrikas, Asiens und Ozeaniens in der Bundesrepublik Deutschland bis 1945**
Compiled by Ernst Ritter
1984. XLVI, 386 pp. Bd. DM 120.00
ISBN 3-598-21480-4

7 **Guia de fuentes para la historia de Asia en España**
1986. Ca. 250 pp. Bd. Ca. DM 160.00
ISBN 3-598-21482-0

MIX
Papier | Fördert gute Waldnutzung
FSC® C083411

Kolibri 360 GmbH
Ferdinand-Jühlke-Straße 7
99095 Erfurt, Deutschland
produktsicherheit@kolibri360.de